量子关联及其动力学性质

郭志华 著

科学出版社
北京

内 容 简 介

量子关联是存在于复合量子系统之间的一种重要量子特性,是量子信息处理与量子通信的重要资源. 本书系统汇集了作者近年来应用算子理论与算子代数方法与思想,在量子关联理论方面取得的一系列最新研究成果. 主要内容包括量子力学的基本概念、两体量子系统中的量子关联、多体系统中的量子关联、量子关联的动力学性质以及量子关联鲁棒性.

本书可作为对量子信息理论感兴趣,并且具有相关数学基础的研究生及教师的参考资料.

图书在版编目(CIP)数据

量子关联及其动力学性质/郭志华著. —北京: 科学出版社, 2019.2
ISBN 978-7-03-060412-5

Ⅰ. ①量… Ⅱ. ①郭… Ⅲ. ①量子论-研究 Ⅳ. ①O413

中国版本图书馆 CIP 数据核字 (2019) 第 004156 号

责任编辑: 周 涵 孙翠勤/责任校对: 彭珍珍
责任印制: 吴兆东/封面设计: 陈 敬

科学出版社 出版
北京东黄城根北街 16 号
邮政编码: 100717
http://www.sciencep.com

北京盛通商印快线网络科技有限公司 印刷
科学出版社发行 各地新华书店经销

*

2019 年 2 月第 一 版　　开本: 720×1000　B5
2019 年 6 月第二次印刷　　印张: 9 1/4
字数: 187 000
定价: 69.00 元
(如有印装质量问题, 我社负责调换)

前　言

量子信息是量子力学基本原理运用到信息论和计算机科学中所产生的交叉学科. 1935 年, 由 Schrödinger 阐述的量子纠缠显示出量子力学中基本而又最为奇特的现象. 随着研究的深入和理论及应用的需要, 人们发现量子纠缠仅仅是一种特殊的量子关联, 由于在某些量子信息处理任务中, 纠缠是不存在的, 但是存在着量子关联. 这时, 量子关联作为更广泛的一种量子特性就能够使处理速度加快. 近年来, 量子关联已经在理论上被用在许多量子计算模型中, 可以设计出使问题加速解决的一些计算方案, 并且在实验上得到实现.

本书以算子理论、算子代数、矩阵论为工具, 以量子信息理论为背景, 研究量子关联的动力学性质, 体现算子论与算子代数在量子信息理论中的新思想及应用. 本书层次分明、循序渐进、理论体系完整、逻辑推导严谨.

本书的读者对象为对量子信息理论感兴趣且具有泛函分析基础的研究生, 或者从事量子信息研究的科研工作者. 本书的出版不仅能够丰富量子信息学的基础理论, 而且能体现算子论与算子代数工具在研究量子理论中的作用, 对量子信息理论的发展具有重要理论意义与学术价值.

全书共 5 章: 第 1 章介绍量子力学的基本概念, 为后面的章节提供必要的理论基础; 第 2 章介绍两体量子系统中的量子关联, 包括两体量子态的关联性的定义、刻画、性质与度量以及与量子相干性的关系; 第 3 章介绍多体系统中的量子关联, 包括三体及多体量子态的关联性的定义、分类、刻画与度量; 第 4 章介绍量子关联的动力学性质, 包括两体量子信道对关联性的影响、具有某种特性的量子信道的存在性与刻画以及对角量子信道的纠错码空间的存在性与构造方法; 第 5 章介绍量子关联鲁棒性, 包括量子态的伪凸组合的正性、相对量子关联鲁棒性以及量子关联鲁棒性.

本书的大部分内容出自作者的博士学位论文和博士后出站报告, 因此, 特别感谢陕西师范大学曹怀信教授和屈世显教授的指导与帮助. 同时, 本书的出版得到了陕西师范大学一流学科建设经费的资助, 感谢陕西师范大学数学与信息科学学院领导与同事的大力支持.

由于作者能力和兴趣的局限, 本书内容难免有疏漏和不妥之处, 诚挚欢迎读者批评指正.

郭志华
2018 年 7 月

目 录

绪论 ··· 1

第 1 章　量子力学的基本概念 ·· 9
1.1　算子论基础 ·· 9
1.1.1　Hilbert 空间与算子 ··· 9
1.1.2　张量积空间与算子 ·· 10
1.2　完全正映射 ··· 11
1.3　量子力学基本假设 ·· 13
1.3.1　状态空间假设 ·· 13
1.3.2　酉演化假设 ··· 13
1.3.3　量子测量假设 ·· 14
1.3.4　复合系统状态空间假设 ··· 14
1.4　量子信道 ·· 15
1.5　von Neumann 熵 ·· 16

第 2 章　两体量子系统中的量子关联 ·· 18
2.1　经典关联态的定义与表示 ··· 18
2.1.1　经典关联态的定义 ·· 18
2.1.2　经典关联态的表示 ·· 19
2.2　经典关联态的刻画与性质 ··· 22
2.2.1　经典关联态的刻画 ·· 22
2.2.2　经典关联态之集的代数与拓扑性质 ··· 29
2.3　量子态关联性的度量 ··· 33
2.3.1　算子与范数 ··· 33
2.3.2　量子关联的度量 ··· 36
2.4　量子关联与相干性 ·· 40

第 3 章　多体系统中的量子关联 ·· 45
3.1　三体混合态的关联性 ··· 45
3.1.1　三体关联性的定义 ·· 45
3.1.2　三体关联性的刻画 ·· 46
3.1.3　例子 ·· 56
3.2　多体量子系统中的关联性 ··· 57

3.2.1　部分关联性的定义与刻画 ·················· 57
　　3.2.2　部分关联性的度量 ························ 60
　　3.2.3　部分量子关联性的度量的一个应用 ·········· 66

第 4 章　量子关联的动力学性质 ························ 71
4.1　量子信道对量子关联的影响 ······················ 71
　　4.1.1　保持经典关联态的量子信道 ················ 71
　　4.1.2　破坏量子关联性的局部量子信道的结构 ······ 81
　　4.1.3　强保持经典关联性的局部量子信道的结构 ···· 84
4.2　局部量子信道的 CC-集 ·························· 87
4.3　特殊量子信道的存在性与构造 ···················· 90
　　4.3.1　两族矩阵之间量子信道的存在性与构造 ······ 90
　　4.3.2　两族矩阵之间广义酉运算的存在性与构造 ···· 93
4.4　对角量子信道纠错码空间的存在性与构造 ·········· 96
　　4.4.1　对角量子信道 ···························· 96
　　4.4.2　对角量子信道的纠错码空间 ················ 98

第 5 章　量子关联鲁棒性 ······························ 109
5.1　两个量子态的伪凸组合的正性 ···················· 109
5.2　相对量子关联鲁棒性 ···························· 114
　　5.2.1　定义与性质 ······························ 114
　　5.2.2　例子 ···································· 118
5.3　量子关联鲁棒性及其动力学性质 ·················· 120
　　5.3.1　定义与性质 ······························ 120
　　5.3.2　量子信道对关联鲁棒性的影响 ·············· 123
　　5.3.3　例子 ···································· 125

参考文献 ·· 133

主要符号表

$\mathbb{R}$	实数域
$\mathbb{C}$	复数域
$\mathcal{H}, \mathcal{K}$	Hilbert 空间
$\mathcal{H} \otimes \mathcal{K}$	$\mathcal{H}$ 与 $\mathcal{K}$ 的张量积空间
$B(\mathcal{H}, \mathcal{K})$	从 $\mathcal{H}$ 到 $\mathcal{K}$ 上的全体有界线性算子之集
$B(\mathcal{H})$	$\mathcal{H}$ 上的全体有界线性算子之集
$D(\mathcal{H})$	$\mathcal{H}$ 上的量子态之集
$\|\psi\rangle$	$\mathcal{H}$ 中的单位向量, 又称纯态
$\langle\psi_1\|\psi_2\rangle$	$\|\psi_1\rangle$ 与 $\|\psi_2\rangle$ 的内积
$\|\psi_1\rangle\|\psi_2\rangle$	$\|\psi_1\rangle$ 与 $\|\psi_2\rangle$ 的张量积
$\|\psi_1\rangle\langle\psi_2\|$	$\|\psi_1\rangle$ 与 $\|\psi_2\rangle$ 的外积
$\|\cdot\|$	范数
$T^{\dagger}$	算子 T 的共轭转置
$\dim(\mathcal{H})$	Hilbert 空间 $\mathcal{H}$ 的维数
$\mathrm{Rank}(A)$	矩阵 A 的秩
A^{T}	矩阵 A 的转置
$\mathrm{ran}(A)$	A 的值域
$\mathrm{tr}(A)$	A 的迹
$\mathrm{tr}_X(A)$	A 在系统 X 上的偏迹

绪　　论

量子信息的研究对象是量子力学系统能够完成的信息处理任务,是将量子力学基本原理运用到信息论和计算机科学中所产生的交叉学科. 量子信息可以实现诸多经典领域所不能完成的信息处理任务, 例如量子隐形传态[1]、量子密集编码[2]、绝对安全的量子密钥传输[3] 以及能够破解当前广泛使用的公开密钥体系 RSA 的大数因子分解的量子算法[4] 等.

由 Schrödinger[5, 6] 阐述的量子纠缠是量子力学中基本而又最为奇特的现象. 随后, Einstein, Podolsky 和 Rosen(EPR) 基于局域实在性 (指两个远距离粒子被视为是两个不同的系统) 假定, 发表了著名的质疑量子力学完备性的文章[7], 利用量子纠缠提出了一种想象实验, 涉及两个空间可分但纠缠的粒子, 认为量子力学预示着这两个粒子具有完全关联的位置和动量, 与所谓的局域实在性矛盾. 其最初目的是说明量子力学的不完备性, 用现在的观点来看, 是纠缠粒子中存在非局部关联[8], 激起了物理和哲学上关于关联和局域性的广泛研究. 从此, 量子纠缠就一直是量子力学中最热点讨论的基本问题之一, 它是量子力学区别于经典力学的一个本质特征, 也是量子通信和量子计算中的重要资源[9]. 1989 年, Werner[10] 将关联划分为纠缠与可分的方案, 虽然一直占据着量子信息的中心地位, 却并没有完全刻画经典关联与量子关联的本质区别, 随着研究的深入和理论及应用的需要, 人们发现量子纠缠仅仅是一种特殊的量子关联, 由于在某些量子信息处理任务中, 纠缠是不存在的, 例如单比特确定性量子计算[11] 以及缺少纠缠的量子搜索算法[12], 所以需要通过经典的方法得到什么能够使处理速度加快, 这就是量子关联. 于是, 量子关联这一比量子纠缠更一般的现象的研究变得迫切起来. 最近, 随着量子信息理论的发展, 很多工作已经指出, 包含经典和量子两部分的关联可能比纠缠更广泛、更基础. 最简单的例子: 在一个 Bell 态中, 经典关联和量子关联都为 1, 而在这种情况下, 纠缠就等于量子关联. 更进一步, 人们又发现了可分态中可能含有非经典关联. 这就意味着纠缠为零的可分态中可能含有非零的量子关联[13], 而且这种非纠缠的量子关联已经在理论上被用在非幺正的量子计算模型中, 以实现使问题加速解决的一些计算方案[14], 并且这些方案[15] 已经在实验上得到实现.

在量子关联理论研究过程中, 关键的问题是量子态的关联性的刻画. 因为纠缠的定义是相对于可分给出的, 所以可分性的研究在量子信息论中起到了关键的作用. 许多学者对于如何判定两体态的纠缠性和量化问题以及多体纠缠进行分类以及量化方面作出了很多的努力, 并获得了相当丰富的结果[16-20]. 目前, 纠缠态的量子关联的量化也是相对成熟的. 然而, 对于可分态的量子关联来说, 事情就不那么简单了. 因此, 大量的研究兴趣都集中在可分态的量子关联上. 与纠缠一样, 量子系统中的各种关联在周围环境噪声作用下都会不断衰减. 研究各种关联在不同噪声信道下的动力学过程, 将有助于我们进一步理解和应用它们. 而且相对于纠缠突然死亡的独特性质, 对其他各种关联独特演化方式的研究, 不仅有助于区分各种关联在量子信息方案优越性方面所起的作用, 而且对进一步利用它们也有着重要的实际意义.

关联是自然界中普遍存在的现象. 从信息论的角度来看, 经典领域的关联可以很好地在 Shannon 信息理论框架内进行刻画[21], 利用互信息量的概念来度量不同观测值之间的关联度的大小, 产生了 Shannon 熵, 其测量的不确定性与经典概率分布相联系. 推广到量子系统中定义的方式是类似的, 只是用密度算子代替了概率分布. 著名物理学家 Ollivier 和 Zurek 于 2001 年[13] 提出了量子失协 (quantum discord) 这个概念, 是指互信息与经典关联的差, 其思想是利用局部测量得到的最大信息来量化量子关联. 这是个物理意义明显而又有重要价值的量子关联度量, 但由于互信息无法推广到多体系统的原因一直阻碍着这一度量应用到多体系统中, 这就迫切需要寻找其他方法来弥补这一缺陷. 因此, 关于经典关联、量子关联以及量子非局域性的关系, 因其在量子物理中的基本意义和核心作用, 也引起人们的探索[22], 成为近年来国内外数学家、物理学家、信息论专家及计算机专家共同关注的前沿热点课题.

Maziero 等[23] 指出: 对于有限维系统, 在合适的条件下, 经典关联不受退相干影响, 并且给出任何极端化程序都无法计算关联性的一种度量. 骆顺龙则基于不被某个局部 von Neumann 测量扰动的思想[24], 给出了两体系统中量子关联与经典关联的分类与量化公式, 得到在一些可分态中仍然有量子关联性, 又印证了量子关联比纠缠更广泛, 并应用到 Werner 态以及迷向 (isotropic) 态, 优化了文献 [11] 中给出的量子计算模型. 随后, 李楠, 骆顺龙在文献 [25] 中得到可分态与高维系统上的经典关联态之间的关系, 即 $\mathcal{H}$ 上的可分态可以认为是 $\mathcal{H} \otimes \mathcal{K}$ 上某个经典关联态对于系统 $\mathcal{K}$ 的约化, 进一步深化了关联与纠缠的关系. 由于文献 [24] 中的量化公式需要取遍所有的经典关联态才能得到, 所以很难计算. 另一方面, 基于 Barnum 等[26] 得到的结果: 一族量子态可以被广播当且仅当这些量子态两两可交换, 骆顺龙等在文献 [27-29] 中进行了猜想: 两体系统中的关联态可以被广播当且仅当其是经典-量子的当且仅当量子失协消失, 并给出了部分结果. 对于多体系统的情形, Piani 在文

献 [30] 中也得到了类似的结果. 吴玉椿, 郭光灿在文献 [31] 中通过谱算子来得到经典关联态的新刻画, 并用算子的极大范数来给出关联度量公式, 并证明了上述猜想的正确性. 但是, 对于双量子比特纯态 $|\psi\rangle = \alpha|00\rangle + \beta|11\rangle$ 来说, 其量子关联要大于由 von Neumann 熵定义的纠缠, 作者猜想是否能够通过选取合适的范数来解决这一问题. 鉴于这一问题的研究现状, 量子态关联性的刻画及其度量是本书所研究的重点内容之一. 郭志华等在文献 [32] 中利用算子论与算子代数方法得到了经典关联态的充分必要条件, 并给出了可计算的范数度量.

量子相干性起源于量子纯态的叠加原理, 是量子力学中最重要的基本性质之一. 在量子参考框架[33-35], 生物系统[36-38], 以及热力学[39,40] 中都有着重要应用, 最近几年已经引起了许多学者的广泛关注[41,42], 其中, 如何测量量子相干性是一个重要的问题. Mondal 等[43] 利用局部隐藏态模型的存在性研究了局部量子相干性的可操控性, 文献 [44] 的作者使用正算子值测量研究了单方操控态的极大相干性, 并用量子操控椭球体形式研究了极大操控相干性. 文献 [45] 的作者研究了单方 Einstein-Podolsky-Rosen 可导引性. 受文献 [44, 45] 的启发, 郭志华等在文献 [46] 中定义了一个量子态的极大可操控相干性, 并给出任意量子态的极大操控量子相干性的上界, 证明了量子态的极大可操控相干性是 0 当且仅当它是经典关联态.

除此之外, 还存在着很多有趣的问题, 例如, 很多经典方法所不能实现的量子信息方案都可以通过量子纠缠来辅助实现. 然而我们所感兴趣的量子体系一般不是一个封闭系统, 它不可避免地要与环境发生相互作用, 从而发生退相干现象[47]. 骆顺龙[48] 首次从经典和量子的角度量化了由测量诱导的关联, 接着通过由测量诱导的经典关联量化了退相干. 利用三体系统中纠缠和经典关联的关系, 给出了量子比特系统中由测量诱导的关联与退相干度量的一般解析公式, 进一步揭示了信息扰动是保持平衡的. 另外, 关于多体系统量子关联的度量也是研究的热点问题之一. Bennett 等[49] 最近提出度量真正多体关联所必须具备的三个基本条件, 他们发现, Kaszlikowski 等[50] 提出的用以度量多体关联的协方差的概念并不满足他们所提出的其中两个条件, 因此, 协方差并不能作为一个度量方法. 合适的度量可以揭示纠缠与量子关联之间的大小关系. 因为关联是在不同的框架下进行定义的, 因此它们之间的大小关系并不是确定的. 一些学者利用纠缠相对熵的方法来度量纠缠, 这样, 各种关联就可以都在熵的框架下进行度量, 从而进行比较. 随着量子优越性的进一步发掘, 人们对其深层次原因也愈加感兴趣, 因此对各种关联的研究也将更加深入[51-56]. 即使对于最简单的两体量子体系, 各种关联的计算也并非易事, 而多体系高维度系统将呈现出更为奇特的现象[57-59]. 在多体量子系统中, 基于纠缠的量子态的分类要比两体系统中的丰富得多. 事实上, 在多体量子系统中, 除了完全可分态和完全纠缠态以外, 还存在部分可分态[60-63]. 类似于量子失协, 文献 [64] 的作者提出了多重熵度量, 其中, 构成粒子的子集的平均 von Neumann 熵用来度量多体系统的量子纠缠. 这一度量应用在极端纠缠 4- 量子比特纯态[65] 以及线性聚类态的纠缠[66] 的讨论中.

而且, 多体量子系统中的量子关联的度量也引起了很多的注意[67-71]. 明确地说, Rulli 和 Sarandy[67] 引入了多体量子系统中的量子关联的全局度量, 其中, 就相对熵和局部 von Neumann 测量得到了合适的量子失协. Xu 在文献 [68] 中给出了两类多个量子比特系统中态的全局量子失协的解析表达式. Ma 等在文献 [69] 中提出了多体量子系统中量子关联的度量, 定义为所有可能分割的部分关联的总和. Bai 等在文献 [70] 中利用了量子失协的平方来探究多体量子关联. 这些已有的结果只是考虑了多体量子态的全局关联, 并且已经应用在了多种情形. 然而, 多体系统中的形势是更为复杂的, 因为在多体系统中存在不仅仅是全局经典关联态, 而且存在许多部分经典关联[71], 就像存在关于某个固定部分的 2-可分态但非完全可分的. 受此启发, 郭志华等在文献 [72, 73] 中对多体量子系统中的量子关联进行完全分类, 给出各种关联态的定义, 并提出相应的关联度量函数.

考虑到量子系统与环境之间不可避免的相互作用, 各种关联的演化规律引起了人们的高度关注. 量子体系中不同关联的演化呈现出独特的演化特征, 这不仅有助于设计更为有效的量子信息方案, 而且能够促进对一些基本物理现象的理解. 目前对于双量子比特系统的量子纠缠在噪声环境下的演化已经有了一般的描述方式[74, 75], 人们期望其他各种关联的演化的研究也能有类似的规律. 最近, 人们发现经典关联和量子关联在马尔可夫噪声下一些特殊的演化规律, 比如关联的衰减率有突变的现象[76], 量子关联在消相干环境下会保持不变, 并且出现从经典消相干到量子消相干的突然变化[77], 以及量子关联突然消失但却没有流失到环境中的现象[78].

这些文献都是基于物理实验所得到的关联的演化规律. 从理论的观点来看, 量子关联动力学的研究可以使我们更好地理解在复合量子系统中的量子关联的产生、破坏以及保持的规律. 为此, 我们需要来研究量子关联在噪声信道下的行为, 等价地说, 我们需要讨论哪些量子信道能够保持、创造以及破坏量子关联. 进一步, 从数学的角度讲, 怎样刻画算子空间上保持某种性质的线性映射引起了许多学者的广泛关注[79-87]. 根据量子力学法则, 系统的演化称为量子信道 (也称量子运算), 在封闭系统中是指酉算子, 在开放系统中是指保迹的完全正映射[81]. 显然, 局部酉算子 (复合 Hilbert 空间的每个子系统上的酉算子的张量积) 可以将可分纯态作用为可分纯态. 另外, 交换 (swap) 算子也可以保持可分纯态, 例如, $S(|a\rangle \otimes |b\rangle) = |b\rangle \otimes |a\rangle$. 事实上, 对于两体态的情形, 在文献 [86, 87] 中作者已经得到: 保持可分纯态之集的

算子或者是局部酉算子, 或者是交换算子. 文献 [88] 和 [89] 的作者讨论了破坏纠缠的量子信道, 得到了其具体结构. 在这一类问题中, Streltsov 等在文献 [90] 中证明了一个作用在单个量子比特系统上的量子信道 Λ 能够从一个经典关联态产生量子关联当且仅当 Λ 既不是半经典的 (即测量映射) 也不是保单位的. 换句话说, 存在某个 2-量子比特系统中的经典关联态可以由 $\Lambda \otimes 1$ 变为量子关联态当且仅当 Λ 既不是半经典的也不是保单位的. 因此, 对于量子比特系统, $\Lambda \otimes 1$ 是经典关联保持的当且仅当 Λ 要么是半经典的要么是保单位的. 进一步, 对于高维情形, 他们证明了即使是保单位量子信道, 也可能增加量子关联, 例如, 一个局部退相干信道能够产生量子关联. Gessner 等在文献 [91] 中证明了非零量子失协的量子态能够由一个局部量子信道作用在 0 量子失协的量子态上得到. 在文献 [92] 中, 作者证明了一个局部量子信道 $1 \otimes \Lambda$ 能够产生量子关联当且仅当 Λ 不是保持交换性的量子信道, 并且给出了局部量子信道能够生成量子关联当且仅当它不是保交换信道, 特别地, 对于双量子比特系统, 保交换信道或者是完全退相干 (decohering) 信道, 或者是混合信道, 对于三维系统的情形, 保交换信道要么是完全退相干信道, 要么是迷向信道. 郭钰, 侯晋川[93] 进一步研究了这一问题, 给出了一个保持交换性的量子信道的明确形式, 证明了在任意有限维空间上的保交换信道要么是完全退相干信道, 要么是迷向信道, 并提出了产生量子失协的局部量子信道的充分必要条件, 得到了双方保持零量子失协态的量子信道一定是非平凡的迷向信道. 这一结果优化了 Streltsov 等在文献 [90] 中得到的结果. 郭志华等基于骆顺龙在文献 [24] 中给出的量子关联的定义, 在文献 [94] 中讨论了保持经典关联的局部量子信道 $\Phi_1 \otimes \Phi_2$ 的形式, 得到了保持经典关联的局部量子信道、保持交换性的局部量子信道以及每个子系统上保持交换性的量子信道之间的关系. 进一步, 在双量子比特系统中, 给出了保持经典关联的局部量子信道的一般结构形式. 最后还讨论了保持交换性的量子信道的凸组合问题. 但对于一般的局部量子信道对量子关联的影响还未得到完全刻画, 因此, 探究局部量子信道对量子关联性的影响是本书的一个研究重点, 很有必要来讨论高维系统中保持经典关联的量子信道的结构问题. 这就导致了下面的问题.

问题 1. 哪些局部量子信道 $\Phi_1 \otimes \Phi_2$ 能够保持经典关联性?

进一步, 根据文献 [95], 一个量子信道 Λ 被称为破坏量子关联的 (或者 QC- 型信道), 如果量子信道 $1 \otimes \Lambda$ 可以将任何两体态映射为量子–经典态. 而且, 作者已经证明了一个量子信道 Λ 是 QC- 型信道当且仅当它的 Choi-Jamiolkowski 态是量子–经典态当且仅当它是量子–经典测量映射. 然而, 对于一般的局部量子信道 $\Phi_1 \otimes \Phi_2$, 需要研究它是否可以完全破坏量子关联, 即它可以将每个两体态映射为经典关联态. 如果可以的话, 称这个量子信道 $\Phi_1 \otimes \Phi_2$ 是 QC- 破坏的. 显然, 如果 $1 \otimes \Lambda$ 是 QC- 破坏的, 那么 Λ 是 QC- 型信道. 反之不成立. 因此, 需要考虑下面的问题.

问题 2. 哪些局部量子信道 $\Phi_1 \otimes \Phi_2$ 能够破坏量子关联性?

此外, 称一个保持经典关联的局部量子信道 $\Phi_1 \otimes \Phi_2$ 是强经典关联保持的, 如果输出态是经典关联的能够意味着输入态是经典关联的. 从这个定义容易看出: 一个强经典关联保持的局部量子信道是双方保持经典关联的. 等价地说, 一个强经典关联保持的局部量子信道能够双方保持量子关联. 目前还没有关于强经典关联保持的局部量子信道的任何研究, 这就需要考虑下面的问题.

问题 3. 哪些局部量子信道 $\Phi_1 \otimes \Phi_2$ 能够双方保持经典关联性?

另外, Korbicz 等在文献 [95] 中由定义可以通过 $1 \otimes \Lambda$ 两体量子态 ρ 变为经典关联态的所有 ρ 构成的集合, 从不同的角度讨论了局部量子信道的刻画, 但还没有给出完全的结果. 可以研究以下的问题来回答他们未解决的问题.

问题 4. 哪些量子态能够由同样的局部量子信道 $\Phi_1 \otimes \Phi_2$ 映射成经典关联态?

因此, 郭志华等在文献 [96] 中通过回答以上四个问题来建立保持经典关联的、破坏量子关联的以及强保持经典关联的局部量子信道的结构, 从而完全刻画量子关联在一般的局部量子信道 $\Phi_1 \otimes \Phi_2$ 下的动力学性质.

以上研究是关于单个量子关联态到单个量子关联态之间的量子信道的刻画, 那么是否可以研究一族量子态到另一族量子态之间的量子信道的存在性问题, 最为著名的是混合态的克隆问题[26]. 另外, 基于量子干涉的一般原理, 清华大学龙桂鲁[97]提出了一种新型的量子计算机, 称为对偶量子计算机, 将酉算子的凸组合称为广义量子门[98]. 此后, Gudder[99, 100] 给出了对偶量子计算机的数学理论. 龙桂鲁在文献 [101] 中将对偶量子计算运用到对偶量子信息处理中, 对信息处理起到了很大的推动作用. 同时, 曹怀信[102−104] 基于他们的思想给出了可容许的复的对偶量子计算机的数学模型及理论. 郭志华等在文献 [105] 中讨论两族量子态之间的量子信道以及对偶量子计算机的存在性与构造问题.

1994 年, Shor 等[106] 基于量子叠加性和相干性的量子本质特征基础上提出了量子并行计算的量子计算机理论, 给出了大数质因子分解的量子多项式时间算法, 并且说明了量子计算机可以实现经典计算机无法比拟的量子处理任务. 但是在实际系统中, 量子态的这种相干叠加和纠缠很脆弱、很难保持. 因为量子计算机不是一个孤立的量子系统, 它必然要同外部环境, 包括测量仪器发生相互作用, 结果就会出现量子态相干性的丢失, 使量子态退化为经典态. 这就是退相干效应. 退相干效应的存在使量子计算的优越性丢失，运算结果出现错误．除了退相干不可避免地导致量子错误外，其他一些技术原因，比如量子门操作中的误差也会导致量子错误．为了实现有价值的量子计算，首要的任务就是克服退相干效应，对量子计算过程中出现的错误及时加以监控并纠正．经过研究，量子纠错编码是克服这一障碍的最有效的方法之一．在量子信息处理任务中，由于环境与主系统的耦合，我们很难避免噪声引起的错误，因此，如何有效控制噪声，最常用的方法是量子纠错码空间．这种方法在量子计算和量子通信过程中有着广泛的应用．

实际上，一个开放量子系统可由一个 Hilbert 空间来描述，量子系统的演化可由量子信道描述，通过量子信道的量子态经常会受到影响，量子纠错理论就是要纠正这种错误．理想的量子纠错是要恢复量子系统的所有信息，但一般来说这是不可能的．因此，人们试图通过寻找 Hilbert 空间的一个子空间——纠错码空间，使得这一子系统上的信息通过量子信道带来的错误都能由另一个合适的量子信道所纠正．

量子纠错码是由 Shor 在文献 [107] 中最早提出的．这一理论的产生使得量子计算和量子通信得到了迅猛发展[108-112]，从而使信息科学进入了量子信息时代．之后，关于量子纠错的理论框架，相关性质和操作也引起了广泛关注[113, 114]．近年来，关于量子纠错解码问题受到很多学者关注，文献 [115] 的作者给出了关于纠错解码的一些应用，文献 [116] 的作者给出了关于量子纠错码实际应用的一些具体案例．

此外，关于量子纠错解码问题的研究还有很多．在某些特殊的量子系统中，演化是由一些特殊量子信道描述的，例如：对角量子信道，在文献 [117] 中，Arnold 讨论了对角量子信道的量子纠错码，得到了给定的 Kraus 算子下 $\mathcal{E}$ 能否纠错的充分必要条件．但众所周知，量子信道所对应的 Kraus 算子并不唯一，因此，作者在文章最后提出了公开问题：能否在其他的 Kraus 算子表示下研究 $\mathcal{E}$ 能否纠错？郭志华等在文献 [118] 中对对角量子信道的纠错码空间作进一步的研究，解决这一问题，并给出一种构造纠错码空间的方法．

鲁棒性是系统的健壮性，它是在异常和危险情况下系统生存的关键．通常情况下，鲁棒性描述了一个物体的某种性质对于干扰的忍耐力．为了讨论量子态的纠缠鲁棒性，Vidal 和 Tarrach 在文献 [119] 中讨论了某个纠缠态和任何可分态的线性组合的效应，探究了其线性组合是可分态的组合系数的最小量．等价地说，文献 [119] 中给出的纠缠鲁棒性描述了一个纠缠态和一个可分态的线性组合仍然是可分态的组合系数的多少．对于有限维复合系统中的量子态 ρ 和可分态 σ，分别定义 ρ 相对

于 σ 的相对关联鲁棒性为

$$R(\rho\|\sigma) = \min\left\{t \in [0, +\infty] : \frac{1}{1+t}\rho + \frac{t}{1+t}\sigma \text{ 是可分的}\right\}$$

以及 ρ 的鲁棒性为

$$R(\rho) = \min\{R(\rho\|\sigma) : \sigma \text{ 是可分的}\}.$$

关于 $R(\rho)$ 和 $R(\rho\|\sigma)$ 的许多有趣的性质已经有了很多结果[119], 例如, $R(\rho) = 0$ 当且仅当 ρ 是可分的. 文献 [119] 中得到的结果表明: 纠缠鲁棒性描述了耦合机制中纠缠态的鲁棒性是多大. 文献 [120] 的作者通过建立一个密度矩阵的向量表示给出了纠缠鲁棒性的几何解释. 之后, M. Steiner 在文献 [121] 中讨论了广义的纠缠鲁棒性, 其中, 把纠缠鲁棒性的定义中的可分态改成任意量子态, 并且证明了纠缠纯态的广义的纠缠鲁棒性和文献 [119] 中定义的鲁棒性是相同的.

对于量子关联的鲁棒性, 近几年也有了一些研究结果[122-126]. Werlang 等在文献 [122] 中讨论了量子失协对于突然坍缩的鲁棒性, 证明了量子失协要比纠缠抵抗退相干更鲁棒, 使得基于量子关联的量子算法要比基于纠缠的量子算法更鲁棒. Hu 在文献 [123] 中探索了在外部环境下 Greenberger-Horne-Zeilinger 态和 W-态的远距传动的鲁棒性. Hu 和 Fan 在文献 [124] 中通过精确解决由两个原子量子比特自发散射组成的模型来研究非经典关联的动力学, 并探究了由一个主方程定义的量子态 $\rho(t)$ 的关联系数的系统影响. 文献 [125] 中的这种影响称为量子关联的鲁棒性. 最近, 文献 [30] 中的作者证明了弱测量反转机制能够提高多体量子关联的鲁棒性, 进一步增加了相应于纠缠突然坍缩的临界阻尼值. 类似于文献 [119] 又不同于文献 [122-125,30] 的结果, 郭志华等在文献 [126] 通过定义一个量化概念 —— 抗线性噪声的量子关联鲁棒性, 利用一个简单的代数运算 —— 凸组合. 这一工作不仅可以量化抗线性噪声的量子关联的鲁棒性, 而且可以区分量子态的量子关联和经典关联.

第 1 章 量子力学的基本概念

为了使数学专业没有任何量子力学准备知识的读者能够读懂本书的内容, 本章主要分五部分介绍量子力学的数学基础, 分别是算子论基础、完全正映射、量子力学基本假设、量子信道以及 von Neumann 熵.

1.1 算子论基础

1.1.1 Hilbert 空间与算子

设 $\mathcal{H}$ 为有限维 Hilbert 空间, $\dim(\mathcal{H}) = d$, $\mathcal{H}$ 中的向量用 $|x\rangle, |y\rangle$ 等表示, $\langle x|y\rangle$ 表示向量 $|x\rangle$ 与 $|y\rangle$ 的内积, 且要求内积是右线性、左共轭线性的. 用 $B(\mathcal{H})$ 表示 $\mathcal{H}$ 上的有界线性算子之集. 设 $A \in B(\mathcal{H})$, $A^\dagger$ 表示 A 的伴随算子, 若 $AA^\dagger = A^\dagger A$, 则称 A 是正规算子; 若 $A^\dagger = A$, 则称 A 是自伴算子; 若 $\langle x|A|x\rangle \geqslant 0, \forall |x\rangle \in \mathcal{H}$, 则称 A 是半正定算子. 设 A 是自伴算子, 若 $A^2 = A$, 则称 A 是投影算子. 对于 $\mathcal{H}$ 中向量 $|x\rangle, |y\rangle$, 用 $|x\rangle\langle y|$ 表示外积算子, 它将向量 $|z\rangle$ 映射为向量 $\langle y|z\rangle|x\rangle$. 特别地, 当 $|x\rangle$ 为单位向量时, $|x\rangle\langle x|$ 是秩为 1 的投影算子, 称之为一秩投影算子. 记 $I_\mathcal{H}$ 为 $\mathcal{H}$ 上的恒等算子, 以下为了方便, I_d 表示 d 维空间上的恒等算子. 若 $A^\dagger A = I_\mathcal{H}$, 则称 A 为酉算子. 设 $\{|x_i\rangle\}_{i=1}^d$ 是 $\mathcal{H}$ 的一组正规正交基, 定义 A 的迹为

$$\mathrm{tr}(A) = \sum_{i=1}^d \langle x_i|A|x_i\rangle.$$

可以证明算子的迹与定义中的正规正交基的选取是无关的. 设 $A, B, C \in B(\mathcal{H})$, 则

$$\mathrm{tr}(ABC) = \mathrm{tr}(BCA) = \mathrm{tr}(CAB),$$

$$\mathrm{tr}(A+B) = \mathrm{tr}(A) + \mathrm{tr}(B).$$

设 $A, B \in B(\mathcal{H})$, 定义 $B(\mathcal{H}) \times B(\mathcal{H})$ 上的函数 $\langle \cdot, \cdot \rangle$ 为

$$\langle A, B \rangle = \mathrm{tr}(A^\dagger B),$$

可以验证这个函数是一个内积, 称之为 Hilbert-Schmidt 内积, 这时, $B(\mathcal{H})$ 赋予 Hilbert-Schmidt 内积成为 Hilbert 空间.

下面介绍几种有用的算子分解.

定理 1.1.1 (极分解)　设 $\rho \in B(\mathcal{H})$, 则存在 $\mathcal{H}$ 上的酉算子 U 使得 $\rho = PU$, 其中, P 是与 ρ 有相同秩的半正定算子.

定理 1.1.2 (奇异值分解)　设 $\rho \in B(\mathcal{H})$, 则存在 $\mathcal{H}$ 上的酉算子 U, V 使得 $\rho = U\Lambda V^\dagger$, 其中, Λ 是具有非负主对角元的对角矩阵, 且其秩与 ρ 相同.

定理 1.1.3 (谱分解)　设 $\rho \in B(\mathcal{H})$ 是自伴算子, 则存在 $\mathcal{H}$ 上的酉算子 U 使得 $\rho = U\Lambda U^\dagger$, 其中, Λ 是对角元为 ρ 的特征值的对角矩阵. 换句话说, 存在 $\mathcal{H}$ 的一组正规正交基 $\{|x_i\rangle\}_{i=1}^d$ 使得 $\rho = \sum_{i=1}^d \lambda_i |x_i\rangle\langle x_i|$, 其中, $\lambda_1, \lambda_2, \cdots, \lambda_d$ 是 ρ 的特征值.

两个算子 A 与 B 之间的对易式定义为 $[A, B] = AB - BA$, 若 $[A, B] = 0$, 则称 A 与 B 对易, 在数学上常称为 A 与 B 可换.

定理 1.1.4 (同时对角化)　设 $A, B \in B(\mathcal{H})$ 是自伴算子, 则存在 $\mathcal{H}$ 的一组正规正交基使得 A 和 B 在这组基下都是对角矩阵当且仅当 $[A, B] = 0$. 这时, 称 A 和 B 可同时对角化.

1.1.2　张量积空间与算子

张量积是将两个向量空间合在一起, 构成更大空间的一种方法. 设 $\mathcal{H}_1$ 和 $\mathcal{H}_2$ 分别是 d_1 和 d_2 维 Hilbert 空间, $|u\rangle \in \mathcal{H}_1$, $|v\rangle \in \mathcal{H}_2$, 记 $|u\rangle$ 和 $|v\rangle$ 的张量积为 $|u\rangle \otimes |v\rangle$, 简记为 $|u\rangle|v\rangle$. $\mathcal{H}_1 \otimes \mathcal{H}_2$ 是一个 $d_1 d_2$ 维 Hilbert 空间, 其元素是 $\mathcal{H}_1$ 的元素和 $\mathcal{H}_2$ 的元素的张量积的线性组合. 特别地, 若 $\{|i\rangle\}$ 和 $\{|j\rangle\}$ 分别是 $\mathcal{H}_1$ 和 $\mathcal{H}_2$ 的正规正交基, 则 $\{|i\rangle \otimes |j\rangle\}$ 是 $\mathcal{H}_1 \otimes \mathcal{H}_2$ 的正规正交基. 设 $A \in B(\mathcal{H}_1), B \in B(\mathcal{H}_2)$, 定义算子 A 和 B 的张量积为

$$(A \otimes B)\left(\sum_i a_i |u_i\rangle \otimes |v_i\rangle\right) = \sum_i a_i A|u_i\rangle \otimes B|v_i\rangle, \quad \forall |u_i\rangle \in \mathcal{H}_1, |v_i\rangle \in \mathcal{H}_2.$$

一般来讲, 张量积的以上概念相对抽象, 不好理解, 为了更具体地理解这一运算, 我们将其转化为矩阵的 Kronecker 积.

设 A 为 $m \times n$ 矩阵, B 为 $p \times q$ 矩阵, 则

$$A \otimes B = \begin{pmatrix} a_{11}B & a_{12}B & \cdots & a_{1n}B \\ a_{21}B & a_{22}B & \cdots & a_{2n}B \\ \vdots & \vdots & & \vdots \\ a_{m1}B & a_{m2}B & \cdots & a_{mn}B \end{pmatrix},$$

其中 a_{ij} 表示矩阵 A 的 (i, j)-元素.

1.2 完全正映射

设 $\mathcal{H}, \mathcal{K}$ 是 Hilbert 空间, 称 $B(\mathcal{H})$ 的闭子空间 $\mathcal{E}$ 为算子空间, 记

$$M_n(\mathcal{E}) = \{[a_{ij}] : a_{ij} \in \mathcal{E}, 1 \leqslant i,j \leqslant n\} \subset M_n(B(\mathcal{H})), \quad n \geqslant 1,$$

$\forall a = [a_{ij}] \in M_n(\mathcal{E})$, 其范数定义为

$$\|a\|_n := \sup \left\{ \sum_{i=1}^n \left\| \sum_{j=1}^n a_{ij}(h_j) \right\|^2 : h_j \in \mathcal{H}, \sum_{j=1}^n \|h_j\|^2 \leqslant 1 \right\}^{\frac{1}{2}}.$$

设 $\mathcal{E}$ 和 $\mathcal{F}$ 分别是 $B(\mathcal{H})$ 和 $B(\mathcal{K})$ 的算子空间, $u : \mathcal{E} \to \mathcal{F}$ 是线性映射, $n \geqslant 1$, 1_n 表示 $M_n(\mathbb{C})$ (有时简记为 M_n) 上的恒等映射. 定义线性映射

$$u_n : M_n(\mathcal{E}) \to M_n(\mathcal{F})$$

如下:

$$u_n([a_{ij}]) = (1_n \otimes u)([a_{ij}]) = [u(a_{ij})], \quad \forall [a_{ij}] \in M_n(\mathcal{E}).$$

定义 1.2.1 若线性映射 $u : \mathcal{E} \to \mathcal{F}$ 满足

$$\|u\|_{cb} := \sup_{n \geqslant 1} \|u_n\| < \infty,$$

则称 u 是完全有界映射.

用 $CB(\mathcal{E}, \mathcal{F})$ 表示从 $\mathcal{E}$ 到 $\mathcal{F}$ 上的所有完全有界映射之集. 可以证明 $CB(\mathcal{E}, \mathcal{F})$ 也是一个 Banach 空间.

定义 1.2.2 若算子空间 $\mathcal{E} \subset B(\mathcal{H})$ 满足:

(1) 单位元 $1 \in \mathcal{E}$;

(2) $x \in \mathcal{E} \Rightarrow x^\dagger \in \mathcal{E}$,

则称 $\mathcal{E}$ 为一个算子系统.

若 $\mathcal{E}$ 是算子系统, 则 $M_n(\mathcal{E})(\subset B(\mathcal{H}^{(n)}))$ 也是算子系统. 用 $B(\mathcal{K})_+$ 表示 $B(\mathcal{K})$ 中全体正算子的集合.

定义 1.2.3 若 $\mathcal{E}$ 是一个算子系统, $u : \mathcal{E} \to \mathcal{K}$ 是线性映射, 则

(1) 称 u 为正映射, 若满足 $x \in \mathcal{E}_+ \Rightarrow u(x) \in B(\mathcal{K})_+$;

(2) 称 u 为 n-正映射, 若满足 $u_n : M_n(\mathcal{E}) \to M_n(B(\mathcal{K}))$ 是正的;

(3) 称 u 为完全正映射, 若满足是 n- 正的, $\forall n \in \mathbb{N}$;

(4) 称 u 为完全压缩映射, 若满足 $\|u_n\| \leqslant 1, \forall n \in \mathbb{N}$.

例 1.2.1 转置映射 $T: M_n(\mathbb{C}) \to M_n(\mathbb{C})$ 是完全有界的正映射, 但不是完全正映射.

设 $T: M_2 \to M_2$, 若

$$a = \begin{pmatrix} 1 & 0 & 0 & 1 \\ 0 & 0 & 0 & 0 \\ 0 & 0 & 0 & 0 \\ 1 & 0 & 0 & 1 \end{pmatrix},$$

则 a 的特征值为 $0, 0, 0, 2$, 因此 a 是正的, 但是,

$$(1_{M_2} \otimes T)(a) = \begin{pmatrix} 1 & 0 & 0 & 0 \\ 0 & 0 & 1 & 0 \\ 0 & 1 & 0 & 0 \\ 0 & 0 & 0 & 1 \end{pmatrix}$$

的特征值为 $1, 1, 1, -1$, 因此, $(1_{M_2} \otimes T)(a)$ 不是正矩阵, 故 T 不是完全正映射.

定义 1.2.4 若 $\mathcal{E}, \mathcal{F}$ 是算子系统, $u: \mathcal{E} \to \mathcal{F}$ 是线性映射, 定义 u 的伴随映射 $u^\dagger$ 如下:

$$\langle u(X), Y \rangle = \langle X, u^\dagger(Y) \rangle, \quad \forall X \in \mathcal{E}, Y \in \mathcal{F}.$$

定理 1.2.1 (基本分解定理) 设 A 是包含单位元的 C^*-代数, $\mathcal{E} \subset A$ 是算子空间, $\mathcal{K}$ 是 Hilbert 空间, $u: \mathcal{E} \to B(\mathcal{K})$ 是线性映射, 那么下列条件是等价的:

(1) $u \in CB(\mathcal{E}, B(\mathcal{K}))$ 并且 $\|u\|_{cb} \leqslant 1$;

(2) 存在 Hilbert 空间 $\hat{\mathcal{H}}$, $\dagger$-表示 $\pi: A \to B(\hat{\mathcal{H}})$ 和满足条件 $\|V\| \leqslant 1, \|W\| \leqslant 1$ 的线性映射 $V, W: \mathcal{K} \to \hat{\mathcal{H}}$ 使得

$$u(a) = V^\dagger \pi(a) W, \quad \forall a \in \mathcal{E}.$$

定理 1.2.2 (Stinespring 分解) 若 A 是有单位元 1 的 C^*-代数, u 是保单位的完全正映射, 则存在一个 Hilbert 空间 $\mathcal{H}$, 一个 $\dagger$-表示 $\pi: A \to B(\mathcal{H})$ 和一个等距嵌入 $V: \mathcal{K} \to \mathcal{H}$ 使得

$$u(a) = V^\dagger \pi(a) V, \quad \forall a \in A.$$

等价地, 如果 $\mathcal{K}$ 是 $\mathcal{H}$ 的子空间, 那么 $u(a) = P_\mathcal{K} \pi(a)|_\mathcal{K}$.

定理 1.2.3 (Kraus 分解) 设 $u: B(\mathcal{H}) \to B(\mathcal{K})$ 是完全正映射, $\dim \mathcal{H} = n$, $\dim \mathcal{K} = m$, 则存在一族算子 $\{V_p : 1 \leqslant p \leqslant N\} \subset B(\mathcal{K}, \mathcal{H})$ 且 $N \leqslant nm$ 使得

$$u(a) = \sum_{p=1}^{N} V_p^\dagger a V_p, \quad \forall a \in B(\mathcal{H}).$$

定理 1.2.4 (1) $u : B(\mathcal{H}) \to B(\mathcal{K})$ 为正映射当且仅当 $u^\dagger : B(\mathcal{K}) \to B(\mathcal{H})$ 是正映射;

(2) $u : B(\mathcal{H}) \to B(\mathcal{K})$ 为完全正映射当且仅当 $u^\dagger : B(\mathcal{K}) \to B(\mathcal{H})$ 是完全正映射.

定理 1.2.5 设 $u : B(\mathcal{H}) \to B(\mathcal{K})$ 是完全正映射, 则

(1) u 是保迹的当且仅当 $\sum_p V_p V_p^\dagger = I_\mathcal{H}$;

(2) u 是保单位的当且仅当 $\sum_p V_p^\dagger V_p = I_\mathcal{K}$;

(3) u 是保单位的当且仅当 $u^\dagger$ 是保迹的.

1.3 量子力学基本假设

1.3.1 状态空间假设

量子力学假设认为: 任一孤立物理系统都由一个有限维复的 Hilbert 空间 $\mathcal{H}$ 来描述, 其中, $\dim(\mathcal{H}) = d$. 系统的状态用 $\mathcal{H}$ 中的单位向量来表示, 称为由 $\mathcal{H}$ 描述的量子系统中的纯态. 为了方便, 我们采用 Dirac 记号 $|x\rangle$ 表示纯态, 用 $S(\mathcal{H})$ 来表示 $\mathcal{H}$ 的所有纯态之集. 两个纯态 $|x\rangle$ 和 $|y\rangle$ 的内积记为 $\langle x|y\rangle$. 规定其上的内积是右线性、左共轭线性的. 而且, 记号 $|x\rangle\langle y|$ 表示将纯态 $|z\rangle$ 映射成纯态 $\langle y|z\rangle|x\rangle$ 的算子, 称为纯态 $|x\rangle$ 和 $|y\rangle$ 的外积.

由量子力学的叠加态原理知, 系统的状态还可以用密度算子 (是指 $\mathcal{H}$ 上的迹为 1 的半正定算子) 来表示, 称为由 $\mathcal{H}$ 描述的量子系统中的混合态. $D(\mathcal{H})$ 表示 $\mathcal{H}$ 上的所有密度算子之集.

1.3.2 酉演化假设

封闭量子系统中状态的演化通常由酉变换来刻画, 即系统在 t 时刻的状态 $|\psi(t)\rangle$ 和在初始时刻的状态 $|\psi(0)\rangle$ 可由一个依赖于时间 t 的酉算子 $U(t)$ 联系

$$|\psi(t)\rangle = U(t)|\psi(0)\rangle.$$

在量子力学中, 这一演化过程可以由 Schrödinger 方程

$$i\frac{d|\psi(t)\rangle}{dt} = H|\psi(t)\rangle$$

来描述, 其中 H 是自伴算子, 称为系统的哈密顿量. 方程的解为

$$|\psi(t)\rangle = e^{-itH}|\psi(0)\rangle.$$

1.3.3 量子测量假设

尽管假设封闭量子系统 $\mathcal{H}$ 的状态遵守酉演化规律, 但有时需要借助外部工具 —— 量子测量, 来观测系统的状态, 这个观测作用使系统不再封闭, 状态的演化也就不再遵守酉演化.

量子测量由一组测量算子 $\{M_k\}$ 描述, 其中, $\sum_k M_k^\dagger M_k = I_\mathcal{H}$, 这些算子作用在被测系统状态空间上, 指标 k 表示实验中可能的测量结果, 若量子系统在测量前的状态是 $|\psi\rangle$, 则结果 k 发生的可能性为

$$p_m = \langle\psi|M_k^\dagger M_k|\psi\rangle,$$

测量后的状态是

$$\frac{M_k|\psi\rangle}{\sqrt{\langle\psi|M_k^\dagger M_k|\psi\rangle}}.$$

以下给出三种常见的量子测量:

(1) 称 $\{M_k\}$ 是投影测量, 是指 $M_k(\forall k)$ 是正交投影算子且 $\sum_k M_k = I_\mathcal{H}$;

(2) 称 $\{M_k\}$ 是 POVM 测量, 是指 $M_k \geqslant 0(\forall k)$;

(3) von Neumann 测量由被观测系统状态空间上的可观测量 H 来描述, 设 $H = \sum i P_i$, 其中, P_i 是到特征值为 i 的特征空间上的投影, 当测量状态为 $|\psi\rangle$ 时, 得到结果为 i 的概率为

$$p_i = \langle\psi|P_i|\psi\rangle,$$

给定测量结果 i, 则测量后的状态是 $\frac{p_i|\psi\rangle}{\sqrt{p_i}}$.

1.3.4 复合系统状态空间假设

张量积是将两个空间合在一起, 构成更大空间的一种方法. 这个构造对理解量子力学的多粒子系统尤为关键. 量子力学假设认为: 任一开放量子系统 (复合系统) 都由两个 (或多个) 有限维 Hilbert 空间的张量积来描述. 若将子系统编号为 1 到 n, 通常记为 $\mathcal{H} = \mathcal{H}_1 \otimes \mathcal{H}_2 \otimes \cdots \otimes \mathcal{H}_n$. 当第 i 个系统的状态处于 $|x_i\rangle$ 时, 复合系统

的总状态处于 $|x_1\rangle \otimes |x_2\rangle \otimes \cdots \otimes |x_n\rangle$. 反过来, 当复合系统的状态已知时, 如何获取子系统的状态呢? 这时, 我们需要借助偏迹这唯一可以正确描述复合系统子系统内可观测量的运算.

设复合系统 $\mathcal{H}_{AB} = \mathcal{H}_A \otimes \mathcal{H}_B$, $|a_1\rangle, |a_2\rangle \in \mathcal{H}_A$, $|b_1\rangle, |b_2\rangle \in \mathcal{H}_B$, 定义偏迹为

$$\mathrm{tr}_B(|a_1\rangle\langle a_2| \otimes |b_1\rangle\langle b_2|) = |a_1\rangle\langle a_2| \mathrm{tr}(|b_1\rangle\langle b_2|) = \langle b_2|b_1\rangle |a_1\rangle\langle a_2|.$$

对以上定义增加线性要求, 则可以扩充成为系统 B 上的偏迹. 当 $\mathcal{H}_{AB}$ 的状态由密度算子 ρ 描述时, A 系统所处的状态由 A 系统的约化密度算子描述, 其定义为

$$\rho^A = \mathrm{tr}_B(\rho).$$

定理 1.3.1(Schmidt 分解)　设纯态 $|\psi\rangle \in \mathcal{H}_A \otimes \mathcal{H}_B$, 则存在 $\mathcal{H}_A, \mathcal{H}_B$ 中的正规正交集 $\{|\psi_i^A\rangle\}, \{|\phi_i^B\rangle\}$ 使得

$$|\psi\rangle = \sum_{i=1}^{r} \lambda_i |\psi_i^A\rangle |\phi_i^B\rangle,$$

其中 $\lambda_i > 0$ 且 $\sum_i \lambda_i^2 = 1$.

称定理 1.3.1 中的 $\{\lambda_i\}$ 为 $|\psi\rangle$ 的 Schmidt 系数, 是由 $|\psi\rangle$ 唯一确定的, 但是 Schmidt 分解并不一定唯一. r 称为 $|\psi\rangle$ 的 Schmidt 秩, 记为 $\mathrm{SR}(|\psi\rangle)$.

1.4　量子信道

封闭量子系统的动力学过程是由酉演化来描述的, 但一般的量子系统不可避免地会与外界环境发生耦合, 从而不再遵守酉演化过程. 一般地, 描述开放量子系统动力学过程的一个自然的方法是: 认为量子系统 $\mathcal{H}$(称为主系统) 与环境系统 $\mathcal{K}$ 耦合形成一个封闭的复合量子系统, 如果主系统处于状态 ρ, 环境系统处于状态 σ, 则复合系统处于状态 $\rho \otimes \sigma$, 其状态演化可由酉算子 U 描述, 再在环境系统上执行偏迹运算, 即可得到主系统经过变换后的状态, 记这一过程为

$$\mathcal{E}(\rho) = \mathrm{tr}_{\mathrm{env}}[U(\rho \otimes \sigma)U^\dagger].$$

可以证明 $\mathcal{E}$ 可以以算子和的形式表示:

$$\mathcal{E}(\rho) = \sum_k E_k \rho E_k^\dagger,$$

其中 $\{E_k\}$ 称为 $\mathcal{E}$ 的运算元, 满足 $\sum_k E_k^\dagger E_k = I_{\mathcal{H}}$.

定义 1.4.1　称完全正的保迹线性映射为量子信道.

由 1.2 节可知: 完全正映射的算子和表示不唯一, 下面的定理给出同一量子信道的两个算子和表示之间的关系.

定理 1.4.1(算子和表示的酉自由性)　设 $\{E_1, E_2, \cdots, E_m\}$ 和 $\{F_1, F_2, \cdots, F_n\}$ 都是量子信道 $\mathcal{E}$ 和 $\mathcal{F}$ 的运算元, 通过对较少的运算元中添加零算子可以使得 $m = n$, 则 $\mathcal{E} = \mathcal{F}$ 当且仅当存在 $m \times m$ 复的酉矩阵 $[u_{ij}]$ 使得

$$E_i = \sum_j u_{ij} F_j, \quad \forall i.$$

以下给出几种常见的量子信道:

(1) 比特翻转信道将量子比特的状态以概率 $1-p$ 从 $|0\rangle(|1\rangle)$ 翻转到 $|1\rangle(|0\rangle)$, 它具有运算元

$$E_1 = \sqrt{p} \begin{pmatrix} 1 & 0 \\ 0 & 1 \end{pmatrix}, \quad E_2 = \sqrt{1-p} \begin{pmatrix} 0 & 1 \\ 1 & 0 \end{pmatrix};$$

(2) 相位翻转信道具有运算元

$$E_1 = \sqrt{p} \begin{pmatrix} 1 & 0 \\ 0 & 1 \end{pmatrix}, \quad E_2 = \sqrt{1-p} \begin{pmatrix} 1 & 0 \\ 0 & -1 \end{pmatrix};$$

(3) 去极化信道: $\mathcal{E}(\rho) = \dfrac{p}{2} I + (1-p)\rho, \ \forall \rho.$

1.5　von Neumann 熵

Shannon 熵是经典信息论的关键概念, 它能够量化存储信息所需要的资源. von Neumann 熵是 Shannon 熵在量子状态下的推广, 用来度量量子系统的状态所包含的不确定性.

定义 1.5.1　设 $\rho \in D(\mathcal{H})$, $\dim \mathcal{H} = d$, 称

$$S(\rho) = -\mathrm{tr}(\rho \log \rho) \tag{1.5.1}$$

为 ρ 的 von Neumann 熵, 简称熵, 其中, 对数是以 2 为底的.

若 ρ 的特征值为 $\lambda_1, \lambda_2, \cdots, \lambda_n$, 则 (1.5.1) 式等价于

$$S(\rho) = -\sum_{i=1}^{n} \lambda_i \log \lambda_i, \tag{1.5.2}$$

1.5 von Neumann 熵

规定 $0\log 0 = 0$.

有时, 我们需要度量量子系统的两个状态之间的接近程度, 即两个量子态之间的接近程度, 就要借助一个非常有用的工具 —— 相对熵.

定义 1.5.2 设 $\rho, \sigma \in D(\mathcal{H})$, 称

$$S(\rho||\sigma) = \text{tr}(\rho\log\rho) - \text{tr}(\rho\log\sigma) \tag{1.5.3}$$

为 ρ 到 σ 的相对熵.

由这一定义可以看出, 当 σ 的零空间和 ρ 的支撑有非平凡的交时, $S(\rho||\sigma) = +\infty$, 否则定义为有限.

一般地, 将 ρ 和 σ 分别进行谱分解可得

$$\rho = \sum_i p_i |i\rangle\langle i|, \quad \sigma = \sum_j q_j |j\rangle\langle j|,$$

根据相对熵的定义得

$$S(\rho||\sigma) = \sum_i p_i \log p_i - \sum_i \langle i|\rho\log\sigma|i\rangle.$$

定理 1.5.1 (熵的基本性质) (1) $0 \leqslant S(\rho) \leqslant \log d$; $S(\rho) = 0$ 当且仅当 ρ 是纯态; $S(\rho) = \log d$ 当且仅当 $\rho = \dfrac{1}{d} I_\mathcal{H}$;

(2)(Klein 不等式) $S(\rho||\sigma) \geqslant 0$; $S(\rho||\sigma) = 0$ 当且仅当 $\rho = \sigma$.

von Neumann 互信息 (量子互信息) 是 Shannon 互信息在复合量子系统中的推广, 用来度量两个子系统之间的依赖关系. 设 $\rho \in D(\mathcal{H}_{AB})$, 定义 ρ 的互信息为

$$I(\rho) = S(\rho^A) + S(\rho^B) - S(\rho),$$

其中 ρ^A, ρ^B 分别是 ρ 在系统 A 和 B 上的约化密度算子.

注意. 量子态的互信息可以取正、取负, 也可以为 0.

第 2 章　两体量子系统中的量子关联

2.1　经典关联态的定义与表示

2.1.1　经典关联态的定义

为了得到量子关联的数学刻画与度量, 首先需要研究经典关联态的数学刻画.

设 $\mathcal{H}_A$ 与 $\mathcal{H}_B$ 分别是量子系统 A 与 B 的状态空间 (d_A, d_B 维 Hilbert 空间), 且分别具有正规正交基

$$e := \{|e_i\rangle : 1 \leqslant i \leqslant d_A\} \quad \text{和} \quad f := \{|f_k\rangle : 1 \leqslant k \leqslant d_B\}.$$

由量子力学假设得, 系统 A 与 B 的复合系统的状态空间由 $\mathcal{H}_A \otimes \mathcal{H}_B$ (简记为 $\mathcal{H}_{AB}$) 来表示, 且具有正规正交基

$$e \otimes f := \{|e_i\rangle \otimes |f_k\rangle : 1 \leqslant i \leqslant d_A, 1 \leqslant k \leqslant d_B\}.$$

设 $\{\Pi_s^A : s = 1, 2, \cdots, d_A\}$ 和 $\{\Pi_t^B : t = 1, 2, \cdots, d_B\}$ 分别是 $\mathcal{H}_A$ 和 $\mathcal{H}_B$ 上的一秩正交投影族, 则称

$$\Pi = \{\Pi_s^A \otimes \Pi_t^B : s = 1, 2, \cdots, d_A; t = 1, 2, \cdots, d_B\}$$

是 $D(\mathcal{H}_{AB})$ 上的局部正交投影测量.

设 $\rho \in D(\mathcal{H}_{AB})$, 则经过局部正交投影测量 Π 后, 量子态 ρ 变为

$$\Pi(\rho) := \sum_{s=1}^{d_A} \sum_{t=1}^{d_B} (\Pi_s^A \otimes \Pi_t^B) \rho (\Pi_s^A \otimes \Pi_t^B).$$

定义 2.1.1[24]　设 $\rho \in D(\mathcal{H}_{AB})$. 若存在一个局部正交投影测量 Π 使得 $\Pi(\rho) = \rho$, 则称 ρ 是经典关联态. 否则, 称 ρ 是量子关联态.

定义 2.1.2　称量子态 $\rho \in D(\mathcal{H}_{AB})$ 是左经典关联的, 如果存在 $\mathcal{H}_A$ 上的一维正交投影测量 $\{\Pi_i^A : i = 1, 2, \cdots, d_A\}$ 使得

$$\sum_{i=1}^{d_A} (\Pi_i^A \otimes I_B) \rho (\Pi_i^A \otimes I_B) = \rho. \tag{2.1.1}$$

称 ρ 是右经典关联的,如果存在 $\mathcal{H}_B$ 上的一维正交投影测量 $\{\Pi_j^B : j = 1, 2, \cdots, d_B\}$ 使得

$$\sum_{j=1}^{d_B}(I_A \otimes \Pi_j^B)\rho(I_A \otimes \Pi_j^B) = \rho. \tag{2.1.2}$$

容易看出,量子态是经典关联的当且仅当它既是左经典关联的,又是右经典关联的.

2.1.2 经典关联态的表示

定理 2.1.1 [24] 量子态 $\rho \in D(\mathcal{H}_{AB})$ 是经典关联的当且仅当它具有下列形式:

$$\rho = \sum_{i=1}^{d_A}\sum_{j=1}^{d_B} p_{ij}|e_i\rangle\langle e_i| \otimes |f_j\rangle\langle f_j|, \tag{2.1.3}$$

其中 $\{p_{ij}\}$ 是概率分布,$\{|e_i\rangle\}$ 和 $\{|f_j\rangle\}$ 分别是 $\mathcal{H}_A$ 与 $\mathcal{H}_B$ 中的正规正交基.

用 $CC(\mathcal{H}_{AB})$ 表示 $\mathcal{H}_{AB}$ 上的所有经典关联态之集.

在本节中,我们讨论由定理 2.1.1 给出的表达式的唯一性. 对于 $\mathcal{H}_A$ 与 $\mathcal{H}_B$ 中的任意正规正交基 $\{|e_i\rangle\}$ 与 $\{|f_j\rangle\}$,任给概率分布 $\{p_{ij}\}$,则由 (2.1.3) 式定义的算子 ρ 是经典关联态. 因此,可以认为一个联合概率分布可以对应到一个经典关联态. 另一方面,设 ρ 是经典关联态,则它具有形式 (2.1.3),我们将正规正交基 $\{|e_i\rangle \otimes |f_j\rangle\}$ 以及概率分布 $\{p_{ij}\}$ 分别重排成 $\{\varepsilon_1, \varepsilon_2, \cdots, \varepsilon_d\}$ 与 $\{l_1, l_2, \cdots, l_d\}$,其中 $\varepsilon_k = |e_i\rangle \otimes |f_j\rangle$,$l_k = p_{ij}(j + (i-1)d_B = k)$,且 $d = d_Ad_B$. 进而,(2.1.3) 式变为

$$\rho = \sum_{k=1}^{d} l_k|\varepsilon_k\rangle\langle\varepsilon_k|.$$

这就表明: 在"可分"正规正交基 $\{\varepsilon_1, \varepsilon_2, \cdots, \varepsilon_d\}$ 下,量子态 ρ 具有下列矩阵表示形式

$$\rho = \mathrm{diag}(l_1, l_2, \cdots, l_d).$$

反之,如果 ρ 可以在"可分"正规正交基下对角化,那么显然它是经典关联态. 总之,经典关联态恰好是可以在"可分"正规正交基下对角化的量子态.

下面讨论对于一个经典关联态 ρ,满足 $\Pi(\rho) = \rho$ 的局部正交投影测量 Π 的唯一性问题. 下面,用 I_X 表示系统 X 上的恒等算子.

量子态 ρ 经过测量 Π 后是否会被扰动等价于 ρ 是否是方程 $\Pi(X) = X$ 的解. 文献 [129] 中的作者证明了对于有限维空间上的 ρ,经过测量 $\Pi = \{\Pi_s\}$ 后不被扰动当且仅当 ρ 与每个 Π_s 都可交换,因此,$\rho \in D(\mathcal{H}_{AB})$ 是经典关联态当且仅当存

在一个局部正交投影测量 $\Pi = \{\Pi_s^A \otimes \Pi_t^B\}$, 使得 ρ 与每个 $\Pi_s^A \otimes \Pi_t^B$ 都可交换. 首先, 给出下列的引理.

引理 2.1.1 设 $d = \dim \mathcal{H}$, $\{|i\rangle : i = 1, 2, \cdots, d\}$ 是 $\mathcal{H}$ 中的一个正规正交基, $\rho \in D(\mathcal{H})$ 且 $\rho = \sum_{i=1}^{d} \lambda_i |i\rangle\langle i|$, 其中当 $i \neq j$ 时, $\lambda_i \neq \lambda_j$, U 为 $d \times d$ 酉矩阵, 则 $U^\dagger \rho U$ 在正规正交基 $\{|i\rangle : i = 1, 2, \cdots, d\}$ 下是对角矩阵当且仅当 $U = [a_{ij}]$ 是复的置换矩阵, 即存在 $(1, 2, \cdots, d)$ 的一个置换 $(\tau(1), \tau(2), \cdots, \tau(d))$ 使得对所有的 i, j 都有 $|a_{ij}| = \delta_{\tau(i), j}$, 即当 $\tau(i) = j$ 时, $|a_{ij}| = 1$, 当 $\tau(i) \neq j$ 时, $|a_{ij}| = 0$.

证明 充分性 显然.

必要性 若 $U^\dagger \rho U$ 在正规正交基 $\{|i\rangle : i = 1, 2, \cdots, d\}$ 下是对角矩阵, 即 $U^\dagger \rho U = \sum_{k=1}^{d} \mu_k |k\rangle\langle k|$, 则 ρ 的谱是

$$\{\lambda_1, \lambda_2, \cdots, \lambda_d\} = \sigma(\rho) = \sigma(U^\dagger \rho U) = \{\mu_1, \mu_2, \cdots, \mu_d\}.$$

由于当 $i \neq j$ 时, 有 $\lambda_i \neq \lambda_j$, 所以存在 $(1, 2, \cdots, d)$ 的一个置换 $(\tau(1), \tau(2), \cdots, \tau(d))$ 使得对所有的 k 都有 $\mu_k = \lambda_{\tau(k)}$. 因此,

$$\sum_i \lambda_{\tau(i)} |\tau(i)\rangle\langle \tau(i)| = \rho = \sum_i \lambda_{\tau(i)} U|i\rangle\langle i|U^\dagger.$$

从而, $|\tau(i)\rangle$ 与 $U|i\rangle$ 是 ρ 关于特征值 $\lambda_{\tau(i)}$ 的特征向量. 进而有 $U|i\rangle = \alpha_i |\tau(i)\rangle$, 其中 α_i 为某个模为 1 的复数. 令 $U = [a_{ij}]_{d \times d}$, 则当 $\tau(i) = j$ 时, $a_{ij} = \langle j|U|i\rangle = \alpha_i$; 当 $\tau(i) \neq j$ 时, $a_{ij} = 0$. 这说明 U 是复的置换矩阵. □

定理 2.1.2 设 $\rho \in D(\mathcal{H}_{AB})$ 是经典关联态, 则满足 $\Pi(\rho) = \rho$ 的局部正交投影测量 Π 是唯一的当且仅当 ρ 有 $d_A d_B$ 个不同的特征值.

证明 由于 ρ 是经典关联态, 所以分别存在 $\mathcal{H}_A$ 和 $\mathcal{H}_B$ 中的正规正交基 $\{|e_i\rangle\}$ 和 $\{|f_j\rangle\}$ 使得 (2.1.3) 式成立. 因此, $\Pi = \{|e_i\rangle\langle e_i| \otimes |f_j\rangle\langle f_j|\}$ 是 $\mathcal{H}_{AB}$ 上满足 $\Pi(\rho) = \rho$ 的局部正交投影测量, 而且, p_{ij} 是 ρ 的特征值.

必要性 假设存在 $(i_1, j_1) \neq (i_2, j_2)$ 使得 $p_{i_1 j_1} = p_{i_2 j_2}$. 令

$$|e'_{i_1}\rangle = \frac{1}{\sqrt{2}}(|e_{i_1}\rangle + |e_{i_2}\rangle), \quad |e'_{i_2}\rangle = \frac{1}{\sqrt{2}}(|e_{i_1}\rangle - |e_{i_2}\rangle),$$

$$|f'_{j_1}\rangle = \frac{1}{\sqrt{2}}(|f_{j_1}\rangle + |f_{j_2}\rangle), \quad |f'_{j_2}\rangle = \frac{1}{\sqrt{2}}(|f_{j_1}\rangle - |f_{j_2}\rangle),$$

且 $|e'_{i_k}\rangle = |e_{i_k}\rangle (2 < k \leqslant d_A), |f'_{j_\ell}\rangle = |f_{j_\ell}\rangle (2 < \ell \leqslant d_B)$, 则可以得到 $\mathcal{H}_A$ 和 $\mathcal{H}_B$ 中的正规正交基 $\{|e'_{i_k}\rangle : k = 1, 2, \cdots, d_A\}$ 和 $\{|f'_{j_k}\rangle : k = 1, 2, \cdots, d_B\}$. 显然,

$|e_{i_1}\rangle\langle e_{i_1}| \otimes |f_{j_1}\rangle\langle f_{j_1}| + |e_{i_2}\rangle\langle e_{i_2}| \otimes |f_{j_2}\rangle\langle f_{j_2}| = |e'_{i_1}\rangle\langle e'_{i_1}| \otimes |f'_{j_1}\rangle\langle f'_{j_1}| + |e'_{i_2}\rangle\langle e'_{i_2}| \otimes |f'_{j_2}\rangle\langle f'_{j_2}|$

且

$$\rho = \sum_{k=1}^{d_A}\sum_{\ell=1}^{d_B} p_{i_k j_\ell} |e'_{i_k}\rangle\langle e'_{i_k}| \otimes |f'_{j_\ell}\rangle\langle f'_{j_\ell}|.$$

从而, 局部正交投影测量 $\Pi = \{|e_i\rangle\langle e_i| \otimes |f_j\rangle\langle f_j|\}$ 和 $\Pi' = \{|e'_{i_k}\rangle\langle e'_{i_k}| \otimes |f'_{j_\ell}\rangle\langle f'_{j_\ell}|\}$ 满足 $\Pi(\rho) = \rho$ 和 $\Pi'(\rho) = \rho$, 但 $\Pi' \neq \Pi$. 这与满足 $\Pi(\rho) = \rho$ 的局部正交投影测量 Π 是唯一的矛盾.

充分性 设对于所有的 $(i_1, j_1) \neq (i_2, j_2)$ 都有 $p_{i_1 j_1} \neq p_{i_2 j_2}$. 假设存在另一个局部正交投影测量 $\Gamma = \{\Gamma_m^A \otimes \Gamma_n^B\}$ 使得 $\Gamma(\rho) = \rho$, 其中 $\Gamma_m^A = |e'_m\rangle\langle e'_m|$, $\Gamma_n^B = |f'_n\rangle\langle f'_n|$, 则

$$(\Pi_s^A \otimes \Pi_t^B)\rho = \rho(\Pi_s^A \otimes \Pi_t^B), \quad \forall s, t,$$

$$(\Gamma_m^A \otimes \Gamma_n^B)\rho = \rho(\Gamma_m^A \otimes \Gamma_n^B), \quad \forall m, n.$$

另一方面, 一定分别存在 $\mathcal{H}_A$ 和 $\mathcal{H}_B$ 上的酉算子 U 和 V 使得 $U|e_s\rangle = |e'_s\rangle$ 和 $V|f_t\rangle = |f'_t\rangle$, 则对于所有的 s, t, 有

$$\Gamma_s^A \otimes \Gamma_t^B = (U \otimes V)(\Pi_s^A \otimes \Pi_t^B)(U \otimes V)^\dagger.$$

所以,

$$(\Pi_s^A \otimes \Pi_t^B)(U \otimes V)^\dagger \rho (U \otimes V) = (U \otimes V)^\dagger \rho (U \otimes V)(\Pi_s^A \otimes \Pi_t^B), \quad \forall s, t.$$

因此可以看出 ρ 和 $(U \otimes V)^\dagger \rho (U \otimes V)$ 在正规正交基 $\{|e_s\rangle \otimes |f_t\rangle\}$ 下都是对角矩阵. 由引理 2.1.1 得, $U \otimes V$ 是复的置换矩阵. 从而, U, V 都是复的置换矩阵. 所以, 分别存在 $\{1, 2, \cdots, d_A\}$ 和 $\{1, 2, \cdots, d_B\}$ 的置换 $\{\tau(1), \tau(2), \cdots, \tau(d_A)\}$ 和 $\{\sigma(1), \sigma(2), \cdots, \sigma(d_B)\}$ 使得

$$|e'_s\rangle = U|e_s\rangle = \alpha_s|e_{\tau(s)}\rangle, \quad \forall s \quad \text{和} \quad |f'_t\rangle = V|f_t\rangle = \beta_t|f_{\sigma(t)}\rangle, \quad \forall t,$$

其中 α_s 和 β_t 都是模为 1 的复数. 因此,

$$\Gamma_s^A = |e'_s\rangle\langle e'_s| = \alpha_s \overline{\alpha_s} |e_{\tau(s)}\rangle\langle e_{\tau(s)}| = \Pi_{\tau(s)}^A, \quad \forall s$$

且

$$\Gamma_t^B = |f'_t\rangle\langle f'_t| = \beta_t \overline{\beta_t} |f_{\sigma(t)}\rangle\langle f_{\sigma(t)}| = \Pi_{\sigma(t)}^B, \quad \forall t.$$

这就意味着 $\Gamma = \Pi$. □

定理 2.1.2 给出了经典关联态表示唯一的充分必要条件, 下面考虑两个可交换的经典关联态是否是在同一组正规正交基下表示的.

定理 2.1.3 设 $\rho \in D(\mathcal{H}_{AB})$ 是具有形式如 (2.1.3) 式的经典关联态且具有 $d_A d_B$ 个不同的特征值, $\sigma \in D(\mathcal{H}_{AB})$, 则 $[\rho, \sigma] = 0$, 其中 $[\rho, \sigma] = \rho\sigma - \sigma\rho$ 当且仅当存在联合概率分布 $\{q_{ij}\}$ 使得

$$\sigma = \sum_{i=1}^{d_A} \sum_{j=1}^{d_B} q_{ij} |e_i\rangle\langle e_i| \otimes |f_j\rangle\langle f_j|. \tag{2.1.4}$$

证明 充分性 显然.

必要性 设 $\sigma \in D(\mathcal{H}_{AB})$ 满足 $[\rho, \sigma] = 0$, 则由 (2.1.3) 式可知, 对于所有的 i, j, 都有

$$\rho(\sigma(|e_i\rangle \otimes |f_j\rangle)) = \sigma(\rho(|e_i\rangle \otimes |f_j\rangle)) = p_{ij}\sigma(|e_i\rangle \otimes |f_j\rangle).$$

因为 ρ 具有 $d_A d_B$ 个不同的特征值, 所以 $\sigma(|e_i\rangle \otimes |f_j\rangle)$ 或者是 0 或者是 ρ 关于 p_{ij} 的一个特征向量. 从而, 对于所有的 i, j 都存在非负数 q_{ij} 使得 $\sigma(|e_i\rangle \otimes |f_j\rangle) = q_{ij}\sigma(|e_i\rangle \otimes |f_j\rangle)$. 因而, (2.1.4) 式成立且 $\{q_{ij}\}$ 是联合概率分布. □

定理 2.1.3 说明: 若 ρ 是具有 $d_A d_B$ 个不同特征值的经典关联态, 则满足 $[\rho, \sigma] = 0$ 的任意量子态 σ 一定是经典关联的, 且满足 $\Pi(\rho) = \rho$ 的唯一局部正交投影测量 Π 也满足 $\Pi(\sigma) = \sigma$.

2.2 经典关联态的刻画与性质

2.2.1 经典关联态的刻画

首先给出左经典关联态和右经典关联态的刻画.

定理 2.2.1 设 $\rho \in D(\mathcal{H}_{AB})$, 则 ρ 是左经典关联的当且仅当存在 $\mathcal{H}_A$ 中的一个正规正交基 $\{|e_i\rangle\}$ 以及 $\mathcal{H}_B$ 上的算子 $\eta_m \in B(\mathcal{H}_B)(1 \leqslant m \leqslant d_A)$ 使得

$$\rho = \sum_{m=1}^{d_A} |e_m\rangle\langle e_m| \otimes \eta_m. \tag{2.2.1}$$

证明 设 ρ 是左经典关联态, 则存在 $\mathcal{H}_A$ 上的一秩正交投影测量

$$\{\Pi_i^A : i = 1, 2, \cdots, d_A\}$$

使得 (2.1.1) 式成立. 因此, 存在 $\mathcal{H}_A$ 中的正规正交基 $\{|e_i\rangle\}$ 使得对于所有的 $m = 1, 2, \cdots, d_A$ 都有 $\Pi_m^A = |e_m\rangle\langle e_m|$. 任取 $\mathcal{H}_B$ 中的正规正交基 $\{|f_k\rangle\}$. 显然有

$$\rho = \sum_{ijk\ell} p_{ijk\ell} |e_i\rangle\langle e_j| \otimes |f_k\rangle\langle f_\ell|. \tag{2.2.2}$$

因此,
$$\rho = \sum_{m=1}^{d_A} (\Pi_m^A \otimes I_B)\rho(\Pi_m^A \otimes I_B)$$
$$= \sum_{m=1}^{d_A} \sum_{ijk\ell} p_{ijk\ell}|e_m\rangle\langle e_m|e_i\rangle\langle e_j|e_m\rangle\langle e_m| \otimes |f_k\rangle\langle f_\ell|$$
$$= \sum_{m=1}^{d_A} \sum_{k\ell} p_{mmk\ell}|e_m\rangle\langle e_m| \otimes |f_k\rangle\langle f_\ell|$$
$$= \sum_{m=1}^{d_A} |e_m\rangle\langle e_m| \otimes \sum_{k\ell} p_{mmk\ell}|f_k\rangle\langle f_\ell|$$
$$= \sum_{m=1}^{d_A} |e_m\rangle\langle e_m| \otimes \eta_m,$$

其中 $\eta_m \in B(\mathcal{H}_B)$ 且 $p_{mmk\ell} = \langle e_m|\langle f_k|\rho|e_m\rangle|f_\ell\rangle$.

反过来, 设
$$\rho = \sum_{m=1}^{d_A} |e_m\rangle\langle e_m| \otimes \eta_m,$$

其中 $\{|e_i\rangle\}$ 是 $\mathcal{H}_A$ 中的正规正交基, $\{\eta_m\}_{m=1}^{d_A} \subset B(\mathcal{H}_B)$. 对于任意的 m, 令
$$\Pi_m^A = |e_m\rangle\langle e_m|,$$

则可以得到 $\mathcal{H}_A$ 上的一秩正交投影测量 $\{\Pi_m^A : m = 1, 2, \cdots, d_A\}$. 由 (2.2.2) 式知
$$\sum_{m=1}^{d_A} (\Pi_m^A \otimes I_B)\rho(\Pi_m^A \otimes I_B) = \sum_{m=1}^{d_A} |e_m\rangle\langle e_m| \otimes \eta_m = \rho.$$

因此, ρ 是左经典关联态. □

同理可得下面的定理.

定理 2.2.2 设 $\rho \in D(\mathcal{H}_{AB})$, 则 ρ 是右经典关联态当且仅当存在 $\mathcal{H}_B$ 中的正规正交基 $\{|f_j\rangle\}$ 和算子 $\gamma_j \in B(\mathcal{H}_A)(1 \leqslant j \leqslant d_B)$ 使得
$$\rho = \sum_{j=1}^{d_B} \gamma_j \otimes |f_j\rangle\langle f_j|.$$

为了区分量子态之集 $D(\mathcal{H}_{AB})$ 中的经典关联态, 很多相关的方法已经被使用. 例如, 吴玉椿等在文献 [31] 中证明了: $\rho \in D(\mathcal{H}_{AB})$ 是经典关联态当且仅当对于任

意的纯态 $|\psi\rangle \in PS(\mathcal{H}_A)$ 和 $|\phi\rangle \in PS(\mathcal{H}_B)$, $\langle\psi|\rho|\psi\rangle$ 具有相同的谱算子, $\langle\phi|\rho|\phi\rangle$ 也具有相同的谱算子, 其中 ρ 具有形式如 (2.2.2) 式且

$$\langle\psi|\rho|\psi\rangle = \sum_{ijk\ell} p_{ijk\ell}\langle\psi|e_i\rangle\langle e_j|\psi\rangle|f_k\rangle\langle f_\ell|,$$

$$\langle\phi|\rho|\phi\rangle = \sum_{ijk\ell} p_{ijk\ell}\langle\phi|f_k\rangle\langle f_\ell|\phi\rangle|e_i\rangle\langle e_j|.$$

下面, 给出经典关联态的新刻画.

对于任意的 $\rho \in D(\mathcal{H}_{AB})$ 及 $\mathcal{H}_A$ 与 $\mathcal{H}_B$ 中的任意正规正交基

$$e := \{|e_i\rangle\}, \quad f := \{|f_k\rangle\},$$

有

$$\begin{aligned}\rho &= \sum_{ijk\ell} p_{ijk\ell}(|e_i\rangle \otimes |f_k\rangle)(\langle e_j| \otimes \langle f_\ell|) \\ &= \sum_{ijk\ell} p_{ijk\ell}|e_i\rangle\langle e_j| \otimes |f_k\rangle\langle f_\ell| \\ &= \sum_{k\ell} \left(\sum_{ij} p_{ijk\ell}|e_i\rangle\langle e_j|\right) \otimes |f_k\rangle\langle f_\ell| \\ &= \sum_{k\ell} A_{k\ell}(\rho) \otimes |f_k\rangle\langle f_\ell|,\end{aligned}$$

其中

$$A_{k\ell}(\rho) = \sum_{ij} p_{ijk\ell}|e_i\rangle\langle e_j|. \tag{2.2.3}$$

类似地, 记 $\rho = \sum_{ij} |e_i\rangle\langle e_j| \otimes B_{ij}(\rho)$, 其中

$$B_{ij}(\rho) = \sum_{k\ell} p_{ijk\ell}|f_k\rangle\langle f_\ell|. \tag{2.2.4}$$

显然, 算子 $A_{k\ell}(\rho)$ 与 $B_{ij}(\rho)$ 是与正规正交基 e 和 f 的选取有关, 因此必要时分别记为 $A_{k\ell}^{(e,f)}(\rho)$ 和 $B_{ij}^{(e,f)}(\rho)$. 利用这个记号, 得到下面的定理.

定理 2.2.3 若 $\rho \in D(\mathcal{H}_{AB})$ 是经典关联的 (或者左经典关联的, 或者右经典关联的), 则对于 $\mathcal{H}_A$ 中的任意正规正交基 $\{|e_i\rangle\}$ 与 $\mathcal{H}_B$ 中的任意正规正交基 $\{|f_k\rangle\}$, 分别由 (2.2.3) 式与 (2.2.4) 式定义的算子族 $\{A_{k\ell}(\rho)\}$ 与 $\{B_{ij}(\rho)\}$ (或者 $\{A_{k\ell}(\rho)\}$, 或者 $\{B_{ij}(\rho)\}$) 是交换族.

证明 设 $\rho \in D(\mathcal{H}_{AB})$ 是经典关联态, 则存在 $\mathcal{H}_A$ 中的正规正交基 $\{|\varepsilon_x\rangle\}$ 与 $\mathcal{H}_B$ 中的正规正交基 $\{|\eta_y\rangle\}$ 满足

$$\rho = \sum_{x=1}^{d_A}\sum_{y=1}^{d_B} c_{xy}|\varepsilon_x\rangle\langle\varepsilon_x| \otimes |\eta_y\rangle\langle\eta_y|. \tag{2.2.5}$$

对于任意 $\mathcal{H}_A$ 与 $\mathcal{H}_B$ 中的正规正交基 $\{|e_i\rangle\}$ 和 $\{|f_k\rangle\}$, 令 $\{A_{k\ell}(\rho)\}$ 与 $\{B_{ij}(\rho)\}$ 为由 (2.2.3) 式与 (2.2.4) 式定义的算子, 可以从 (2.2.3) 式与 (2.2.5) 式看出: 对于任意的 k, ℓ, 有

$$A_{k\ell}(\rho) = \sum_{ij} p_{ijk\ell}|e_i\rangle\langle e_j| = \langle f_k|\rho|f_\ell\rangle = \sum_{x=1}^{d_A}\sum_{y=1}^{d_B} c_{xy}\langle f_k|\eta_y\rangle\langle\eta_y|f_\ell\rangle \cdot |\varepsilon_x\rangle\langle\varepsilon_x|.$$

同时, 从 (2.2.4) 式和 (2.2.5) 式可得: 对于任意的 i, j, 有

$$B_{ij}(\rho) = \sum_{k\ell} p_{ijk\ell}|f_k\rangle\langle f_\ell| = \langle e_i|\rho|e_j\rangle = \sum_{y=1}^{d_B}\sum_{x=1}^{d_A} c_{xy}\langle e_i|\varepsilon_x\rangle\langle\varepsilon_x|e_j\rangle \cdot |\eta_y\rangle\langle\eta_y|.$$

这就表明: 算子族 $\{A_{k\ell}(\rho)\}$ 与 $\{B_{ij}(\rho)\}$ 都是交换族.

设 $\rho \in D(\mathcal{H}_{AB})$ 是左经典关联态, 则由定理 2.2.1 可得: 存在 $\mathcal{H}_A$ 中的正规正交基 $\{|\varepsilon_x\rangle\}$ 与 $\mathcal{H}_B$ 上的算子族 $\{\eta_x : x = 1, 2, \cdots, d_A\}$ 使得

$$\rho = \sum_{x=1}^{d_A} |\varepsilon_x\rangle\langle\varepsilon_x| \otimes \eta_x \tag{2.2.6}$$

成立. 从 (2.2.3) 式与 (2.2.6) 式, 得到: 对于任意的 k, ℓ, 有

$$A_{k\ell}(\rho) = \sum_{ij} p_{ijk\ell}|e_i\rangle\langle e_j| = \langle f_k|\rho|f_\ell\rangle = \sum_{x=1}^{d_A} \langle f_k|\eta_x|f_\ell\rangle \cdot |\varepsilon_x\rangle\langle\varepsilon_x|.$$

这说明 $\{A_{k\ell}(\rho)\}$ 是交换族. 同样, 如果 $\rho \in D(\mathcal{H}_{AB})$ 是右经典关联的, 那么 $\{B_{ij}(\rho)\}$ 也是交换族. □

下面给出经典关联态的数学刻画.

推论 2.2.1 设 $e = \{|e_i\rangle\}$ 与 $f = \{|f_k\rangle\}$ 分别是 $\mathcal{H}_A$ 与 $\mathcal{H}_B$ 中的正规正交基, 则 $\rho \in D(\mathcal{H}_{AB})$ 是经典关联态当且仅当 $\{A_{k\ell}(\rho)\}$ 和 $\{B_{ij}(\rho)\}$ 是交换族.

证明 **必要性** 直接由定理 2.2.3 可得.

充分性 设 $\{A_{k\ell}(\rho)\}$ 与 $\{B_{ij}(\rho)\}$ 都是交换族, 注意到 ρ 是自伴算子, 并且

$$\overline{\langle e_i|\langle f_k|\rho|e_j\rangle|f_\ell\rangle} = \langle e_j|\langle f_\ell|\rho|e_i\rangle|f_k\rangle,$$

因此,

$$(A_{k\ell}(\rho))^\dagger = \sum_{ij} \overline{\langle e_i|\langle f_k|\rho|e_j\rangle|f_\ell\rangle} \cdot |e_j\rangle\langle e_i|$$
$$= \sum_{ij} \langle e_j|\langle f_\ell|\rho|e_i\rangle|f_k\rangle \cdot |e_j\rangle\langle e_i|$$
$$= A_{\ell k}(\rho),$$

同理,

$$(B_{ij}(\rho))^\dagger = B_{ji}(\rho).$$

因此, 当 $\{A_{k\ell}(\rho)\}$ 是交换族时, 算子 $A_{k\ell}(\rho)$ 都是正规的, 且当 $\{B_{ij}(\rho)\}$ 是交换族时, 算子 $B_{ij}(\rho)$ 是正规的. 从而, 可以记

$$A_{k\ell}(\rho) = \sum_t \langle e'_t|A_{k\ell}(\rho)|e'_t\rangle|e'_t\rangle\langle e'_t|,$$
$$B_{ij}(\rho) = \sum_s \langle f'_s|B_{ij}(\rho)|f'_s\rangle|f'_s\rangle\langle f'_s|,$$

其中 $\{|e'_t\rangle\}$ 与 $\{|f'_s\rangle\}$ 分别是 $\mathcal{H}_A$ 与 $\mathcal{H}_B$ 中的某个正规正交基. 因此

$$\rho = \sum_{k\ell} A_{k\ell}(\rho) \otimes |f_k\rangle\langle f_\ell|$$
$$= \sum_{k\ell}\left(\sum_t \langle e'_t|A_{k\ell}(\rho)|e'_t\rangle|e'_t\rangle\langle e'_t|\right) \otimes |f_k\rangle\langle f_\ell|$$
$$= \sum_t |e'_t\rangle\langle e'_t| \otimes \sum_{k\ell} \langle e'_t|\sum_{ij} p_{ijk\ell}|e_i\rangle\langle e_j|e'_t\rangle|f_k\rangle\langle f_\ell|$$
$$= \sum_t |e'_t\rangle\langle e'_t| \otimes \sum_{k\ell}\sum_{ij} p_{ijk\ell}\langle e'_t|e_i\rangle\langle e_j|e'_t\rangle|f_k\rangle\langle f_\ell|$$
$$= \sum_t |e'_t\rangle\langle e'_t| \otimes \sum_{ij} \langle e'_t|e_i\rangle\langle e_j|e'_t\rangle \sum_{k\ell} p_{ijk\ell}|f_k\rangle\langle f_\ell|$$
$$= \sum_t |e'_t\rangle\langle e'_t| \otimes \sum_{ij} \langle e'_t|e_i\rangle\langle e_j|e'_t\rangle \sum_s \langle f'_s|B_{ij}(\rho)|f'_s\rangle|f'_s\rangle\langle f'_s|$$
$$= \sum_{ts}\left(\sum_{ijk\ell} p_{ijk\ell}\langle e'_t|e_i\rangle\langle e_j|e'_t\rangle\langle f'_s|f_k\rangle\langle f_\ell|f'_s\rangle\right) \cdot |e'_t\rangle\langle e'_t| \otimes |f'_s\rangle\langle f'_s|$$
$$= \sum_{ts} \delta_{st} \cdot |e'_t\rangle\langle e'_t| \otimes |f'_s\rangle\langle f'_s|,$$

其中

$$\delta_{st} = \sum_{ijk\ell} p_{ijk\ell}\langle e'_t|e_i\rangle\langle e_j|e'_t\rangle\langle f'_s|f_k\rangle\langle f_\ell|f'_s\rangle.$$

2.2 经典关联态的刻画与性质

因为任取 s,t 都有 $\sum_{ts} \delta_{st} = \text{tr}(\rho) = 1$ 与 $\delta_{st} = \langle e_t'|\langle f_s'|\rho|e_t'\rangle|f_s'\rangle \geqslant 0$, 所以 ρ 是经典关联态. □

定义 2.2.1 称算子 $T, S \in B(\mathcal{H}_{AB})$ 是正交的, 如果它们的值域是正交的. 称算子 T 是 B-正交的, 如果它具有下列表示

$$T = \sum_{i=1}^{s} A_i \otimes B_i, \tag{2.2.7}$$

其中 $A_i, B_i \geqslant 0 (i=1,2,\cdots,s)$ 且 $\{B_i\}$ 是两两正交的算子族. 如果 T 具有形式如 (2.2.7) 式且 $A_i, B_i \geqslant 0 (i=1,2,\cdots,s)$, $\{A_i\}$ 是两两正交的算子族, 那么我们称 T 是 A-正交的.

定理 2.2.4 设 $\rho \in D(\mathcal{H}_{AB})$, 则下列叙述等价:

(1) ρ 是经典关联态;

(2) ρ 具有形式如 (2.2.7) 式且 $\{A_i\}$ 与 $\{B_i\}$ 都是正规算子构成的交换族;

(3) ρ 是 A-正交且 B-正交的.

另外, 若 ρ 是经典关联态, 则 $\{X_i\}(X=A,B)$ 中任意两个算子在 Hilbert-Schmidt 内积下是正交的.

证明 $(1) \Rightarrow (2)$ 设 ρ 是经典关联态, 则一定分别存在 $\mathcal{H}_A$ 与 $\mathcal{H}_B$ 中的正规正交基 $\{|e_i\rangle\}$ 与 $\{|f_j\rangle\}$ 使得

$$\begin{aligned}\rho &= \sum_{ij} \lambda_{ij} |e_i\rangle\langle e_i| \otimes |f_j\rangle\langle f_j| \\ &= \sum_{ij} \Big(\sum_{\gamma=1}^{s} \mu_{i\gamma} a_{\gamma\gamma} \nu_{\gamma j}\Big) |e_i\rangle\langle e_i| \otimes |f_j\rangle\langle f_j| \\ &= \sum_{\gamma=1}^{s} a_{\gamma\gamma} \Big(\sum_i \mu_{i\gamma}|e_i\rangle\langle e_i|\Big) \otimes \Big(\sum_j \nu_{\gamma j}|f_j\rangle\langle f_j|\Big),\end{aligned}$$

其中 $\Lambda = (\lambda_{ij})$ 的维数是 $d_A d_B$, 利用 Λ 的奇异值分解 $\Lambda = U\Delta V^\dagger$, $U = (\mu_{i\gamma})_{d_A \times d_A}$, $V = (\overline{\nu_{j\gamma}})_{d_B \times d_B}$, $\Delta = (a_{mn})_{d_A \times d_B}$, $s = \text{Rank}(\Lambda)$ 并且 $a_{11} \geqslant a_{22} \geqslant \cdots \geqslant a_{ss} > a_{s+1,s+1} = \cdots = a_{qq} = 0$ 和 $a_{mn} = 0 (m \neq n)$, 其中 $q = \min\{d_A, d_B\}$. 令 $\widetilde{A}_\gamma = \sum_i \mu_{i\gamma}|e_i\rangle\langle e_i|$ 和 $\widetilde{B}_\gamma = \sum_j \nu_{\gamma j}|f_j\rangle\langle f_j|$. 设 $A_\gamma = \sqrt{a_{\gamma\gamma}}\widetilde{A}_\gamma$ 和 $B_\gamma = \sqrt{a_{\gamma\gamma}}\widetilde{B}_\gamma$. 因此, 得到 $\rho = \sum_\gamma A_\gamma \otimes B_\gamma$, 很明显, $\{A_i\}, \{B_i\}$ 都是正规算子构成的交换族. 这就表明 (2) 成立.

特别地, 算子 A 与 B 的 Hilbert-Schmidt 内积定义为 $\langle A, B \rangle = \mathrm{tr}(A^\dagger B)$, 可得

$$\begin{aligned}\langle A_{\gamma_1}, A_{\gamma_2}\rangle &= \mathrm{tr}\Big[\Big(\sum_i \mu_{\gamma_1 i}^* |e_i\rangle\langle e_i|\Big)\Big(\sum_j \mu_{j\gamma_2}|e_j\rangle\langle e_j|\Big)\Big]\\ &= \mathrm{tr}\Big[\Big(\sum_i \mu_{\gamma_1 i}^* |e_i\rangle\langle e_i|\Big)\Big(\sum_j \mu_{j\gamma_2}|e_j\rangle\langle e_j|\Big)\Big]\\ &= \mathrm{tr}\Big[\sum_i \mu_{\gamma_1 i}^* \mu_{i\gamma_2}|e_i\rangle\langle e_i|\Big]\\ &= \sum_i \mu_{\gamma_1 i}^* \mu_{i\gamma_2}\\ &= \delta_{\gamma_1 \gamma_2}.\end{aligned}$$

同理可得 $\langle B_{\gamma_1}, B_{\gamma_2}\rangle = \delta_{\gamma_1 \gamma_2}$.

(2) $\Rightarrow$ (1)　设 ρ 具有形式如 (2.2.7) 式且 $\{A_i\}$, $\{B_i\}$ 都是正规算子构成的交换族, 则一定分别存在 $\mathcal{H}_A$ 与 $\mathcal{H}_B$ 中的正规正交基 $\{|e_s\rangle\}$ 与 $\{|f_t\rangle\}$ 使得

$$\begin{aligned}\rho &= \sum_i A_i \otimes B_i\\ &= \sum_i \Big(\sum_s \mu_{is}|e_s\rangle\langle e_s|\Big) \otimes \Big(\sum_t \nu_{it}|f_t\rangle\langle f_t|\Big)\\ &= \sum_{st}\Big(\sum_i \mu_{is}\nu_{it}\Big)|e_s\rangle\langle e_s| \otimes |f_t\rangle\langle f_t|.\end{aligned}$$

这说明 ρ 是经典关联态.

(1) $\Leftrightarrow$ (3)　任取 $\rho \in D(\mathcal{H}_{AB})$, 记

$$\rho = \sum_{ij}|e_i\rangle\langle e_j| \otimes B_{ij} = \sum_{k\ell} A_{k\ell} \otimes |f_k\rangle\langle f_\ell|.$$

由推论 2.2.1 可以得到: 存在 $\mathcal{H}_B$ 上的一秩正交投影测量 $\{\Pi_j^B : j = 1, 2, \cdots, d_B\}$ 使得

$$\sum_{j=1}^{d_B}(I_A \otimes \Pi_j^B)\rho(I_A \otimes \Pi_j^B) = \rho$$

当且仅当 $\{B_{ij}\}$ 是正规算子构成的交换族当且仅当 ρ 是 B- 正交的. 同理, 存在 $\mathcal{H}_A$ 上的一秩正交投影测量 $\{\Pi_i^A : i = 1, 2, \cdots, d_A\}$ 使得

$$\sum_{i=1}^{d_A}(\Pi_i^A \otimes I_B)\rho(\Pi_i^A \otimes I_B) = \rho$$

当且仅当 $\{A_{ij}\}$ 是正规算子构成的交换族当且仅当 ρ 是 A- 正交的.　□

2.2.2 经典关联态之集的代数与拓扑性质

下面讨论两个经典关联态的凸组合问题, 显然, $(d_Ad_B)^{-1}I_{AB}$ 是经典关联态, 因此首先考虑任意量子态和 $(d_Ad_B)^{-1}I_{AB}$ 的凸组合.

定理 2.2.5 设 $\rho \in D(\mathcal{H}_{AB})$, 则量子态

$$\rho_\lambda := \lambda\rho + (1-\lambda)(d_Ad_B)^{-1}I_{AB} \quad (\lambda \in (0,1))$$

是经典关联的 (或者左经典关联的, 或者右经典关联的) 当且仅当 ρ 是经典关联的 (或者左经典关联的, 或者右经典关联的).

证明 必要性 设 $\rho_\lambda (\lambda \in (0,1))$ 是经典关联态, 则分别存在 $\mathcal{H}_A$ 和 $\mathcal{H}_B$ 中的正规正交基 $\{|e_i\rangle\}, \{|f_j\rangle\}$ 使得

$$\rho_\lambda = \sum_{ij} p_{ij}(\lambda)|e_i\rangle\langle e_i| \otimes |f_j\rangle\langle f_j|. \tag{2.2.8}$$

并且可以记 $I_{AB} = \sum_{ij}|e_i\rangle\langle e_i| \otimes |f_j\rangle\langle f_j|$, 则由 (2.2.8) 式得

$$\rho = \sum_{ij} \lambda^{-1}\left(p_{ij}(\lambda) - \frac{1-\lambda}{d_Ad_B}\right)|e_i\rangle\langle e_i| \otimes |f_j\rangle\langle f_j|.$$

这说明 ρ 是经典关联的.

设 ρ_λ 是左经典关联的, 则存在 $\mathcal{H}_A$ 中的正规正交基 $\{|e_i\rangle\}$ 使得

$$\rho_\lambda = \sum_i |e_i\rangle\langle e_i| \otimes \eta_i(\lambda),$$

且令 $I_{AB} = \sum_i |e_i\rangle\langle e_i| \otimes I_B$, 因此

$$\rho = \sum_i |e_i\rangle\langle e_i| \otimes \frac{\eta_i(\lambda) - \dfrac{1-\lambda}{d_Ad_B}I_B}{\lambda}.$$

所以 ρ 是左经典关联的. 类似地, 如果 ρ_λ 是右经典关联的, 那么 ρ 也是右经典关联的.

充分性 如果 $\rho = \sum_{ij} p_{ij}|e_i\rangle\langle e_i| \otimes |f_j\rangle\langle f_j|$ 且令 $I = \sum_{ij}|e_i\rangle\langle e_i| \otimes |f_j\rangle\langle f_j|$, 那么可得

$$\rho_\lambda = \sum_{ij}\left(\lambda p_{ij} + \frac{1-\lambda}{d_Ad_B}\right)|e_i\rangle\langle e_i| \otimes |f_j\rangle\langle f_j|.$$

设 ρ 是左经典关联态, 则存在 $\mathcal{H}_A$ 上的正规正交基 $\{|e_i\rangle\}$ 使得 $\rho = \sum_i |e_i\rangle\langle e_i| \otimes \eta_i$, 再令 $I = \sum_i |e_i\rangle\langle e_i| \otimes I_B$, 因此

$$\rho_\lambda = \sum_i |e_i\rangle\langle e_i| \otimes \left(\lambda\eta_i + \frac{1-\lambda}{d_Ad_B}I_B\right).$$

进而可得 $\rho_\lambda(\lambda \in (0,1))$ 是左经典关联态. 类似地, 如果 ρ 是右经典关联的, 那么 $\rho_\lambda(\lambda \in (0,1))$ 也是右经典关联的. □

下面的定理给出了两个经典关联态的凸组合是经典关联态的充分必要条件.

定理 2.2.6 设 $\rho_1, \rho_2 \in CC(\mathcal{H}_{AB})$, 对于 $\mathcal{H}_A$ 与 $\mathcal{H}_B$ 中的任意正规正交基 $\{|e_i\rangle\}$ 与 $\{|f_k\rangle\}$, 记 $\lambda \in (0,1)$,

$$\rho_1 = \sum_{k\ell} A_{k\ell} \otimes |f_k\rangle\langle f_\ell| = \sum_{ij} |e_i\rangle\langle e_j| \otimes B_{ij},$$

$$\rho_2 = \sum_{k\ell} A'_{k\ell} \otimes |f_k\rangle\langle f_\ell| = \sum_{ij} |e_i\rangle\langle e_j| \otimes B'_{ij},$$

则

$$\rho_\lambda := \lambda\rho_1 + (1-\lambda)\rho_2 \in CC(\mathcal{H}_{AB})$$

当且仅当对于任意的 $k, \ell, m, n \in \{1, 2, \cdots, d_B\}$, $i, j, s, t \in \{1, 2, \cdots, d_A\}$, 下列等式成立:

$$A_{k\ell}A'_{mn} + A'_{k\ell}A_{mn} = A'_{mn}A_{k\ell} + A_{mn}A'_{k\ell}, \tag{2.2.9}$$

$$B_{ij}B'_{st} + B'_{ij}B_{st} = B'_{st}B_{ij} + B_{st}B'_{ij}. \tag{2.2.10}$$

证明 设 $\rho_1, \rho_2 \in CC(\mathcal{H}_{AB})$, 由定理 2.2.3 得, $\{A_{k\ell}\}, \{A'_{k\ell}\}$ 都是交换族, 因此 $\{\lambda A_{k\ell} + (1-\lambda)A'_{k\ell}\}$ 是交换族当且仅当对于任意的 $k, \ell, m, n \in \{1, 2, \cdots, d_B\}$, 有

$$A_{k\ell}A'_{mn} + A'_{k\ell}A_{mn} = A'_{mn}A_{k\ell} + A_{mn}A'_{k\ell}.$$

同样, $\{\lambda B_{ij} + (1-\lambda)B'_{ij}\}$ 是交换族当且仅当对于任意的 $i, j, s, t \in \{1, 2, \cdots, d_A\}$, 有

$$B_{ij}B'_{st} + B'_{ij}B_{st} = B'_{st}B_{ij} + B_{st}B'_{ij}. \quad □$$

注 2.2.1 由定理 2.2.6 得, 对于某个 $\lambda \in (0,1)$, ρ_λ 是经典关联态当且仅当对于所有的 $\lambda \in (0,1)$, ρ_λ 是经典关联态. 容易验证: 若定理 2.2.6 中的 ρ_1, ρ_2 是乘积态, 即 $\rho_1 = \sigma_1 \otimes \sigma_2, \rho_2 = \sigma'_1 \otimes \sigma'_2$, 则 $\rho_\lambda := \lambda\rho_1 + (1-\lambda)\rho_2$ ($\lambda \in (0,1)$) 是经典关联态当且仅当下列情形至少有一个成立:

(i) $[\sigma_1, \sigma'_1] = 0$ 且 $[\sigma_2, \sigma'_2] = 0$;

(ii) $\sigma_1 = \sigma'_1$;

(iii) $\sigma_2 = \sigma'_2$.

下列例子说明即使两个经典关联态是交换的, 它们的凸组合也未必是经典关联的.

2.2 经典关联态的刻画与性质

例 2.2.1 设 $\mathcal{H}_A, \mathcal{H}_B$ 是 2 维系统, 令

$$\rho_1 = \frac{1}{2}\begin{pmatrix} 1 & 1 \\ 1 & 1 \end{pmatrix} \otimes \begin{pmatrix} 0 & 0 \\ 0 & 1 \end{pmatrix}, \quad \rho_2 = \begin{pmatrix} 1 & 0 \\ 0 & 0 \end{pmatrix} \otimes \begin{pmatrix} 1 & 0 \\ 0 & 0 \end{pmatrix},$$

由于 ρ_1 和 ρ_2 是乘积态, 所以都是经典关联态且 $\rho_1\rho_2 = \rho_2\rho_1 = 0$, 但是因为

$$\begin{pmatrix} 1 & 1 \\ 1 & 1 \end{pmatrix}\begin{pmatrix} 1 & 0 \\ 0 & 0 \end{pmatrix} \neq \begin{pmatrix} 1 & 0 \\ 0 & 0 \end{pmatrix}\begin{pmatrix} 1 & 1 \\ 1 & 1 \end{pmatrix},$$

所以对于任意的 $\lambda \in (0,1)$, $\lambda\rho_1 + (1-\lambda)\rho_2$ 都不是经典关联态.

以下结果是利用两个经典关联态在正规正交基下生成的算子族的性质得到它们的凸组合是经典关联的一个充分条件.

推论 2.2.2 设 $\rho_1, \rho_2 \in CC(\mathcal{H}_{AB})$, $\{|e_i\rangle\}, \{|f_k\rangle\}$ 分别是 $\mathcal{H}_A$ 与 $\mathcal{H}_B$ 中的正规正交基, 记

$$\rho_1 = \sum_{k\ell} A_{k\ell} \otimes |f_k\rangle\langle f_\ell| = \sum_{ij} |e_i\rangle\langle e_j| \otimes B_{ij},$$

$$\rho_2 = \sum_{k\ell} A'_{k\ell} \otimes |f_k\rangle\langle f_\ell| = \sum_{ij} |e_i\rangle\langle e_j| \otimes B'_{ij}.$$

如果对于所有的 $k, \ell, m, n \in \{1, 2, \cdots, d_B\}$ 和 $i, j, s, t \in \{1, 2, \cdots, d_A\}$, 都有

$$A_{k\ell}A'_{mn} = A'_{mn}A_{k\ell}, B_{ij}B'_{st} = B'_{st}B_{ij}, \tag{2.2.11}$$

那么对于所有的 $\lambda \in (0,1)$ 都有 $\rho_\lambda := \lambda\rho_1 + (1-\lambda)\rho_2 \in CC(\mathcal{H}_{AB})$.

证明 条件 (2.2.11) 式意味着 (2.2.9) 式与 (2.2.10) 式成立. 因此, 定理 2.2.5 说明: 对于任意的 $\lambda \in (0,1)$, 都有 ρ_λ 是经典关联态. □

下面讨论集合 $CC(\mathcal{H}_{AB})$ 的一些拓扑性质. 显然, $D(\mathcal{H}_{AB})$ 是 C^*-代数 $B(\mathcal{H}_{AB})$ 的紧的凸子集.

定理 2.2.7 $CC(\mathcal{H}_{AB})$ 是 $D(\mathcal{H}_{AB})$ 的紧子集.

证明 容易看出, $CC(\mathcal{H}_{AB})$ 是有界集. 下面将证明 $CC(\mathcal{H}_{AB})$ 是闭集. 设 $\{\rho_n\} \subset CC(\mathcal{H}_{AB})$ 且 $\lim_{n\to\infty} \rho_n = \rho \in D(\mathcal{H}_{AB})$, 分别取 $\mathcal{H}_A$ 与 $\mathcal{H}_B$ 上的正规正交基 $\{|e_i\rangle\}$ 与 $\{|f_k\rangle\}$, 有

$$\rho_n = \sum_{k\ell} A_{k\ell}(\rho_n) \otimes |f_k\rangle\langle f_\ell|.$$

由定理 2.2.3 知, 得到对于任意的 n, $\{A_{k\ell}(\rho_n)\}$ 都是正规算子的交换族. 因为对于任意的 k, ℓ, 有 $\lim_{n\to\infty} A_{k\ell}(\rho_n) = A_{k\ell}(\rho)$, 所以 $\{A_{k\ell}(\rho)\}$ 是正规算子的交换族. 同理,

$\{B_{ij}(\rho)\}$ 也是正规算子的交换族. 再由推论 2.2.1 得 ρ 是经典关联态. 这就说明: $CC(\mathcal{H}_{AB})$ 是闭集, 进而是紧集. □

在文献 [31] 中, 作者已经讨论了非经典关联态的稠密性. 下面的定理证明了集合 $CC(\mathcal{H}_{AB})$ 的稠密性.

定理 2.2.8 $CC(\mathcal{H}_{AB})$ 在 $D(\mathcal{H}_{AB})$ 中是无处稠密的并且是完备的.

证明 设 $\rho \in CC(\mathcal{H}_{AB})$, 则存在 $\mathcal{H}_A$ 与 $\mathcal{H}_B$ 中的正规正交基 $\{|e_i\rangle\}$ 和 $\{|f_k\rangle\}$ 使得

$$\rho = \sum_{ik} p_{ik} |e_i\rangle\langle e_i| \otimes |f_k\rangle\langle f_k|.$$

情形 1 $\rho = (d_A d_B)^{-1} I$. 这时, 对任意的 i, k, 我们令 $p_{ik} = \dfrac{1}{d_A d_B}$. 设

$$|\psi\rangle = \frac{1}{\sqrt{2}}(|e_0\rangle \otimes |f_0\rangle + |e_1\rangle \otimes |f_1\rangle), \quad \rho_n := \frac{1}{n}|\psi\rangle\langle\psi| + \left(1 - \frac{1}{n}\right)(d_A d_B)^{-1} I.$$

因为 $|\psi\rangle$ 是纠缠态, 所以由定理 2.2.5 得, 对于所有的正整数 n, ρ_n 都不是经典关联态, 但是 $\lim\limits_{n \to \infty} \rho_n = (d_A d_B)^{-1} I = \rho$.

情形 2 $\rho \neq (d_A d_B)^{-1} I$. 这时, 一定存在下列情况: 存在某个 k_0 和 $i_0 \neq j_0$ 使得 $p_{i_0 k_0} \neq p_{j_0 k_0}$, 或者存在某个 i_0 和 $k_0 \neq \ell_0$ 使得 $p_{i_0 k_0} \neq p_{i_0 \ell_0}$. 不失一般性, 只需考虑第一种情况. 设 $|\phi\rangle = \dfrac{1}{\sqrt{2}}(|e_{i_0}\rangle + |e_{j_0}\rangle)$, $\rho' = |\phi\rangle\langle\phi| \otimes |f_{k_0}\rangle\langle f_{k_0}|$. 显然, ρ' 是经典关联态. 取

$$\rho_n = \frac{1}{n}\rho' + \left(1 - \frac{1}{n}\right)\rho.$$

由 (2.2.3) 式得 $A_{k_0 k_0}(\rho) = \sum\limits_{i} p_{ik_0} |e_i\rangle\langle e_i|$, $A_{k_0 k_0}(\rho') = |\phi\rangle\langle\phi|$. 并且计算可得

$$A_{k_0 k_0}(\rho) A_{k_0 k_0}(\rho')$$
$$= \left(\sum_{i} p_{ik_0}|e_i\rangle\langle e_i|\right)\left(\frac{1}{2}(|e_{i_0}\rangle\langle e_{i_0}| + |e_{i_0}\rangle\langle e_{j_0}| + |e_{j_0}\rangle\langle e_{i_0}| + |e_{j_0}\rangle\langle e_{j_0}|)\right)$$
$$= \frac{1}{2}(p_{i_0 k_0}|e_{i_0}\rangle\langle e_{i_0}| + p_{i_0 k_0}|e_{i_0}\rangle\langle e_{j_0}| + p_{j_0 k_0}|e_{j_0}\rangle\langle e_{i_0}| + p_{j_0 k_0}|e_{j_0}\rangle\langle e_{j_0}|)$$

和

$$A_{k_0 k_0}(\rho') A_{k_0 k_0}(\rho)$$
$$= \left(\frac{1}{2}(|e_{i_0}\rangle\langle e_{i_0}| + |e_{i_0}\rangle\langle e_{j_0}| + |e_{j_0}\rangle\langle e_{i_0}| + |e_{j_0}\rangle\langle e_{j_0}|)\right)\left(\sum_{i} p_{ik_0}|e_i\rangle\langle e_i|\right)$$
$$= \frac{1}{2}(p_{i_0 k_0}|e_{i_0}\rangle\langle e_{i_0}| + p_{j_0 k_0}|e_{i_0}\rangle\langle e_{j_0}| + p_{i_0 k_0}|e_{j_0}\rangle\langle e_{i_0}| + p_{j_0 k_0}|e_{j_0}\rangle\langle e_{j_0}|).$$

由于 $p_{i_0k_0} \neq p_{j_0k_0}$, 则
$$A_{k_0k_0}(\rho')A_{k_0k_0}(\rho) \neq A_{k_0k_0}(\rho)A_{k_0k_0}(\rho').$$

这说明: 当 $k = \ell = m = n = k_0$ 时, (2.2.9) 不成立. 因此, 由定理 2.2.6 知: 对于所有的正整数 n, 有 ρ_n 不是经典关联的. 然而, $\lim\limits_{n\to\infty}\rho_n = \rho$. 从而 ρ 不是 $CC(\mathcal{H}_{AB})$ 的内点. 所以, $CC(\mathcal{H}_{AB})$ 在 $D(\mathcal{H}_{AB})$ 中无内点, 又由于它是闭集, 进而它是无处稠密集 (定理 2.2.7).

最后, 将证明 $CC(\mathcal{H}_{AB})$ 在 $D(\mathcal{H}_{AB})$ 中是完备集. 设 $\rho \in CC(\mathcal{H}_{AB})$, 则由定理 2.2.5 知: 线段
$$\left[\frac{1}{d_Ad_B}I_{AB}, \rho\right] := \left\{\lambda\rho + (1-\lambda)\frac{I_{AB}}{d_Ad_B} : \lambda \in (0,1)\right\} \subset CC(\mathcal{H}_{AB}).$$

因此, ρ 是 $CC(\mathcal{H}_{AB})$ 的一个聚点. 从而, $CC(\mathcal{H}_{AB})$ 是完备集. □

2.3 量子态关联性的度量

2.3.1 算子与范数

设 $\mathcal{H}$ 是 Hilbert 空间且 $\dim \mathcal{H} = n < \infty$, $f = (f_1, f_2, \cdots, f_n) \in \mathcal{H}^n$, 定义

$$\|f\| = \sup_{\|x\|=1}\left(\sum_{i=1}^{n}|\langle f_i, x\rangle|^2\right)^{\frac{1}{2}} = \sup_{\|x\|=1}\|T_fx\|,$$

其中
$$T_fx = (\langle f_1, x\rangle, \langle f_2, x\rangle, \cdots, \langle f_n, x\rangle) \in \mathbb{C}^n.$$

显然, $T_f : \mathcal{H} \to \mathbb{C}^n$ 是一个有界线性算子, 其伴随算子 $T_f^\dagger : \mathbb{C}^n \to \mathcal{H}$ 为

$$T_f^\dagger(c_1, c_2, \cdots, c_n) = \sum_{k=1}^{n}c_kf_k.$$

因此,
$$T_f^\dagger T_f x = \sum_{k=1}^{n}\langle f_k, x\rangle f_k, \quad \forall x \in \mathcal{H}.$$

另外, $\forall f = (f_1, f_2, \cdots, f_n), g = (g_1, g_2, \cdots, g_n) \in \mathcal{H}^n, \forall \lambda \in \mathbb{C}$, 定义

$$f + g = (f_1 + g_1, f_2 + g_2, \cdots, f_n + g_n), \quad \lambda f = (\bar\lambda f_1, \bar\lambda f_2, \cdots, \bar\lambda f_n),$$

则 $\mathcal{H}^n$ 为 $\mathbb{C}$ 上范数为 $\|\cdot\|$ 的 Banach 空间. 令 $\mathcal{O}_\mathcal{H}$ 表示 $\mathcal{H}$ 中所有正规正交基构成的集合. 容易得到

$$\mathcal{O}_\mathcal{H} = \left\{ (f_1, f_2, \cdots, f_n) \in \mathcal{H}^n : x = \sum_{k=1}^n \langle f_k, x \rangle f_k, \forall x \in \mathcal{H} \right\}.$$

引理 2.3.1 (i) $f \in \mathcal{O}_\mathcal{H}$ 当且仅当 $T_f : \mathcal{H} \to \mathbb{C}^n$ 是酉算子;

(ii) $\mathcal{O}_\mathcal{H}$ 是 $(\mathcal{H}^n, \|\cdot\|)$ 的一个紧子集;

(iii) 乘积空间 $\mathcal{O}_{\mathcal{H}_A} \times \mathcal{O}_{\mathcal{H}_B}$ 关于距离

$$d((e,f),(e',f')) = \|e-e'\| + \|f-f'\|$$

是紧的.

证明 (i) 显然, $f \in \mathcal{O}_\mathcal{H}$ 当且仅当对于任意的 $x \in \mathcal{H}$, 有 $x = \sum_{k=1}^n \langle f_k, x \rangle f_k$ 当且仅当 $T_f^\dagger T_f = I_\mathcal{H}$ 当且仅当 T_f 是酉算子.

(ii) 因为 $B(\mathcal{H}, \mathbb{C}^n)$ 上的所有酉算子构成的集合 Banach 空间 $B(\mathcal{H}, \mathbb{C}^n)$ 的有界紧集, 并且映射 $f \mapsto T_f$ 是从 $(\mathcal{H}^n, \|\cdot\|)$ 到 $B(\mathcal{H}, \mathbb{C}^n)$ 上的等距线性同构, 所以 $\mathcal{O}_\mathcal{H}$ 是 $(\mathcal{H}^n, \|\cdot\|)$ 的紧子集.

(iii) 由 (ii) 可得. □

固定 $\rho \in D(\mathcal{H}_{AB})$ 以及

$$e = (e_1, \cdots, e_{d_A}) \in \mathcal{O}_{\mathcal{H}_A}, \quad e' = (e'_1, \cdots, e'_{d_A}) \in \mathcal{O}_{\mathcal{H}_A},$$

$$f = (f_1, \cdots, f_{d_B}) \in \mathcal{O}_{\mathcal{H}_B}, \quad f' = (f'_1, \cdots, f'_{d_B}) \in \mathcal{O}_{\mathcal{H}_B}.$$

则 ρ 可以表示为

$$\rho = \sum_{ijk\ell} \langle e_i | \langle f_k | \rho | e_j \rangle | f_\ell \rangle | e_i \rangle \langle e_j | \otimes | f_k \rangle \langle f_\ell |$$

和

$$\rho = \sum_{ijk\ell} \langle e'_i | \langle f'_k | \rho | e'_j \rangle | f'_\ell \rangle | e'_i \rangle \langle e'_j | \otimes | f'_k \rangle \langle f'_\ell |.$$

而且, 记

$$Q_A^{(e,f)}(\rho) = \max_{k\ell k'\ell'} \|[A_{k\ell}^{(e,f)}(\rho), A_{k'\ell'}^{(e,f)}(\rho)]\|,$$

$$Q_B^{(e,f)}(\rho) = \max_{iji'j'} \|[B_{ij}^{(e,f)}(\rho), B_{i'j'}^{(e,f)}(\rho)]\|,$$

$$Q^{(e,f)}(\rho) = Q_A^{(e,f)}(\rho) + Q_B^{(e,f)}(\rho).$$

2.3 量子态关联性的度量

引理 2.3.2 对于每一个 $1 \leqslant i,j \leqslant d_A$ 和 $1 \leqslant k,\ell \leqslant d_B$, 设

$$E(e,f,\rho) = B_{ij}^{(e,f)}(\rho), \quad F(e,f,\rho) = A_{k\ell}^{(e,f)}(\rho),$$

$$G(e,f,\rho) = Q_A^{(e,f)}(\rho), \quad H(e,f,\rho) = Q_B^{(e,f)}(\rho),$$

则

(i) $\forall e, e' \in \mathcal{O}_{\mathcal{H}_A}$, $f, f' \in \mathcal{O}_{\mathcal{H}_B}$, $\rho, \rho' \in D(\mathcal{H}_A \otimes \mathcal{H}_B)$, 下列不等式成立:

(a) $\|E(e,f,\rho) - E(e',f',\rho')\| \leqslant 4d_B^2(\|e-e'\| + \|f-f'\| + \|\rho-\rho'\|)$;

(b) $\|F(e,f,\rho) - F(e',f',\rho')\| \leqslant 4d_A^2(\|e-e'\| + \|f-f'\| + \|\rho-\rho'\|)$;

(c) $\|G(e,f,\rho) - G(e',f',\rho')\| \leqslant 16d_A^4(\|e-e'\| + \|f-f'\| + \|\rho-\rho'\|)$;

(d) $\|H(e,f,\rho) - H(e',f',\rho')\| \leqslant 16d_B^4(\|e-e'\| + \|f-f'\| + \|\rho-\rho'\|)$.

(ii) 设 $\Omega(\mathcal{H}_A, \mathcal{H}_B) = \mathcal{O}_{\mathcal{H}_A} \times \mathcal{O}_{\mathcal{H}_B} \times D(\mathcal{H}_{AB})$. 则映射

$$E : \Omega(\mathcal{H}_A, \mathcal{H}_B) \to B(\mathcal{H}_B), \quad F : \Omega(\mathcal{H}_A, \mathcal{H}_B) \to B(\mathcal{H}_A),$$

$$G : \Omega(\mathcal{H}_A, \mathcal{H}_B) \to \mathbb{R}, \quad H : \Omega(\mathcal{H}_A, \mathcal{H}_B) \to \mathbb{R}$$

连续.

证明 (i) 任取 $(e,f), (e',f') \in \mathcal{O}_{\mathcal{H}_A} \times \mathcal{O}_{\mathcal{H}_B}$ 和 $\rho, \rho' \in D(\mathcal{H}_{AB})$, 计算可得

$$\|A_{k\ell}^{(e,f)}(\rho) - A_{k\ell}^{(e',f')}(\rho)\|$$

$$= \left\| \sum_{ij} \langle e_i|\langle f_k|\rho|e_j\rangle|f_\ell\rangle|e_i\rangle\langle e_j| - \sum_{ij} \langle e_i'|\langle f_k'|\rho|e_j'\rangle|f_\ell'\rangle|e_i'\rangle\langle e_j'| \right\|$$

$$\leqslant d_A^2 \max_{i,j} \| \langle e_i|\langle f_k|\rho|e_j\rangle|f_\ell\rangle|e_i\rangle\langle e_j| - \langle e_i'|\langle f_k'|\rho|e_j'\rangle|f_\ell'\rangle|e_i'\rangle\langle e_j'| \|$$

$$= d_A^2 \max_{i,j} \| \langle e_i|\langle f_k|\rho|e_j\rangle|f_\ell\rangle|e_i\rangle\langle e_j| - \langle e_i'|\langle f_k|\rho|e_j\rangle|f_\ell\rangle|e_i\rangle\langle e_j|$$

$$+ \langle e_i'|\langle f_k|\rho|e_j\rangle|f_\ell\rangle|e_i\rangle\langle e_j| - \langle e_i'|\langle f_k'|\rho|e_j\rangle|f_\ell\rangle|e_i\rangle\langle e_j|$$

$$+ \langle e_i'|\langle f_k'|\rho|e_j\rangle|f_\ell\rangle|e_i\rangle\langle e_j| - \langle e_i'|\langle f_k'|\rho|e_j\rangle|f_\ell'\rangle|e_i\rangle\langle e_j|$$

$$+ \langle e_i'|\langle f_k'|\rho|e_j\rangle|f_\ell'\rangle|e_i\rangle\langle e_j| - \langle e_i'|\langle f_k'|\rho|e_j'\rangle|f_\ell'\rangle|e_i\rangle\langle e_j|$$

$$+ \langle e_i'|\langle f_k'|\rho|e_j'\rangle|f_\ell'\rangle|e_i\rangle\langle e_j| - \langle e_i'|\langle f_k'|\rho|e_j'\rangle|f_\ell'\rangle|e_i'\rangle\langle e_j|$$

$$+ \langle e_i'|\langle f_k'|\rho|e_j'\rangle|f_\ell'\rangle|e_i'\rangle\langle e_j| - \langle e_i'|\langle f_k'|\rho|e_j'\rangle|f_\ell'\rangle|e_i'\rangle\langle e_j'| \|$$

$$\leqslant 4d_A^2(\|e - e'\| + \|f - f'\|).$$

因此,
$$\|A_{k\ell}^{(e,f)}(\rho) - A_{k\ell}^{(e',f')}(\rho)\| \leqslant 4d_A^2(\|e-e'\| + \|f-f'\|). \tag{2.3.1}$$

注意到
$$\|A_{k\ell}^{(e,f)}(\rho - \rho')\| = \left\|\sum_{ij}\langle e_i|\langle f_k|(\rho-\rho')|e_j\rangle|f_\ell\rangle|e_i\rangle\langle e_j|\right\| \leqslant d_A^2\|\rho-\rho'\|,$$

再由 (2.3.1) 式得
$$\|A_{k\ell}^{(e,f)}(\rho) - A_{k\ell}^{(e',f')}(\rho')\| \leqslant \|A_{k\ell}^{(e,f)}(\rho) - A_{k\ell}^{(e',f')}(\rho)\|$$
$$+ \|A_{k\ell}^{(e',f')}(\rho) - A_{k\ell}^{(e',f')}(\rho')\|$$
$$\leqslant 4d_A^2(\|e-e'\| + \|f-f'\|) + \|A_{k\ell}^{(e,f)}(\rho-\rho')\|$$
$$\leqslant 4d_A^2(\|e-e'\| + \|f-f'\| + \|\rho-\rho'\|).$$

从而,
$$\|F(e,f,\rho) - F(e',f',\rho')\| \leqslant 4d_A^2(\|e-e'\| + \|f-f'\| + \|\rho-\rho'\|).$$

同理可知, 不等式 (a) 成立. 由于对于任意的 $(e,f) \in \mathcal{O}_{\mathcal{H}_A} \times \mathcal{O}_{\mathcal{H}_B}, \rho \in D(\mathcal{H}_A \otimes \mathcal{H}_B)$ 以及 k, ℓ, i, j 都有
$$\|A_{k\ell}^{(e,f)}(\rho)\| \leqslant d_A^2, \quad \|B_{ij}^{(e,f)}(\rho)\| \leqslant d_B^2.$$

再利用 (a) 和 (b) 可以得到不等式 (c) 和 (d) 也成立.

(ii) 由 (i) 得. □

定理 2.3.1 对于任意的 $\rho \in D(\mathcal{H}_{AB})$, 都存在正规正交基 $(e_0, f_0) \in \mathcal{O}_{\mathcal{H}_A} \times \mathcal{O}_{\mathcal{H}_B}$ 使得
$$Q^{(e_0,f_0)}(\rho) = \inf_{e,f} Q^{(e,f)}(\rho).$$

证明 设 $\rho \in D(\mathcal{H}_{AB})$, 则由引理 2.3.2 知, $G(\cdot,\cdot,\rho)$ 和 $H(\cdot,\cdot,\rho)$ 在 $\mathcal{O}_{\mathcal{H}_A} \times \mathcal{O}_{\mathcal{H}_B}$ 上是连续的. 因此, 由引理 2.3.1 知, 函数 $(e,f) \mapsto Q^{(e,f)}(\rho) = G(e,f,\rho) + H(e,f,\rho)$ 在紧集 $\mathcal{O}_{\mathcal{H}_A} \times \mathcal{O}_{\mathcal{H}_B}$ 上是连续的. 因此, 对于任意的 $\rho \in D(\mathcal{H}_{AB})$, 都存在正规正交基 $(e_0, f_0) \in \mathcal{O}_{\mathcal{H}_A} \times \mathcal{O}_{\mathcal{H}_B}$ 使得 $Q^{(e_0,f_0)}(\rho) = \inf_{e,f} Q^{(e,f)}(\rho)$. □

2.3.2 量子关联的度量

从 2.2 节中关于经典关联态的刻画可以看出, 态的量子关联性是由算子族 $\{A_{k\ell}\}$ 或者 $\{B_{ij}\}$ 中算子之间的非交换性诱导出来的, 因此引入下列的量化形式来度量一

2.3 量子态关联性的度量

个量子态的关联性. 对于 $\mathcal{H}_A$ 和 $\mathcal{H}_B$ 中的任意正规正交基 $e = \{|e_i\rangle\}$ 与 $f = \{|f_k\rangle\}$, 定义

$$Q(\rho) = Q_A(\rho) + Q_B(\rho),$$

其中

$$Q_A(\rho) = \max_{k\ell k'\ell'} \|[A_{k\ell}(\rho), A_{k'\ell'}(\rho)]\|, \tag{2.3.2}$$

$$Q_B(\rho) = \max_{iji'j'} \|[B_{ij}(\rho), B_{i'j'}(\rho)]\|, \tag{2.3.3}$$

其中 $\|X\| = \sqrt{\operatorname{tr}(X^\dagger X)}$. 当 $\rho = |\psi\rangle\langle\psi|$ 时, 记 $Q(|\psi\rangle)$ 为 $Q(|\psi\rangle\langle\psi|)$.

注 2.3.1 值得指出的是以上定义的量 $Q(\rho)$ 不仅依赖于 ρ 的选取, 而且还依赖于正规正交基 e 与 f 的选取. 为此, 将 $Q(\rho)$ 记为 $Q^{(e,f)}(\rho)$ 是合理的. 利用这个记号, 定理 2.2.3 说明: 如果一个量子态 ρ 是经典关联的, 那么任取 $\mathcal{H}_A$ 与 $\mathcal{H}_B$ 上的正规正交基 e 和 f 都有 $Q^{(e,f)}(\rho) = 0$.

另外, 由推论 2.2.1 可得, 如果固定正规正交基 e 与 f, 那么 ρ 是经典关联态当且仅当 $Q^{(e,f)}(\rho) = 0$; 进而有, ρ 是量子关联的当且仅当 $Q^{(e,f)}(\rho) > 0$. 因此, 判断一个量子态是否是量子关联态, 只需要检验在任意某个正规正交基 e 与 f 下 $Q^{(e,f)}(\rho)$ 是否是 0. 这就表明一个量子态是否是经典关联态并不依赖于正规正交基的选取, 进而说明区分经典关联态与量子关联态的方法是有效的.

但是, 对于一个量子关联态, 利用上述的度量方法, 其关联性与正规正交基的选取是有关的, 因此为了避免这个缺陷, 给出了如下定义:

$$Q(\rho) = \min_{e,f} Q^{(e,f)}(\rho),$$

其中, 函数 min 的自变量 e 和 f 分别取遍 $\mathcal{H}_A$ 和 $\mathcal{H}_B$ 中的所有正规正交基. 定理 2.3.1 中证明了 min 存在, 以此说明了定义的合理性. 因此, 由推论 2.2.1 可知, 量子态 ρ 是经典关联的当且仅当 $Q(\rho) = 0$, 同样, ρ 是量子关联的当且仅当 $Q(\rho) > 0$.

下面考虑一个量子态是纯态的情况. 由定理 2.1.1 可以看出: $|\psi\rangle\langle\psi|$ 是经典关联态当且仅当 $|\psi\rangle$ 是可分态, 因此 $|\psi\rangle\langle\psi|$ 是量子关联的当且仅当 $Q^{(e,f)}(|\psi\rangle) > 0$, 其中 e 和 f 是正规正交基当且仅当 $|\psi\rangle$ 是纠缠态. 所以, 对于任意的正规正交基, 相应的量化 $Q(|\psi\rangle)$ 不仅可以用来度量 $|\psi\rangle\langle\psi|$ 的关联性, 而且还可以度量 $|\psi\rangle$ 的纠缠性.

例如, 设 $|\psi\rangle = \alpha|00\rangle + \beta|11\rangle \in \mathbb{C}^2 \otimes \mathbb{C}^2$ 且 $|\alpha|^2 + |\beta|^2 = 1$, 则在取定正规正交基 $e = f = \{|0\rangle, |1\rangle\}$ 的情况下, 计算得到

$$Q(|\psi\rangle) = 2\max\{|\alpha|^3|\beta|, \sqrt{2}|\alpha|^2|\beta|^2, |\alpha||\beta|^3\}$$

且 $0 \leqslant Q(|\psi\rangle) \leqslant \dfrac{\sqrt{2}}{2}$. 显然, $Q(|\psi\rangle) = 0$ 当且仅当或者 $\alpha = 0$, 或者 $\beta = 0$ 当且仅当 $|\psi\rangle$ 是可分态, 进而有 $Q(|\psi\rangle) = \dfrac{\sqrt{2}}{2}$ 当且仅当 $|\alpha|^2 = |\beta|^2 = \dfrac{1}{2}$ 当且仅当 $|\psi\rangle$ 是极大纠缠态, 具体见图 2.1.

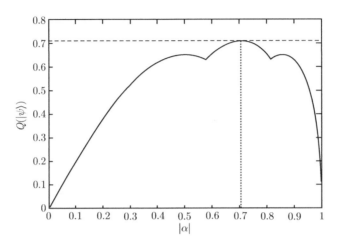

图 2.1 曲线表示 $Q(|\psi\rangle)$ 与 $|\alpha|$ 之间的关系

接下来, 利用 Werner 态来检验度量方法的合理性. 设

$$W_\lambda = \lambda |\Psi^-\rangle\langle\Psi^-| + \dfrac{1-\lambda}{3} \left(|\Psi^+\rangle\langle\Psi^+| + |\Phi^-\rangle\langle\Phi^-| + |\Phi^+\rangle\langle\Phi^+| \right),$$

其中 $\lambda \in [0,1]$, $|\Psi^\pm\rangle = \dfrac{1}{\sqrt{2}}(|01\rangle \pm |10\rangle)$, $|\Phi^+\rangle = |00\rangle$, $|\Phi^-\rangle = |11\rangle$. 记 W_λ 的部分转置为 W_λ^{pt}. 根据 Peres-Horodeckes 准则可知, 如果 W_λ^{pt} 的所有特征值都是非负的, 那么 W_λ 是可分的; 如果 W_λ^{pt} 的所有特征值有一个是负的, 那么 W_λ 是纠缠的. 下面计算 W_λ^{pt} 的特征值.

首先, W_λ 与 W_λ^{pt} 在正规正交基 $\{|i\rangle \otimes |j\rangle : i,j \in \{0,1\}\}$ 下的矩阵表示如下:

$$\begin{pmatrix} \dfrac{1-\lambda}{3} & 0 & 0 & 0 \\ 0 & \dfrac{1+2\lambda}{6} & \dfrac{1-4\lambda}{6} & 0 \\ 0 & \dfrac{1-4\lambda}{6} & \dfrac{1+2\lambda}{6} & 0 \\ 0 & 0 & 0 & \dfrac{1-\lambda}{3} \end{pmatrix},$$

2.3 量子态关联性的度量

$$\begin{pmatrix} \dfrac{1-\lambda}{3} & 0 & 0 & \dfrac{1-4\lambda}{6} \\ 0 & \dfrac{1+2\lambda}{6} & 0 & 0 \\ 0 & 0 & \dfrac{1+2\lambda}{6} & 0 \\ \dfrac{1-4\lambda}{6} & 0 & 0 & \dfrac{1-\lambda}{3} \end{pmatrix},$$

通过计算, 我们得到了一个三重特征值 $\dfrac{1+2\lambda}{6}$ 和一重特征值 $\dfrac{1-2\lambda}{2}$. 因此, 当 $0 \leqslant \lambda \leqslant 0.5$ 时, W_λ 是可分的; 当 $0.5 < \lambda \leqslant 1$ 时, W_λ 是纠缠的.

现在检验 W_λ 的关联性. 在典型正规正交基 $e = f = \{|0\rangle, |1\rangle\}$ 下, 由 (2.2.3) 式和 (2.2.4) 式得

$$A_{00} = B_{00} = \dfrac{1-\lambda}{3}|0\rangle\langle 0| + \dfrac{1+2\lambda}{6}|1\rangle\langle 1|,$$

$$A_{11} = B_{11} = \dfrac{1+2\lambda}{6}|0\rangle\langle 0| + \dfrac{1-\lambda}{3}|1\rangle\langle 1|,$$

$$A_{01} = B_{01} = \dfrac{1-4\lambda}{6}|1\rangle\langle 0|, \quad A_{10} = B_{10} = \dfrac{1-4\lambda}{6}|0\rangle\langle 1|.$$

再根据 (2.3.2) 式和 (2.3.3) 式, 有 $Q(W_\lambda) = \dfrac{\sqrt{2}(1-4\lambda)^2}{18}$. 从而, W_λ 是经典关联的当且仅当 $\lambda = 0.25$; W_λ 是量子关联的当且仅当 $\lambda \neq 0.25$. 具体见图 2.2.

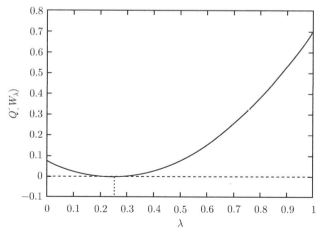

图 2.2 曲线表示 $Q(W_\lambda)$ 与 λ 的关系

2.4 量子关联与相干性

设 $\rho \in D(\mathcal{H}_{AB})$, 记 ρ_A 与 ρ_B 分别为 ρ 在 A, B 系统中的约化密度算子. $E(\rho_X)$ 为算子 ρ_X 的所有特征态所构成的正规正交基之集, $M_X = \{M_t^X\}$ 为 X 系统上的一组正算子值测量 (POVM), $\mathcal{M}_X = \{M_X\}$ 为 X 系统上所有的 POVM 之集.

定义 2.4.1 设 $\rho \in D(\mathcal{H}_{AB}), \xi_A \in E(\rho_A), \xi_B \in E(\rho_B)$, 记

$$L(\xi_A, \rho) = \max_{M_B \in \mathcal{M}_B} \max_s \sum_{i \neq j} |\langle \xi_i^A | \mathrm{tr}_B[(I_A \otimes M_s^B)\rho] | \xi_j^A \rangle|,$$

$$L(\xi_B, \rho) = \max_{M_A \in \mathcal{M}_A} \max_t \sum_{p \neq q} |\langle \xi_p^B | \mathrm{tr}_A[(M_t^A \otimes I_B)\rho] | \xi_q^B \rangle|,$$

$$C_A(\rho) = \min_{\xi_A \in E(\rho_A)} L(\xi_A, \rho),$$

$$C_B(\rho) = \min_{\xi_B \in E(\rho_B)} L(\xi_B, \rho),$$

$$\mathcal{C}(\rho) = \max\{C_A(\rho), C_B(\rho)\}.$$

称 $\mathcal{C}(\rho)$ 为量子态 ρ 的极大可操控相干性 (MSC).

容易证明:

$$L(\xi_A, \rho) = \max_{0 \leqslant M_B \leqslant I_B} \sum_{i \neq j} |\langle \xi_i^A | \mathrm{tr}_B[(I_A \otimes M^B)\rho] | \xi_j^A \rangle|,$$

$$L(\xi_B, \rho) = \max_{0 \leqslant M_A \leqslant I_A} \sum_{p \neq q} |\langle \xi_p^B | \mathrm{tr}_A[(M^A \otimes I_B)\rho] | \xi_q^B \rangle|.$$

定理 2.4.1 $\mathcal{C}(\rho) \geqslant 0$; 且 $\mathcal{C}(\rho) = 0$ 当且仅当 ρ 是经典关联态, 即存在联合概率分布 $\{p_{ij}\}$, $\mathcal{H}_A$ 和 $\mathcal{H}_B$ 的正规正交基 $\{|e_i\rangle\}$ 和 $\{|f_j\rangle\}$ 使得

$$\rho = \sum_{i,j} p_{ij} |e_i\rangle\langle e_i| \otimes |f_j\rangle\langle f_j|.$$

证明 由定义可知 $\mathcal{C}(\rho) \geqslant 0$. 下面我们证明 $\mathcal{C}(\rho) = 0$ 当且仅当 ρ 是经典关联态.

充分性 设 ρ 是经典关联态, 则它可以写成

$$\rho = \sum_{i,j} p_{ij} |e_i\rangle\langle e_i| \otimes |f_j\rangle\langle f_j|,$$

计算可得

$$\rho_A = \mathrm{tr}_B(\rho) = \sum_i \lambda_i |e_i\rangle\langle e_i|,$$

2.4 量子关联与相干性

其中 $\lambda_i = \sum\limits_{j} p_{ij}$. 显然, $\xi_A = \{|e_i\rangle\} \in E(\rho_A)$. $\forall M_B = \{M_s^B\} \in \mathcal{M}_B$ 与 $\forall s$, 有

$$\begin{aligned}
&\operatorname{tr}_B[(I_A \otimes M_s^B)\rho] \\
&= \operatorname{tr}_B\left[(I_A \otimes M_s^B)\sum_{i,j} p_{ij}|e_i\rangle\langle e_i| \otimes |f_j\rangle\langle f_j|\right] \\
&= \sum_{i,j} p_{ij}\langle f_j|M_s^B|f_j\rangle|e_i\rangle\langle e_i|.
\end{aligned}$$

所以,

$$\begin{aligned}
&\sum_{i\neq j}|\langle e_i|\operatorname{tr}_B[(I_A \otimes M_s^B)\rho]|e_j\rangle| \\
&= \sum_{i\neq j}\left|\langle e_i|\sum_{m,n} p_{mn}\langle f_n|M_s^B|f_n\rangle|e_m\rangle\langle e_m|e_j\rangle\right| \\
&= \sum_{i\neq j}\left|\sum_{m,n} p_{mn}\langle f_n|M_s^B|f_n\rangle\langle e_i|e_m\rangle\langle e_m|e_j\rangle\right| \\
&= 0.
\end{aligned}$$

因此, $L(\xi_A, \rho) = 0$, 进而 $C_A(\rho) = 0$. 同理, $C_B(\rho) = 0$. 由此可知, $\mathcal{C}(\rho) = 0$.

必要性 设 $\mathcal{C}(\rho) = 0$, 则 $C_A(\rho) = C_B(\rho) = 0$. 由 $C_A(\rho) = 0$ 知, 存在 $\mathcal{H}_A$ 的一组正规正交基 $\xi_A = \{|\xi_i^A\rangle\} \in E(\rho_A)$, 使得 $L(\xi_A, \rho) = 0$, 进而对任意的 $0 \leqslant M \leqslant I_B$, 有

$$\sum_{i\neq j}|\langle \xi_i^A|\operatorname{tr}_B[(I_A \otimes M)\rho]|\xi_j^A\rangle| = 0. \tag{2.4.1}$$

因此,

$$\langle \xi_i^A|\operatorname{tr}_B[(I_A \otimes M)\rho]|\xi_j^A\rangle = 0 \quad (i \neq j).$$

所以,

$$\operatorname{tr}_B[(I_A \otimes M)\rho] = \sum_i \lambda_i^M |\xi_i^A\rangle\langle \xi_i^A|, \tag{2.4.2}$$

其中

$$\lambda_i^M = \langle \xi_i^A|\operatorname{tr}_B[(I_A \otimes M)\rho]|\xi_i^A\rangle.$$

另一方面, ρ 可分解为 $\rho = \sum\limits_{m,n} A_{mn} \otimes |m\rangle\langle n|$, 从而

$$\operatorname{tr}_B[(I_A \otimes M)\rho] = \sum_{m,n} \langle n|M|m\rangle A_{mn}. \tag{2.4.3}$$

结合 (2.4.2) 式和 (2.4.3) 式可知

$$\sum_{m,n}\langle n|M|m\rangle A_{mn} = \sum_{i}\lambda_i^M|\xi_i^A\rangle\langle\xi_i^A|, \qquad (2.4.4)$$

对任一 $0 \leqslant M \leqslant I_B$ 成立. 因此, 对任一 $0 \leqslant M \leqslant I_B$, 算子 $\sum_{m,n}\langle n|M|m\rangle A_{mn}$ 都可在同一基 ξ_A 下对角化.

特别地, 令 $M = |k\rangle\langle k|$, 则 $A_{kk} = \sum_i \lambda_i^M|\xi_i^A\rangle\langle\xi_i^A|$, 从而, A_{kk} 在基 ξ_A 下可对角化 $(k = 1, 2, \cdots, d_A)$. 当 $k \neq \ell$ 时, 令

$$M(x) = \frac{1}{2}|k\rangle\langle k| + x|k\rangle\langle\ell| + \overline{x}|\ell\rangle\langle k| + \frac{1}{2}|\ell\rangle\langle\ell|,$$

则当 $|x| \leqslant \dfrac{1}{2}$ 时, $0 \leqslant M(x) \leqslant I_B$. 从而, (2.4.4) 式的左边可化为

$$\frac{1}{2}A_{kk} + xA_{\ell k} + \overline{x}A_{k\ell} + \frac{1}{2}A_{\ell\ell},$$

它在 ξ_A 下可对角化, 进而 $xA_{\ell k} + \overline{x}A_{k\ell}$ 在 ξ_A 下可对角化. 特别地, 分别令 $x = \dfrac{1}{2}$ 和 $x = \dfrac{\mathrm{i}}{2}$ 可知

$$\frac{1}{2}A_{\ell k} + \frac{1}{2}A_{k\ell}, \quad \frac{\mathrm{i}}{2}A_{\ell k} - \frac{\mathrm{i}}{2}A_{k\ell}$$

都在 ξ_A 下可对角化. 因此,

$$A_{\ell k} + A_{k\ell}, \quad A_{\ell k} - A_{k\ell}$$

都在 ξ_A 下可对角化. 进而, 它们的差即 $A_{k\ell}$ 在 ξ_A 下可对角化. 这就证明了 $\{A_{k\ell}\}$ 为交换族.

同理, 记 $\rho = \sum_{s,t}|s\rangle\langle t|\otimes B_{st}$, 由 $C_B(\rho) = 0$ 可知 $\{B_{st}\}$ 为交换族. 故 ρ 为经典关联态. □

引理 2.4.1 设 A 为 $d \times d$ 维矩阵, $A \geqslant 0$, 则

$$\sum_{i,j}|a_{ij}| \leqslant d\mathrm{tr}(A),$$

等号成立当且仅当 $A = \dfrac{\mathrm{tr}(A)}{d}[\mathrm{e}^{\mathrm{i}\theta_{st}}]$, 其中

$$\theta_{ii} = 0, \quad \theta_{ij} = -\theta_{ji}, \quad i, j = 1, \cdots, d.$$

证明 由 $A \geqslant 0$ 可知, A 的任意 2 阶主子式

$$\begin{vmatrix} a_{ii} & a_{ij} \\ a_{ji} & a_{jj} \end{vmatrix} \geqslant 0,$$

即 $|a_{ij}|^2 \leqslant a_{ii}a_{jj}, \forall i,j.$ 所以,

$$|a_{ij}| \leqslant \sqrt{a_{ii}a_{jj}} \leqslant \frac{a_{ii}+a_{jj}}{2}, \quad \forall i,j.$$

从而, $\sum\limits_{ij}|a_{ij}| \leqslant d\mathrm{tr}(A).$ □

定理 2.4.2 设 $\rho \in D(\mathcal{H}_{AB})$, 则

$$\mathcal{C}(\rho) \leqslant \max\{d_A, d_B\} - 1.$$

证明 设 $0 \leqslant M_B \leqslant I_B$, 则

$$\begin{aligned}\mathrm{tr}_B[(I_A \otimes M_B)\rho] &= \mathrm{tr}_B[(I_A \otimes (M_B)^{\frac{1}{2}})(I_A \otimes (M_B)^{\frac{1}{2}})\rho]\\ &= \mathrm{tr}_B[(I_A \otimes (M_B)^{\frac{1}{2}})\rho(I_A \otimes (M_B)^{\frac{1}{2}})]\\ &\geqslant 0.\end{aligned}$$

另外, 由于

$$\begin{aligned}\rho_A - \mathrm{tr}_B[(I_A \otimes M_B)\rho] &= \mathrm{tr}_B[(I_A \otimes I_B)\rho] - \mathrm{tr}_B[(I_A \otimes M_B)\rho]\\ &= \mathrm{tr}_B[(I_A \otimes (I_B - M_B))\rho]\\ &\geqslant 0,\end{aligned}$$

所以, 由引理 2.4.1 可知 $\forall \xi_A \in E(\rho_A)$, 有

$$\begin{aligned}\sum_{i \neq j}|\langle \xi_i^A|\mathrm{tr}_B[(I_A \otimes M_B)\rho]|\xi_j^A\rangle| &\leqslant (d_A - 1)\mathrm{tr}(\mathrm{tr}_B[(I_A \otimes M_B)\rho])\\ &\leqslant (d_A - 1)\mathrm{tr}(\rho_A)\\ &\leqslant d_A - 1,\end{aligned}$$

从而,

$$C_A(\rho) \leqslant L(\xi_A, \rho) \leqslant d_A - 1.$$

同理, $C_B(\rho) \leqslant d_B - 1$. 故 $\mathcal{C}(\rho) \leqslant \max\{d_A, d_B\} - 1$. □

定理 2.4.3 设 $|\psi\rangle \in \mathcal{H}_{AB}$ 为任一纯态, 则

$$\mathcal{C}(|\psi\rangle\langle\psi|) \leqslant \mathrm{SR}(|\psi\rangle) - 1 \leqslant \min\{d_A, d_B\} - 1.$$

证明 设 $r = \mathrm{SR}(|\psi\rangle)$, 则 $r \leqslant \min\{d_A, d_B\}$, 且 $|\psi\rangle$ 有以下的 Schmidt 分解

$$|\psi\rangle = \sum_{i=1}^{r}\lambda_i|\psi_i^A\rangle|\phi_i^B\rangle,$$

其中 $\lambda_i > 0$ 且 $\sum\limits_{i=1}^{r} \lambda_i^2 = 1$, $\{|\psi_i^A\rangle\}_{i=1}^{r}$ 与 $\{|\phi_i^B\rangle\}_{i=1}^{r}$ 分别为 $\mathcal{H}_A$ 与 $\mathcal{H}_B$ 中的正规正交集. 将 $\{|\psi_i^A\rangle\}_{i=1}^{r}$ 扩充成 $\mathcal{H}_A$ 的正规正交基 $\psi^A = \{|\psi_i^A\rangle\}_{i=1}^{d_A}$, 则对任意的 $0 \leqslant M_B \leqslant I_B$, 类似定理 2.4.2 的证明可知:

$$\sum_{1 \leqslant i \neq j \leqslant d_A} |\langle \psi_i^A | \text{tr}_B[(I_A \otimes M_B)|\psi\rangle\langle\psi|]|\psi_j^A\rangle|$$

$$= \sum_{1 \leqslant i \neq j \leqslant d_A} \left| \sum_{x,y=1}^{r} \lambda_x \lambda_y \text{tr}(M_B |\phi_x^B\rangle\langle\phi_y^B|) \langle\psi_i^A|\psi_x^A\rangle\langle\psi_y^A|\psi_j^A\rangle \right|$$

$$= \sum_{1 \leqslant i \neq j \leqslant r} |\lambda_i \lambda_j \text{tr}(M_B |\phi_i^B\rangle\langle\phi_j^B|)|$$

$$= \sum_{1 \leqslant i \neq j \leqslant r} |\langle \psi_i^A | \text{tr}_B[(I_A \otimes M_B)|\psi\rangle\langle\psi|]|\psi_j^A\rangle|$$

$$\leqslant (r-1) \text{tr}_B(|\psi\rangle\langle\psi|)$$

$$\leqslant r-1.$$

因此, $L(\psi^A, |\psi\rangle\langle\psi|) \leqslant r-1$, 进而

$$C_A(|\psi\rangle\langle\psi|) \leqslant L(\psi^A, |\psi\rangle\langle\psi|) \leqslant r-1.$$

同理, $C_B(|\psi\rangle\langle\psi|) \leqslant r-1$. 由此可知, $\mathcal{C}(|\psi\rangle\langle\psi|) \leqslant r-1$. □

第3章 多体系统中的量子关联

3.1 三体混合态的关联性

3.1.1 三体关联性的定义

在本节中, 设 $\mathcal{H}_A, \mathcal{H}_B$ 和 $\mathcal{H}_C$ 分别是量子力学系统 A, B 和 C 的状态空间 (有限维 Hilbert 空间), $\mathcal{H}_{ABC} := \mathcal{H}_A \otimes \mathcal{H}_B \otimes \mathcal{H}_C$ 是复合系统 ABC 的状态空间, 维数为 $d_A d_B d_C$. 用记号 $ONB(\mathcal{H}_X)$ 来表示 $\mathcal{H}_X$ 中的正规正交基的全体. 显然, 若

$$e := \{|e_i\rangle : 1 \leqslant i \leqslant d_A\}, \quad f := \{|f_j\rangle : 1 \leqslant j \leqslant d_B\}, \quad g := \{|g_k\rangle : 1 \leqslant k \leqslant d_C\} \tag{3.1.1}$$

分别是 $\mathcal{H}_A, \mathcal{H}_B$ 和 $\mathcal{H}_C$ 中的正规正交基, 则 $\mathcal{H}_{ABC}$ 具有正规正交基

$$e \otimes f \otimes g := \{|e_i\rangle \otimes |f_j\rangle \otimes |g_k\rangle : 1 \leqslant i \leqslant d_A, 1 \leqslant j \leqslant d_B, 1 \leqslant k \leqslant d_C\}. \tag{3.1.2}$$

设 $\Pi := \{\Pi_1, \Pi_2, \cdots, \Pi_n\}$ 是 $\mathcal{H}_{ABC}$ 上的一个量子测量, 则 $\sum_{i=1}^{n} \Pi_i^\dagger \Pi_i = I_{ABC}$. 若 Π 具有下列形式:

$$\Pi = \{\Pi_i^A \otimes \Pi_j^B \otimes \Pi_k^C : 1 \leqslant i \leqslant d_A, 1 \leqslant j \leqslant d_B, 1 \leqslant k \leqslant d_C\}, \tag{3.1.3}$$

其中 $\{\Pi_n^X\}(X = A, B, C)$ 是 $\mathcal{H}_X$ 上的一秩正交投影族, 且 $\sum_n \Pi_n^X = I_X$, 则称 Π 是 $\mathcal{H}_{ABC}$ 上的局部正交投影测量.

注意: 局部正交投影测量 (3.1.3) 的测量算子一定具有性质: $\sum_{n=1}^{d_X} \Pi_n^X = I_X$ 和 $\Pi_n^X \Pi_m^X = 0(m \neq n)$, 其中 $X = A, B, C$.

定义 3.1.1 设 $\rho \in D(\mathcal{H}_{ABC})$, 若存在局部正交投影测量 (3.1.3) 使得 $\Pi(\rho) = \rho$, 则称 ρ 是完全经典关联的 (简称为 CCC). 否则, 称 ρ 是量子关联的 (简称为 QC).

量子态 $\rho \in D(\mathcal{H}_{ABC})$ 在经过局部投影测量 (3.1.3) 之后会变为

$$\Pi(\rho) := \sum_{i=1}^{d_A} \sum_{j=1}^{d_B} \sum_{k=1}^{d_C} (\Pi_i^A \otimes \Pi_j^B \otimes \Pi_k^C) \rho (\Pi_i^A \otimes \Pi_j^B \otimes \Pi_k^C). \tag{3.1.4}$$

显然, $\Pi(\Pi(\rho)) = \Pi(\rho)$, 因此, $\Pi(\rho)$ 一定是完全经典关联态.

与两体态的关联性不同的是, 三体量子态具有 "部分关联性". 例如, 存在其他三种不同种类的关联. 为了进一步讨论, 引入下列定义.

定义 3.1.2 设 $\rho \in D(\mathcal{H}_{ABC})$, 称 ρ 是双经典关联的 (简称为 BCC), 如果存在 $\mathcal{H}_X(X = A, B, C)$ 上的一秩正交投影测量 $\Pi_X = \{\Pi_n^X : n = 1, 2, \cdots, d_X\}$ 使得下列命题之一成立:

(i) $\sum_{i=1}^{d_A} \sum_{j=1}^{d_B} (\Pi_i^A \otimes \Pi_j^B \otimes I_C)\rho(\Pi_i^A \otimes \Pi_j^B \otimes I_C) = \rho$, 这时称 ρ 为 CCX- 态;

(ii) $\sum_{j=1}^{d_B} \sum_{k=1}^{d_C} (I_A \otimes \Pi_j^B \otimes \Pi_k^C)\rho(I_A \otimes \Pi_j^B \otimes \Pi_k^C) = \rho$, 这时称 ρ 为 XCC- 态;

(iii) $\sum_{i=1}^{d_A} \sum_{k=1}^{d_C} (\Pi_i^A \otimes I_B \otimes \Pi_k^C)\rho(\Pi_i^A \otimes I_B \otimes \Pi_k^C) = \rho$, 这时称 ρ 为 CXC- 态.

定义 3.1.3 设 $\rho \in D(\mathcal{H}_{ABC})$, 称 ρ 是单经典关联的 (SCC), 如果存在 $\mathcal{H}_X(X = A, B, C)$ 上的一秩投影测量 $\Pi_X = \{\Pi_n^X : n = 1, 2, \cdots, d_X\}$ 使得下列命题之一成立:

(i) $\sum_{i=1}^{d_A} (\Pi_i^A \otimes I_B \otimes I_C)\rho(\Pi_i^A \otimes I_B \otimes I_C) = \rho$, 这时称 ρ 为 CXX- 态;

(ii) $\sum_{j=1}^{d_B} (I_A \otimes \Pi_j^B \otimes I_C)\rho(I_A \otimes \Pi_j^B \otimes I_C) = \rho$, 这时称 ρ 为 XCX- 态;

(iii) $\sum_{k=1}^{d_C} (I_A \otimes I_B \otimes \Pi_k^C)\rho(I_A \otimes I_B \otimes \Pi_k^C) = \rho$, 这时称 ρ 为 XXC- 态.

令 $\mathcal{S}(X) = \{\rho \in D(\mathcal{H}_{ABC}) : \rho \text{ 是 } X\}$. 显然, $\mathcal{S}(\text{CCC}) \subset \mathcal{S}(\text{BCC}) \subset \mathcal{S}(\text{SCC})$.

定义 3.1.4 若量子态 $\rho \in D(\mathcal{H}_{ABC})$ 不是单经典关联的, 则称 ρ 是完全量子关联的 (GQC).

3.1.2 三体关联性的刻画

对于任意的正规正交基如 (3.1.1) 式, 任一三体量子态 $\rho \in D(\mathcal{H}_{ABC})$ 都可以表示为

$$\rho = \sum_{ijk\ell st} p_{ijk\ell st} |e_i\rangle\langle e_j| \otimes |f_k\rangle\langle f_\ell| \otimes |g_s\rangle\langle g_t|, \tag{3.1.5}$$

记

$$A_{k\ell st}(\rho) = \sum_{ij} p_{ijk\ell st} |e_i\rangle\langle e_j|, \tag{3.1.6}$$

$$B_{ijst}(\rho) = \sum_{k\ell} p_{ijk\ell st} |f_k\rangle\langle f_\ell|, \tag{3.1.7}$$

$$C_{ijk\ell}(\rho) = \sum_{st} p_{ijk\ell st} |g_s\rangle\langle g_t|. \tag{3.1.8}$$

利用以上记号, 得到下面的定理.

定理 3.1.1 设 $\rho \in D(\mathcal{H}_{ABC})$, 则

(1) ρ 是 CCC- 态当且仅当 ρ 可表示为

$$\rho = \sum_{mns} \delta_{mns} |e_m\rangle\langle e_m| \otimes |f_n\rangle\langle f_n| \otimes |g_s\rangle\langle g_s|, \tag{3.1.9}$$

其中 $\{|e_m\rangle\} \in ONB(\mathcal{H}_A), \{|f_n\rangle\} \in ONB(\mathcal{H}_B)$ 和 $\{|g_s\rangle\} \in ONB(\mathcal{H}_C)$, $\{\delta_{mns}\}$ 是概率分布;

(2) ρ 是 CCX- 态当且仅当存在 $\{|e_m\rangle\} \in ONB(\mathcal{H}_A), \{|f_n\rangle\} \in ONB(\mathcal{H}_B)$ 和算子 $\gamma_{mn} \in B(\mathcal{H}_C)$ 使得

$$\rho = \sum_{mn} |e_m\rangle\langle e_m| \otimes |f_n\rangle\langle f_n| \otimes \gamma_{mn}; \tag{3.1.10}$$

(3) ρ 是 CXC- 态当且仅当存在 $\{|e_i\rangle\} \in ONB(\mathcal{H}_A), \{|g_k\rangle\} \in ONB(\mathcal{H}_C)$ 和算子 $\beta_{ik} \in B(\mathcal{H}_B)$ 使得

$$\rho = \sum_{ik} |e_i\rangle\langle e_i| \otimes \beta_{ik} \otimes |g_k\rangle\langle g_k|; \tag{3.1.11}$$

(4) ρ 是 XCC- 态当且仅当存在 $\{|f_j\rangle\} \in ONB(\mathcal{H}_B), \{|g_k\rangle\} \in ONB(\mathcal{H}_C)$ 和算子 $\alpha_{jk} \in B(\mathcal{H}_A)$ 使得

$$\rho = \sum_{jk} \alpha_{jk} \otimes |f_j\rangle\langle f_j| \otimes |g_k\rangle\langle g_k|; \tag{3.1.12}$$

(5) ρ 是 CXX- 态当且仅当存在 $\{|e_m\rangle\} \in ONB(\mathcal{H}_A)$ 和算子 $\delta_m \in B(\mathcal{H}_{BC})$ 使得

$$\rho = \sum_{m} |e_m\rangle\langle e_m| \otimes \delta_m; \tag{3.1.13}$$

(6) ρ 是 XCX- 态当且仅当存在 $\{|f_k\rangle\} \in ONB(\mathcal{H}_B)$ 和算子 $A_{k\ell} \in B(\mathcal{H}_A)$, $B_{k\ell} \in B(\mathcal{H}_C)$ 使得

$$\rho = \sum_{k}\sum_{\ell} A_{k\ell} \otimes |f_k\rangle\langle f_k| \otimes B_{k\ell}; \tag{3.1.14}$$

(7) ρ 是 XXC- 态当且仅当存在 $\{|g_k\rangle\} \in ONB(\mathcal{H}_C)$ 和 $\varepsilon_k \in B(\mathcal{H}_{AB})$ 使得

$$\rho = \sum_{k} \varepsilon_k \otimes |g_k\rangle\langle g_k|. \tag{3.1.15}$$

证明 (1) 设 ρ 是完全经典关联态, 则一定存在局部正交投影测量 (3.1.3) 式使得 $\Pi(\rho) = \rho$. 因此, 存在 $\mathcal{H}_A, \mathcal{H}_B$ 和 $\mathcal{H}_C$ 中的正规正交基 (记为 (3.1.1) 式) 使得 $\forall m, n, s$, 有

$$\Pi_m^A = |e_m\rangle\langle e_m|, \quad \Pi_n^B = |f_n\rangle\langle f_n|, \quad \Pi_s^C = |g_s\rangle\langle g_s|.$$

利用 (3.1.5) 式, 得到

$$\begin{aligned}\rho &= \sum_{mns}(\Pi_m^A \otimes \Pi_n^B \otimes \Pi_s^C)\rho(\Pi_m^A \otimes \Pi_n^B \otimes \Pi_s^C) \\ &= \sum_{mnsijk\ell uv} p_{ijk\ell uv}(|e_m\rangle\langle e_m|e_i\rangle\langle e_j|e_m\rangle\langle e_m|) \otimes (|f_n\rangle\langle f_n|f_k\rangle\langle f_\ell|f_n\rangle\langle f_n|) \\ &\quad \otimes(|g_s\rangle\langle g_s|g_u\rangle\langle g_v|g_s\rangle\langle g_s|) \\ &= \sum_{mns} \delta_{mns}|e_m\rangle\langle e_m| \otimes |f_n\rangle\langle f_n| \otimes |g_s\rangle\langle g_s|,\end{aligned}$$

令 $\delta_{mns} = p_{mmnnss}$, 可得 $\{\delta_{mns}\}$ 是一概率分布.

反过来, 假设 ρ 具有形式如 (3.1.9) 式, 则取 $\Pi_m^A = |e_m\rangle\langle e_m|$, $\Pi_n^B = |f_n\rangle\langle f_n|$ 和 $\Pi_s^C = |g_s\rangle\langle g_s|$, 可以得到局部正交投影测量 (3.1.3) 使得 $\Pi(\rho) = \rho$.

(2) 设 ρ 是 CCX- 态, 则存在 $\mathcal{H}_X$ 上的一秩正交投影测量

$$\Pi_X = \{\Pi_n^X : n = 1, 2, \cdots, d_X\},$$

其中 $X = A, B$, 使得

$$\sum_{i=1}^{d_A}\sum_{j=1}^{d_B}(\Pi_i^A \otimes \Pi_j^B \otimes I_C)\rho(\Pi_i^A \otimes \Pi_j^B \otimes I_C) = \rho.$$

因此, 存在 $\mathcal{H}_A$ 中的正规正交基 $\{|e_m\rangle|m = 1, 2, \cdots, d_A\}$ 使得 $\Pi_m^A = |e_m\rangle\langle e_m|$ 和 $\mathcal{H}_B$ 中的正规正交基 $\{|f_n\rangle|n = 1, 2, \cdots, d_B\}$ 使得 $\Pi_n^B = |f_n\rangle\langle f_n|$. 任取 $\mathcal{H}_C$ 中的正规正交基 $\{|g_s\rangle|s = 1, 2, \cdots, d_C\}$, 并利用 (3.1.5) 式可得

$$\begin{aligned}\rho &= \sum_{mn}(\Pi_m^A \otimes \Pi_n^B \otimes I_C)\rho(\Pi_m^A \otimes \Pi_n^B \otimes I_C) \\ &= \sum_{mnijk\ell st} p_{ijk\ell st}(|e_m\rangle\langle e_m|e_i\rangle\langle e_j|e_m\rangle\langle e_m|) \otimes (|f_n\rangle\langle f_n|f_k\rangle\langle f_\ell|f_n\rangle\langle f_n|) \otimes |g_s\rangle\langle g_t| \\ &= \sum_{mn}|e_m\rangle\langle e_m| \otimes |f_n\rangle\langle f_n| \otimes \gamma_{mn},\end{aligned}$$

其中 $\gamma_{mn} = \sum_{st} p_{mmnnst}|g_s\rangle\langle g_t|$. 这说明 ρ 具有形式 (3.1.10) 式.

反过来, 我们假设 ρ 具有形式 (3.1.10), 则可取 $\Pi_m^A = |e_m\rangle\langle e_m|$ 和 $\Pi_n^B = |f_n\rangle\langle f_n|$, 可得 $\mathcal{H}_X$ 上的一秩正交投影测量 $\Pi_X = \{\Pi_n^X : n = 1, 2, \cdots, d_X\}$, $X = A, B$. 由 (3.1.10) 式得

$$\sum_{i=1}^{d_A}\sum_{j=1}^{d_B}(\Pi_i^A \otimes \Pi_j^B \otimes I_C)\rho(\Pi_i^A \otimes \Pi_j^B \otimes I_C) = \rho.$$

因此, ρ 是 CCX- 态.

(3) 和 (4) 类似于 (2) 的证明.

(5) 设 ρ 是 CXX- 态, 则存在 $\mathcal{H}_A$ 上的一秩正交投影测量 $\{\Pi_i^A : i = 1, 2, \cdots, d_A\}$ 使得
$$\sum_{i=1}^{d_A}(\Pi_i^A \otimes I_B \otimes I_C)\rho(\Pi_i^A \otimes I_B \otimes I_C) = \rho.$$

从而, 存在 $\mathcal{H}_A$ 中的正规正交基 $\{|e_i\rangle\}$ 使得 $\Pi_m^A = |e_m\rangle\langle e_m|$, $m = 1, 2, \cdots, d_A$. 任取 $\mathcal{H}_B$ 中的正规正交基 $\{|f_j\rangle\}$ 和 $\mathcal{H}_C$ 中的正规正交基 $\{|g_s\rangle\}$, 再利用 (3.1.5) 式可以得到

$$\begin{aligned}\rho &= \sum_{m=1}^{d_A}(\Pi_m^A \otimes I_B \otimes I_C)\rho(\Pi_m^A \otimes I_B \otimes I_C)\\&= \sum_{mijk\ell st} p_{ijk\ell st}(|e_m\rangle\langle e_m|e_i\rangle\langle e_j|e_m\rangle\langle e_m|) \otimes |f_k\rangle\langle f_\ell| \otimes |g_s\rangle\langle g_t|\\&= \sum_{mk\ell st} p_{mmk\ell st}|e_m\rangle\langle e_m| \otimes |f_k\rangle\langle f_\ell| \otimes |g_s\rangle\langle g_t|\\&= \sum_{m=1}^{d_A} |e_m\rangle\langle e_m| \otimes \delta_m,\end{aligned}$$

其中, $\delta_m = \sum\limits_{k\ell st} p_{mmk\ell st}|f_k\rangle\langle f_\ell| \otimes |g_s\rangle\langle g_t| \in B(\mathcal{H}_{BC})$.

反过来, 假设
$$\rho = \sum_{i=1}^{d_A} |e_i\rangle\langle e_i| \otimes \delta_i,$$

其中 $\{\delta_i\}_{i=1}^{d_A} \subset B(\mathcal{H}_{BC})$ 并且 $\{|e_i\rangle\}$ 是 $\mathcal{H}_A$ 中的某个正规正交基. 对每个 m, 令 $\Pi_m^A = |e_m\rangle\langle e_m|$, 则得到 $\mathcal{H}_A$ 上的一秩正交投影测量 $\{\Pi_m^A : m = 1, 2, \cdots, d_A\}$ 使得
$$\sum_{m=1}^{d_A}(\Pi_m^A \otimes I_B \otimes I_C)\rho(\Pi_m^A \otimes I_B \otimes I_C) = \sum_{m=1}^{d_A} |e_m\rangle\langle e_m| \otimes \delta_m = \rho.$$

因此, ρ 是 CXX- 态.

(6) 设 ρ 是 XCX- 态, 则存在 $\mathcal{H}_B$ 上的一秩正交投影测量 $\{\Pi_m^B : m = 1, 2, \cdots, d_B\}$ 使得
$$\sum_{m=1}^{d_B}(I_A \otimes \Pi_m^B \otimes I_C)\rho(I_A \otimes \Pi_m^B \otimes I_C) = \rho.$$

因此, 存在 $\mathcal{H}_B$ 中的正规正交基 $\{|f_j\rangle\}$ 使得 $\Pi_m^B = |f_m\rangle\langle f_m|$, $m = 1, 2, \cdots, d_B$. 任取 $\mathcal{H}_A$ 中的正规正交基 $\{|e_i\rangle\}$ 与 $\mathcal{H}_C$ 中的正规正交基 $\{|g_s\rangle\}$ 并利用 (3.1.5) 式可以

得到

$$\rho = \sum_{m=1}^{d_B} (I_A \otimes \Pi_m^B \otimes I_C)\rho(I_A \otimes \Pi_m^B \otimes I_C)$$
$$= \sum_{mijk\ell st} p_{ijk\ell st} |e_i\rangle\langle e_j| \otimes (|f_m\rangle\langle f_m| \cdot |f_k\rangle\langle f_\ell| \cdot |f_m\rangle\langle f_m|) \otimes |g_s\rangle\langle g_t|$$
$$= \sum_{ijkst} p_{ijkkst} |e_i\rangle\langle e_j| \otimes |f_k\rangle\langle f_k| \otimes |g_s\rangle\langle g_t|.$$

这时, 设

$$\alpha : \{1, 2, \cdots, d_A^2\} \to \{(i,j) : i, j = 1, 2, \cdots, d_A\},$$
$$\beta : \{1, 2, \cdots, d_C^2\} \to \{(s,t) : s, t = 1, 2, \cdots, d_C\},$$

则 α, β 都是双射. 当 $\alpha^{-1}((i,j)) = m, \beta^{-1}((s,t)) = n$ 时, 定义

$$P_m = |e_i\rangle\langle e_j|, \quad Q_n = |g_s\rangle\langle g_t|, \quad a_{mn}^{(k)} = p_{ijkkst},$$

则得到一个 $d_A^2 \times d_C^2$ 维矩阵 $A_k := [a_{mn}^{(k)}]$. 对每一个 k, 由 A_k 的奇异值分解可知, 一定存在一个 $d_A^2 \times d_A^2$ 维酉矩阵 $U_k := [u_{mn}^{(k)}]$, 一个 $d_C^2 \times d_C^2$ 维酉矩阵 $V_k := [v_{mn}^{(k)}]$ 和一个 $p \times p$ 维正定对角阵 $D_k := \mathrm{diag}(d_1^{(k)}, d_2^{(k)}, \cdots, d_p^{(k)})$, 其中 $p = \min\{d_A^2, d_C^2\}$, 使得

$$a_{mn}^{(k)} = \sum_{\ell=1}^p u_{m\ell}^{(k)} d_\ell^{(k)} v_{\ell n}^{(k)}.$$

从而,

$$\rho = \sum_k \sum_{mn} \sum_\ell u_{m\ell}^{(k)} d_\ell^{(k)} v_{\ell n}^{(k)} P_m \otimes |f_k\rangle\langle f_k| \otimes Q_n$$
$$= \sum_k \sum_\ell \left(\sqrt{d_\ell^{(k)}} \sum_m u_{m\ell}^{(k)} P_m\right) \otimes |f_k\rangle\langle f_k| \otimes \left(\sqrt{d_\ell^{(k)}} \sum_n v_{\ell n}^{(k)} Q_n\right)$$
$$= \sum_k \sum_\ell A_{k\ell} \otimes |f_k\rangle\langle f_k| \otimes B_{k\ell},$$

其中

$$A_{k\ell} = \sqrt{d_\ell^{(k)}} \sum_m u_{m\ell}^{(k)} P_m \in B(\mathcal{H}_A), \quad B_{k\ell} = \sqrt{d_\ell^{(k)}} \sum_n v_{\ell n}^{(k)} Q_n \in B(\mathcal{H}_C).$$

反过来, 假定存在 $\{|f_m\rangle\} \in ONB(\mathcal{H}_B)$ 和算子 $A_{k\ell} \in B(\mathcal{H}_A), B_{k\ell} \in B(\mathcal{H}_C)$ 使得

$$\rho = \sum_k \sum_\ell A_{k\ell} \otimes |f_k\rangle\langle f_k| \otimes B_{k\ell},$$

3.1 三体混合态的关联性

令 $\Pi_j^B = |f_j\rangle\langle f_j|, j = 1, 2, \cdots, d_B$, 则可以得到 $\mathcal{H}_B$ 上的一秩正交投影测量 $\{\Pi_j^B : j = 1, 2, \cdots, d_B\}$ 使得

$$\sum_{j=1}^{d_B}(I_A \otimes \Pi_j^B \otimes I_C)\rho(I_A \otimes \Pi_j^B \otimes I_C) = \sum_j \sum_\ell A_{j\ell} \otimes |f_j\rangle\langle f_j| \otimes B_{j\ell} = \rho.$$

这表明 ρ 是 XCX- 态.

(7) 类似于 (5) 的证明. □

推论 3.1.1 若 $\rho \in D(\mathcal{H}_{ABC})$ 是 CCC- 态, 则对于每个正整数 k, $[\mathrm{tr}(\rho^k)]^{-1}\rho^k$ 都是 CCC- 态.

证明 由于 $\rho \in D(\mathcal{H}_{ABC})$ 是 CCC, 因此由定理 3.1.1 中的 (1) 可知: 它可以表示为

$$\rho = \sum_{mns} \delta_{mns}|e_m\rangle\langle e_m| \otimes |f_n\rangle\langle f_n| \otimes |g_s\rangle\langle g_s|,$$

其中 $\{|e_m\rangle\} \in ONB(\mathcal{H}_A), \{|f_n\rangle\} \in ONB(\mathcal{H}_B)$ 和 $\{|g_s\rangle\} \in ONB(\mathcal{H}_C)$, $\{\delta_{mns}\}$ 是一个概率分布. 所以,

$$[\mathrm{tr}(\rho^k)]^{-1}\rho^k = \sum_{mns} [\mathrm{tr}(\rho^k)]^{-1}(\delta_{mns})^k |e_m\rangle\langle e_m| \otimes |f_n\rangle\langle f_n| \otimes |g_s\rangle\langle g_s|.$$

显然,

$$\{[\mathrm{tr}(\rho^k)]^{-1}(\delta_{mns})^k\}$$

也是一个概率分布. 再由定理 3.1.1 中 (1) 可知: 量子态 $[\mathrm{tr}(\rho^k)]^{-1}\rho^k$ 也是 CCC- 态. 结论得证. □

一般地, 由定理 3.1.1 以及推论 3.1.1 的证明可以得到下面的推论.

推论 3.1.2 设 $\rho \in D(\mathcal{H}_{ABC})$ 且 $P \in \{CCC, CCX, CXC, XCC, CXX, XCX, XXC\}$. 如果 ρ 是 P- 态, 那么对于任意的具有非负实系数 a_i 的非零多项式 $Q(x) = \sum_{i=0}^k a_i x^i$, 量子态 $[\mathrm{tr}(Q(\rho))]^{-1}Q(\rho)$ 也是 P- 态.

推论 3.1.3 设 $\rho \in D(\mathcal{H}_{ABC})$, 则

(1) ρ 是 CXX- 态当且仅当存在 $\{|e_m\rangle\} \in ONB(\mathcal{H}_A)$ 和 $\rho_m^{BC} \in D(\mathcal{H}_{BC})$ 以及概率分布 $\{p_m\}$ 使得

$$\rho = \sum_m p_m |e_m\rangle\langle e_m| \otimes \rho_m^{BC};$$

(2) ρ 是 XCX- 态当且仅当存在 $\{|f_m\rangle\} \in ONB(\mathcal{H}_B)$ 和 $\rho_{k\ell}^A \in D(\mathcal{H}_A), \rho_{k\ell}^C \in D(\mathcal{H}_C)$ 以及概率分布 $\{q_{k\ell}\}$ 使得

$$\rho = \sum_k \sum_\ell q_{k\ell} \rho_{k\ell}^A \otimes |f_k\rangle\langle f_k| \otimes \rho_{k\ell}^C;$$

(3) ρ 是 XXC- 态当且仅当存在 $\{|g_s\rangle\} \in ONB(\mathcal{H}_C)$ 和 $\varepsilon_s^{AB} \in D(\mathcal{H}_{AB})$ 以及概率分布 $\{p_s\}$ 使得

$$\rho = \sum_s p_s \varepsilon_s^{AB} \otimes |g_s\rangle\langle g_s|;$$

(4) ρ 是 CCX- 态当且仅当存在 $\{|e_m\rangle\} \in ONB(\mathcal{H}_A)$, $\{|f_n\rangle\} \in ONB(\mathcal{H}_B)$, $\rho_{mn}^C \in D(\mathcal{H}_C)$ 和概率分布 $\{q_{mn}\}$ 使得

$$\rho = \sum_{mn} q_{mn} |e_m\rangle\langle e_m| \otimes |f_n\rangle\langle f_n| \otimes \rho_{mn}^C;$$

(5) ρ 是 CXC- 态当且仅当存在 $\{|e_i\rangle\} \in ONB(\mathcal{H}_A), \{|g_k\rangle\} \in ONB(\mathcal{H}_C)$ 和 $\beta_{ik}^B \in D(\mathcal{H}_B)$ 以及概率分布 $\{q_{ik}\}$ 使得

$$\rho = \sum_{ik} q_{ik} |e_i\rangle\langle e_i| \otimes \beta_{ik}^B \otimes |g_k\rangle\langle g_k|;$$

(6) ρ 是 XCC- 态当且仅当存在 $\{|f_j\rangle\} \in ONB(\mathcal{H}_B), \{|g_k\rangle\} \in ONB(\mathcal{H}_C)$ 和 $\alpha_{jk}^A \in D(\mathcal{H}_A)$ 以及 $\{q_{jk}\}$ 使得

$$\rho = \sum_{jk} q_{jk} \alpha_{jk}^A \otimes |f_j\rangle\langle f_j| \otimes |g_k\rangle\langle g_k|.$$

证明 (1) 设 ρ 是 CXX- 态, 则由定理 3.1.1 的 (5) 知存在 $\{|e_m\rangle\} \in ONB(\mathcal{H}_A)$ 和算子 $\delta_m \in B(\mathcal{H}_{BC})$ 使得

$$\rho = \sum_m |e_m\rangle\langle e_m| \otimes \delta_m,$$

对于任意的 $|\psi\rangle \in \mathcal{H}_{BC}$, 计算可得

$$0 \leqslant \langle e_i, \psi | \rho | e_i, \psi \rangle = \langle \psi | \delta_i | \psi \rangle.$$

因而, 对于所有的 i 都有 $\delta_i \geqslant 0$. 令

$$\rho_m^{BC} = \begin{cases} \dfrac{\delta_m}{\mathrm{tr}(\delta_m)}, & \delta_m \neq 0, \\ \dfrac{1}{d_B d_C} I_{BC}, & \delta_m = 0, \end{cases} \qquad p_m = \begin{cases} \mathrm{tr}(\delta_m), & \delta_m \neq 0, \\ 0, & \delta_m = 0. \end{cases}$$

则对于所有的 m 都有 $\rho_m^{BC} \in D(\mathcal{H}_{BC}), p_m \geqslant 0$ 和 $\sum\limits_{m=1}^{d_A} p_m = \mathrm{tr}(\mathrm{tr}_{BC}(\rho)) = 1$ 以及

$$\rho = \sum_m p_m |e_m\rangle\langle e_m| \otimes \rho_m^{BC}.$$

3.1 三体混合态的关联性

反过来, 显然成立.

(2) ρ 是 XCX- 态当且仅当存在 $\{|f_m\rangle\} \in ONB(\mathcal{H}_B)$ 和 $\rho_{k\ell}^A \in D(\mathcal{H}_A), \rho_{k\ell}^C \in D(\mathcal{H}_C)$ 以及概率分布 $\{q_{k\ell}\}$ 使得

$$\rho = \sum_k \sum_\ell q_{k\ell} \rho_{k\ell}^A \otimes |f_k\rangle\langle f_k| \otimes \rho_{k\ell}^C;$$

设 ρ 是 XCX- 态, 则由前边的定理 3.1.1 的 (6) 知存在 $\{|f_m\rangle\} \in ONB(\mathcal{H}_B)$ 和 $A_{k\ell} \in B(\mathcal{H}_A), B_{k\ell} \in B(\mathcal{H}_C)$ 使得

$$\rho = \sum_k \sum_\ell A_{k\ell} \otimes |f_k\rangle\langle f_k| \otimes B_{k\ell}.$$

记

$$\Delta = \{(k, \ell) : A_{k\ell} \neq 0, B_{k\ell} \neq 0\}.$$

对任一 $(k, \ell) \in \Delta$, 取 $|\psi^A\rangle \in \mathcal{H}_A$ 使得

$$\langle \psi^A | A_{k\ell} | \psi^A \rangle = c_{k\ell},$$

满足 $|c_{k\ell}| = 1$. 于是, $\langle \psi^A | c_{k\ell}^* A_{k\ell} | \psi^A \rangle = 1$, 且

$$\rho = \sum_k \sum_\ell c_{k\ell}^* A_{k\ell} \otimes |f_k\rangle\langle f_k| \otimes c_{k\ell} B_{k\ell}.$$

对于任意的 $|\psi^C\rangle \in \mathcal{H}_C$, 有

$$0 \leqslant \langle \psi^A, f_k, \psi^C | \rho | \psi^A, f_k, \psi^C \rangle = \langle \psi^C | c_{k\ell} B_{k\ell} | \psi^C \rangle.$$

这表明 $c_{k\ell} B_{k\ell} \geqslant 0$. 取 $|\psi^C\rangle \in \mathcal{H}_C$ 使得 $\langle \psi^C | c_{k\ell} B_{k\ell} | \psi^C \rangle = 1$. 从而, 对任意的 $|\psi^A\rangle \in \mathcal{H}_A$, 都有

$$0 \leqslant \langle \psi^A, f_k, \psi^C | \rho | \psi^A, f_k, \psi^C \rangle = \langle \psi^A | c_{k\ell}^* A_{k\ell} | \psi^A \rangle.$$

从而 $c_{k\ell}^* A_{k\ell} \geqslant 0$. 令

$$\rho_{k\ell}^A = \begin{cases} \dfrac{c_{k\ell}^* A_{k\ell}}{\operatorname{tr}(c_{k\ell}^* A_{k\ell})} = \dfrac{A_{k\ell}}{\operatorname{tr}(A_{k\ell})}, & (k, \ell) \in \Delta, \\ \dfrac{1}{d_A} I_A, & (k, \ell) \notin \Delta; \end{cases}$$

$$\rho_{k\ell}^C = \begin{cases} \dfrac{c_{k\ell} B_{k\ell}}{\operatorname{tr}(c_{k\ell} B_{k\ell})} = \dfrac{B_{k\ell}}{\operatorname{tr}(B_{k\ell})}, & (k, \ell) \in \Delta, \\ \dfrac{1}{d_C} I_C, & (k, \ell) \notin \Delta; \end{cases}$$

$$q_{k\ell} = \begin{cases} \mathrm{tr}(A_{k\ell})\mathrm{tr}(B_{k\ell}), & (k,\ell) \in \Delta, \\ 0, & (k,\ell) \notin \Delta, \end{cases}$$

则对于所有的 k, ℓ, 都有 $\rho_{k\ell}^A \in D(\mathcal{H}_A), \rho_{k\ell}^C \in D(\mathcal{H}_C), q_{k\ell} \geqslant 0$ 且

$$\sum_{k\ell} q_{k\ell} = \mathrm{tr}(\mathrm{tr}_{AC}(\rho)) = 1$$

以及

$$\rho = \sum_k \sum_\ell q_{k\ell} \rho_{k\ell}^A \otimes |f_k\rangle\langle f_k| \otimes \rho_{k\ell}^C.$$

反之, 显然成立.

(3)—(6) 的证明类似于 (1), (2). □

称一个 N- 体量子态 ρ 是完全可分的, 如果 $\rho = \sum_i p_i \rho_1^i \otimes \rho_2^i \otimes \cdots \otimes \rho_N^i$, 其中, 对于每个 i, 都有 $\sum_i p_i = 1$ 并且 $\rho_1^i, \rho_2^i, \cdots, \rho_N^i$ 是各个子系统上的量子态. 由推论 3.1.3 可以得到具有任意经典关联的量子态都是完全可分的, 即可得下面的推论.

推论 3.1.4 CCC, XCX, CCX, CXC 和 XCC- 态都是完全可分态.

下面的定理利用量子态在一组正规正交基下所对应的算子族的正规性与交换性来给出各种关联态的刻画.

定理 3.1.2 若 $\rho \in D(\mathcal{H}_{ABC})$ 是 CCC (或者 BCC, 或者 SCC), 则对于 $\mathcal{H}_A, \mathcal{H}_B$ 以及 $\mathcal{H}_C$ 中的任意的正规正交基 $\{|e_i\rangle\}, \{|f_k\rangle\}$ 和 $\{|g_s\rangle\}$, 都有 $\{A_{k\ell st}(\rho)\}$, $\{B_{ijst}(\rho)\}$ 和 $\{C_{ijk\ell}(\rho)\}$ (或者 $\{A_{k\ell st}(\rho)\}, \{B_{ijst}(\rho)\}, \{C_{ijk\ell}(\rho)\}$ 中至少有两个, 或者 $\{A_{k\ell st}(\rho)\}, \{B_{ijst}(\rho)\}, \{C_{ijk\ell}(\rho)\}$ 中至少有一个) 是正规算子构成的交换族.

证明 设 $\rho \in D(\mathcal{H}_{ABC})$ 是 CCC, 则存在 $\mathcal{H}_A, \mathcal{H}_B$ 和 $\mathcal{H}_C$ 中的正规正交基 $\{|\varepsilon_x\rangle\}, \{|\eta_y\rangle\}, \{|\zeta_z\rangle\}$ 使得

$$\rho = \sum_{x=1}^{d_A} \sum_{y=1}^{d_B} \sum_{z=1}^{d_C} c_{xyz} |\varepsilon_x\rangle\langle\varepsilon_x| \otimes |\eta_y\rangle\langle\eta_y| \otimes |\zeta_z\rangle\langle\zeta_z|.$$

对于 $\mathcal{H}_A, \mathcal{H}_B$ 和 $\mathcal{H}_C$ 中的任意正规正交基 $\{|e_i\rangle\}, \{|f_k\rangle\}, \{|g_s\rangle\}, \forall k, \ell, s, t$, 都有

$$A_{k\ell st}(\rho) = \langle f_k, g_s|\rho|f_\ell, g_t\rangle = \sum_{x=1}^{d_A} \sum_{y=1}^{d_B} \sum_{z=1}^{d_C} c_{xyz} \langle f_k|\eta_y\rangle\langle\eta_y|f_\ell\rangle\langle g_s|\zeta_z\rangle\langle\zeta_z|g_t\rangle \cdot |\varepsilon_x\rangle\langle\varepsilon_x|.$$

因此, $\{A_{k\ell st}(\rho)\}$ 是正规算子构成的交换族. 同理, $\{B_{ijst}(\rho)\}$ 和 $\{C_{ijk\ell}(\rho)\}$ 也是正规算子构成的交换族.

类似可得 ρ 是 BCC 或者 SCC 的情形. □

3.1 三体混合态的关联性

推论 3.1.5 设 $e = \{|e_i\rangle\}$, $f = \{|f_k\rangle\}$ 和 $g = \{|g_s\rangle\}$ 分别是 $\mathcal{H}_A$, $\mathcal{H}_B$ 和 $\mathcal{H}_C$ 中的正规正交基, 则 $\rho \in D(\mathcal{H}_{ABC})$ 是 CCC (或者 BCC, 或者 SCC) 当且仅当 $\{A_{k\ell st}(\rho)\}$, $\{B_{ijst}(\rho)\}$ 和 $\{C_{ijk\ell}(\rho)\}$(或者 $\{A_{k\ell st}(\rho)\}$, $\{B_{ijst}(\rho)\}$, $\{C_{ijk\ell}(\rho)\}$ 中至少有两个, 或者 $\{A_{k\ell st}(\rho)\}$, $\{B_{ijst}(\rho)\}$, $\{C_{ijk\ell}(\rho)\}$ 中至少有一个) 是正规算子构成的交换族.

证明 必要性 由定理 3.1.2 易得.

充分性 假设 $\{A_{k\ell st}(\rho)\}$, $\{B_{ijst}(\rho)\}$ 和 $\{C_{ijk\ell}(\rho)\}$ 是正规算子构成的交换族, 则记

$$A_{k\ell st}(\rho) = \sum_x \langle e'_x | A_{k\ell st}(\rho) | e'_x \rangle | e'_x \rangle \langle e'_x |,$$

$$B_{ijst}(\rho) = \sum_y \langle f'_y | B_{ijst}(\rho) | f'_y \rangle | f'_y \rangle \langle f'_y |,$$

$$C_{ijk\ell}(\rho) = \sum_z \langle g'_z | C_{ijk\ell}(\rho) | g'_z \rangle | g'_z \rangle \langle g'_z |,$$

其中 $\{|e'_x\rangle\}$, $\{|f'_y\rangle\}$ 和 $\{|g'_z\rangle\}$ 分别是 $\mathcal{H}_A$, $\mathcal{H}_B$ 和 $\mathcal{H}_C$ 中的正规正交基. 因此

$$\rho = \sum_{k\ell st} A_{k\ell st}(\rho) \otimes |f_k\rangle\langle f_\ell| \otimes |g_s\rangle\langle g_t|$$

$$= \sum_{k\ell st} \left(\sum_x \langle e'_x | A_{k\ell st}(\rho) | e'_x \rangle | e'_x \rangle \langle e'_x | \right) \otimes |f_k\rangle\langle f_\ell| \otimes |g_s\rangle\langle g_t|$$

$$= \sum_x |e'_x\rangle\langle e'_x| \otimes \left[\sum_{k\ell st} \sum_{ij} (p_{ijk\ell st} \langle e'_x | e_i \rangle \langle e_j | e'_x \rangle) |f_k\rangle\langle f_\ell| \otimes |g_s\rangle\langle g_t| \right]$$

$$= \sum_x |e'_x\rangle\langle e'_x| \otimes \left[\sum_{st} \sum_{ij} \langle e'_x | e_i \rangle \langle e_j | e'_x \rangle \left(\sum_y \langle f'_y | \sum_{k\ell} p_{ijk\ell st} |f_k\rangle\langle f_\ell|f'_y\rangle |f'_y\rangle\langle f'_y| \right) \right.$$

$$\left. \otimes |g_s\rangle\langle g_t| \right]$$

$$= \sum_{xyz} \left(\sum_{ijk\ell st} p_{ijk\ell st} \langle e'_x|e_i\rangle\langle e_j|e'_x\rangle \langle f'_y|f_k\rangle\langle f_\ell|f'_y\rangle \langle g'_z|g_s\rangle\langle g_t|g'_z\rangle \right) |e'_x\rangle\langle e'_x|$$

$$\otimes |f'_y\rangle\langle f'_y| \otimes |g'_z\rangle\langle g'_z|,$$

其中

$$\Delta_{xyz} = \sum_{ijk\ell st} p_{ijk\ell st} \langle e'_x|e_i\rangle\langle e_j|e'_x\rangle \langle f'_y|f_k\rangle\langle f_\ell|f'_y\rangle \langle g'_z|g_s\rangle\langle g_t|g'_z\rangle$$

满足 $\sum_{xyz} \Delta_{xyz} = 1$ 且 $\Delta_{xyz} \geqslant 0$, $\forall x, y, z$, 所以 ρ 是 CCC.

其他情况证明类似. □

3.1.3 例子

下面分别给出 $\mathbb{C}^2 \otimes \mathbb{C}^2 \otimes \mathbb{C}^2$ 上的 CCC, CCX, CXC, XCC, CXX, XCX, XXC 和 GQC- 态的例子, 可以利用定理 3.1.2 和推论 3.1.5 检验.

(1) CCC: 任意乘积态, 例如, $|\phi\rangle = |000\rangle$;

(2) GQC: GHZ 态 $|\phi\rangle = |000\rangle + |111\rangle$;

取

$$\rho_1 = \frac{1}{2}\begin{pmatrix} 1 & 1 \\ 1 & 1 \end{pmatrix}, \quad \rho_2 = \begin{pmatrix} 1 & 0 \\ 0 & 0 \end{pmatrix}, \quad 0 < \lambda < 1.$$

(3) CCX: $\rho = \lambda|0\rangle\langle 0| \otimes |0\rangle\langle 0| \otimes \rho_1 + (1-\lambda)|0\rangle\langle 0| \otimes |1\rangle\langle 1| \otimes \rho_2$ 不是 CCC, 因为 $C_{0000}(\rho) = \lambda\rho_1$ 和 $C_{0011}(\rho) = (1-\lambda)\rho_2$ 不可换;

(4) CXC: $\rho = \lambda|0\rangle\langle 0| \otimes \rho_1 \otimes |0\rangle\langle 0| + (1-\lambda)|1\rangle\langle 1| \otimes \rho_2 \otimes |1\rangle\langle 1|$ 不是 CCC, 因为 $B_{0000}(\rho) = \lambda\rho_1$ 和 $B_{1111}(\rho) = (1-\lambda)\rho_2$ 不可换;

(5) XCC: $\rho = \lambda\rho_1 \otimes |0\rangle\langle 0| \otimes |0\rangle\langle 0| + (1-\lambda)\rho_2 \otimes |1\rangle\langle 1| \otimes |1\rangle\langle 1|$ 不是 CCC, 因为 $A_{0000}(\rho) = \lambda\rho_1$ 和 $A_{1111}(\rho) = (1-\lambda)\rho_2$ 不可换;

(6) CXX: $\rho = |0\rangle\langle 0| \otimes \frac{1}{2}(|00\rangle + |11\rangle)(\langle 00| + \langle 11|)$ 不是 CCC, 因为 $B_{0000}(\rho) = \frac{1}{2}|0\rangle\langle 0|$ 和 $B_{0001}(\rho) = \frac{1}{2}|0\rangle\langle 1|$ 不可换, $C_{0000}(\rho) = \frac{1}{2}|0\rangle\langle 0|$ 和 $C_{0001}(\rho) = \frac{1}{2}|0\rangle\langle 1|$ 不可换;

(7) XCX: $\rho = \lambda\rho_1 \otimes |0\rangle\langle 0| \otimes \rho_1 + (1-\lambda)\rho_2 \otimes |0\rangle\langle 0| \otimes \rho_2$ 不是 CCC, 因为 $A_{0000}(\rho) = \frac{\lambda}{2}\rho_1 + (1-\lambda)\rho_2$ 和 $A_{0001}(\rho) = \frac{\lambda}{2}\rho_1$ 不可换, $C_{0000}(\rho) = \frac{\lambda}{2}\rho_1 + (1-\lambda)\rho_2$ 和 $C_{0100}(\rho) = \frac{\lambda}{2}\rho_1$ 不可换;

(8) XXC: $\rho = \frac{1}{2}(|00\rangle + |11\rangle)(\langle 00| + \langle 11|) \otimes |0\rangle\langle 0|$ 不是 CCC, 因为 $A_{0000}(\rho) = \frac{1}{2}|0\rangle\langle 0|$ 和 $A_{0100}(\rho) = \frac{1}{2}|0\rangle\langle 1|$ 不可换, $B_{0000}(\rho) = \frac{1}{2}|0\rangle\langle 0|$ 和 $B_{0100}(\rho) = \frac{1}{2}|0\rangle\langle 1|$ 不可换.

另外, $\mathbb{C}^N \otimes \mathbb{C}^N \otimes \cdots \otimes \mathbb{C}^N$ 上的 k- 体态 ρ 称为是 Schmidt- 关联态, 如果它能够表示成

$$\rho = \sum_{m,n=0}^{N-1} a_{mn} |mm\cdots m\rangle\langle nn\cdots n|,$$

其中 $\sum_{m=0}^{N-1} a_{mm} = 1$. 容易证明: Schmidt- 关联态 ρ 是完全可分的当且仅当它有一个

部分转置是正的; 并且 ρ 是完全纠缠的当且仅当它没有正的部分转置.

从关联的角度出发, 对于 $\mathbb{C}^N \otimes \mathbb{C}^N \otimes \mathbb{C}^N$ 上的三体 Schmidt- 关联态

$$\rho = \sum_{m,n=0}^{N-1} a_{mn}|mmm\rangle\langle nnn|,$$

容易证明它是 CCC 当且仅当 $a_{mn} = 0, \forall m \neq n$, 并且它是 GQC 当且仅当对于某个 $m \neq n, a_{mn} = 0$. 事实上, 当 $\mathcal{H}_A = \mathcal{H}_B = \mathcal{H}_C = \mathbb{C}^N$ 的正规正交基取为 $e = f = g = \{|m\rangle\}_{m=0}^{N-1}$ 时, 有

$$A_{mnmn} = B_{mnmn} = C_{mnmn} = a_{mn}|m\rangle\langle n|.$$

从而, 由推论 3.1.5 知: ρ 是 CCC 当且仅当 $\{a_{mn}|m\rangle\langle n|\}$ 是正规算子构成的交换族当且仅当 $a_{mn} = 0(m \neq n)$. 同理, ρ 是 GQC 当且仅当 $\{a_{mn}|m\rangle\langle n|\}$ 不是正规算子构成的交换族当且仅当存在 $(m,n)(m \neq n)$ 使得 $a_{mn} \neq 0$.

3.2 多体量子系统中的关联性

3.2.1 部分关联性的定义与刻画

设 $a_1, a_2, \cdots, a_n$ 是 n 个量子系统, 态空间分别为维数是 $d_1, d_2, \cdots, d_n$ 的 Hilbert 空间 $\mathcal{H}_1, \mathcal{H}_2, \cdots, \mathcal{H}_n$. 用 $\mathcal{O}_k$ 表示 $\mathcal{H}_k$ 上的所有正规正交基之集. 对于任意的正规正交基 $e^k = \{|e_1^k\rangle, |e_2^k\rangle, \cdots, |e_{d_k}^k\rangle\} \in \mathcal{O}_k$, 定义 d_k 个一秩投影 $\Pi_j(e^k) = |e_j^k\rangle\langle e_j^k|(j = 1, 2, \cdots, d_k)$, 从而得到一个 von Neumann 测量 $\Pi^{e^k} = \{\Pi_j(e^k) : j = 1, 2, \cdots, d_k\}$, 进而诱导了系统 a_k 上的量子信道如下:

$$\Pi^{e^k}(X) = \sum_{j=1}^{d_k} \Pi_j(e^k) X \Pi_j(e^k), \quad \forall X \in B(\mathcal{H}_k), \tag{3.2.1}$$

称之为系统 a_k 上的投影信道. 显然, 对于 $\mathcal{H}_k$ 上的任意酉算子 U_k, 有 $U_k \Pi^{e^k} U_k^\dagger = \Pi^{U_k e^k}$, 也是系统 a_k 上的投影信道, 其中 $U_k e^k := \{U_k|e_1^k\rangle, U_k|e_2^k\rangle, \cdots, U_k|e_{d_k}^k\rangle\}$.

下面, 设 $a := a_1 a_2 \cdots a_n$ 是由态空间 $\mathcal{H} := \mathcal{H}_1 \otimes \mathcal{H}_2 \otimes \cdots \otimes \mathcal{H}_n$ 描述的复合量子系统, Δ 表示子系统 a_i 的下标 i 构成的集合, 等价地说, Δ 是集合 $\Omega = \{1, 2, \cdots, n\}$ 的非空子集.

定义 3.2.1 (1) 系统 a 上的量子信道 Φ 称为是 Δ- 信道, 若对于每一个 $k \in \Delta$ 都存在 $\mathcal{H}_k$ 中的正规正交基 e^k 使得 $\Phi = \Phi_1 \otimes \Phi_2 \otimes \cdots \otimes \Phi_n$, 其中, 当 $k \in \Delta$ 时, $\Phi_k = \Pi^{e^k}$, 当 $k \in \Delta^c := \Omega \setminus \Delta$ 时, $\Phi_k = 1_{\mathcal{H}_k}$ ($B(\mathcal{H}_k)$ 上的恒等映射);

(2) 量子态 $\rho \in D(\mathcal{H})$ 称为是 Δ- 经典关联的, 如果存在 a 上的 Δ- 信道 Φ 使得 $\Phi(\rho) = \rho$; ρ 称为是 Δ- 量子关联的, 如果它不是 Δ- 经典关联的. 特别地, 量子态 $\rho \in D(\mathcal{H})$ 称为是全局经典关联的, 如果它是 Ω- 经典关联的;

(3) 量子态 $\rho \in D(\mathcal{H})$ 称为是部分经典关联的, 如果存在某个 $\Delta \subset \Omega$ 使得 ρ 是 Δ- 经典关联的, ρ 称为是完全量子关联的, 如果它不是部分经典关联的.

从定义 3.2.1 可以看出: 对于两体系统, 即 $n = 2$, $\{1\}$- 经典关联态, $\{2\}$- 经典关联态和 $\{1,2\}$- 经典关联态正好分别是文献 [32] 中的作者定义的经典–量子态 (CQ)、量子–经典态 (QC) 以及经典–经典态 (CC). 对于三体系统, 即 $n = 3$, 在文献 [62] 中定义的量子态 ρ^{ABC} 是 CXX (或者 XCC, XCX) 态当且仅当 ρ^{ABC} 是 $\{1\}$- 经典关联态 (或者 $\{2,3\}$- 经典关联态, $\{2\}$- 经典关联态).

下面的定理给出了 Δ- 经典关联态的一般形式.

定理 3.2.1 设 $\Delta = \{1, 2, \cdots, m\}(m < n)$, 则一个 n 体量子态 ρ 是 Δ- 经典关联态当且仅当存在正规正交基 $e^k = \{|e_1^k\rangle, |e_2^k\rangle, \cdots, |e_{d_k}^k\rangle\} \in \mathcal{O}_k(k = 1, 2, \cdots, m)$ 和正算子 $\eta_{j_1 j_2 \cdots j_m} \in \mathcal{B}(\mathcal{H}_{m+1} \otimes \cdots \otimes \mathcal{H}_n)$ 使得

$$\rho = \sum_{j_1, j_2, \cdots, j_m} |e_{j_1}^1\rangle\langle e_{j_1}^1| \otimes |e_{j_2}^2\rangle\langle e_{j_2}^2| \otimes \cdots \otimes |e_{j_m}^m\rangle\langle e_{j_m}^m| \otimes \eta_{j_1 j_2 \cdots j_m}, \tag{3.2.2}$$

其中 $1 \leqslant j_k \leqslant d_k$.

证明 必要性 设 ρ 是 Δ- 经典关联态, 则由定义 3.2.1 知: 存在一个 Δ- 信道 Φ 使得 $\Phi(\rho) = \rho$, 其中

$$\Phi = \Pi^{e^1} \otimes \cdots \otimes \Pi^{e^m} \otimes 1_{\mathcal{H}_{m+1}} \otimes \cdots \otimes 1_{\mathcal{H}_n}.$$

记 $\rho = \sum_i X_i^1 \otimes X_i^2 \otimes \cdots \otimes X_i^n$, 我们有

$$\begin{aligned}
\rho &= \Phi(\rho) \\
&= \sum_i \Pi^{e^1}(X_i^1) \otimes \cdots \otimes \Pi^{e^m}(X_i^m) \otimes X_i^{m+1} \otimes \cdots \otimes X_i^n \\
&= \sum_i \left(\sum_{j_1=1}^{d_1} |e_{j_1}^1\rangle\langle e_{j_1}^1|X_i^1|e_{j_1}^1\rangle\langle e_{j_1}^1|\right) \otimes \cdots \otimes \left(\sum_{j_m=1}^{d_m} |e_{j_m}^m\rangle\langle e_{j_m}^m|X_i^m|e_{j_m}^m\rangle\langle e_{j_m}^m|\right) \\
&\quad \otimes X_i^{m+1} \otimes \cdots \otimes X_i^n \\
&= \sum_{j_1, j_2, \cdots, j_m} |e_{j_1}^1\rangle\langle e_{j_1}^1| \otimes |e_{j_2}^2\rangle\langle e_{j_2}^2| \otimes \cdots \otimes |e_{j_m}^m\rangle\langle e_{j_m}^m| \otimes \eta_{j_1 j_2 \cdots j_m},
\end{aligned}$$

其中

$$\eta_{j_1 j_2 \cdots j_m} = \sum_i \langle e_{j_1}^1|X_i^1|e_{j_1}^1\rangle \cdots \langle e_{j_m}^m|X_i^m|e_{j_m}^m\rangle X_i^{m+1} \otimes \cdots \otimes X_i^n.$$

3.2 多体量子系统中的关联性

对于所有的 $1 \leqslant j_k \leqslant d_k(k = 1,2,\cdots,m)$ 和 $|\psi\rangle \in \mathcal{H}_{m+1} \otimes \cdots \otimes \mathcal{H}_n$, 令 $|\varphi\rangle = |e_{j_1}^1\rangle \otimes |e_{j_2}^2\rangle \otimes \cdots \otimes |e_{j_m}^m\rangle \otimes |\psi\rangle$. 所以, $0 \leqslant \langle\varphi|\rho|\varphi\rangle = \langle\psi|\eta_{j_1 j_2 \cdots j_m}|\psi\rangle$. 这表明 $\eta_{j_1 j_2 \cdots j_m}$ 是正算子.

充分性 设 (3.2.2) 式成立. 对于所有的 $1 \leqslant k \leqslant m$, 设 $\Phi_k = \Pi^{e^k}$, 它是具有 Kraus 算子 $\Pi_{j_k}(e^k) = |e_{j_k}^k\rangle\langle e_{j_k}^k|(j_k = 1,2,\cdots,d_k)$ 的量子信道; 并且当 $m+1 \leqslant k \leqslant n$ 时, 取 $\Phi_k = 1_{\mathcal{H}_k}$. 因此, $\Phi = \otimes_{k=1}^n \Phi_k$ 是 Δ- 信道且满足 $\Phi(\rho) = \rho$. 由定义 3.2.1 知: ρ 是 Δ- 经典关联态. □

从定理 3.2.1 的证明看出完全经典关联态的一般形式如下.

定理 3.2.2 一个 n 体态 $\rho \in D(\mathcal{H})$ 是完全经典关联态当且仅当存在正规正交基 $e^k = \{|e_1^k\rangle, |e_2^k\rangle, \cdots, |e_{d_k}^k\rangle\} \in \mathcal{O}_k (k = 1,2,\cdots,n)$ 使得

$$\rho = \sum_{j_1,j_2,\cdots,j_n} |e_{j_1}^1\rangle\langle e_{j_1}^1| \otimes |e_{j_2}^2\rangle\langle e_{j_2}^2| \otimes \cdots \otimes |e_{j_n}^n\rangle\langle e_{j_n}^n|. \tag{3.2.3}$$

现在来讨论 Δ- 经典关联态的一般形式. 为此, 设 $\Delta = \{i_1,i_2,\cdots,i_m\}$ 是 Ω 的非空真子集且 $1 \leqslant i_1 < \cdots < i_m \leqslant n$, 记 $\Delta^c = \{\ell_1, \ell_2, \cdots, \ell_{n-m}\}$ 且 $1 \leqslant \ell_1 < \ell_2 < \cdots < \ell_{n-m} \leqslant n$, $\mathcal{H}_\Delta = \otimes_{s=1}^n \mathcal{K}_s$, 其中, $\mathcal{K}_s = \mathcal{H}_{i_s}(1 \leqslant s \leqslant m)$ 且 $\mathcal{K}_{m+s} = \mathcal{H}_{\ell_s}(1 \leqslant s \leqslant n-m)$. 因此, 定义一个线性双射 $\Phi^\Delta : \mathcal{B}(\mathcal{H}) \to \mathcal{B}(\mathcal{H}_\Delta)$ 为

$$\Phi^\Delta(X^1 \otimes X^2 \otimes \cdots \otimes X^n) = Y^1 \otimes Y^2 \otimes \cdots \otimes Y^n,$$

其中 $Y^s = X^{i_s}(1 \leqslant s \leqslant m), Y^{m+s} = X^{\ell_s}(1 \leqslant s \leqslant n-m)$. 显然, Φ^Δ 是完全正的保迹同构.

利用这些记号, 得到下列定理.

定理 3.2.3 设 $\rho \in D(\mathcal{H})$, 则下列叙述是等价的:

(1) ρ 是 Δ- 经典关联态;

(2) $\Phi^\Delta(\rho)$ 是 $\{1,2,\cdots,m\}$- 经典关联态;

(3) 存在正规正交基 $e^k = (e_1^k, e_2^k, \cdots, e_{d_k}^k) \in \mathcal{O}_k(k = 1,2,\cdots,m)$ 和 $\mathcal{B}(\mathcal{H}_{m+1} \otimes \cdots \otimes \mathcal{H}_n)$ 中的正算子 $\eta_{j_1 j_2 \cdots j_m}$ 使得

$$\rho = (\Phi^\Delta)^{-1} \left(\sum_{j_1,j_2,\cdots,j_m} |e_{j_1}^1\rangle\langle e_{j_1}^1| \otimes \cdots \otimes |e_{j_m}^m\rangle\langle e_{j_m}^m| \otimes \eta_{j_1 j_2 \cdots j_m} \right). \tag{3.2.4}$$

等价地说,

$$\Phi^\Delta(\rho) = \sum_{j_1,j_2,\cdots,j_m} |e_{j_1}^1\rangle\langle e_{j_1}^1| \otimes \cdots \otimes |e_{j_m}^m\rangle\langle e_{j_m}^m| \otimes \eta_{j_1 j_2 \cdots j_m}.$$

证明 $(1) \Leftrightarrow (2)$ 设 $\Phi = \Phi_1 \otimes \Phi_2 \otimes \cdots \otimes \Phi_n$ 是局部量子信道. 如果 Φ 是 Δ-信道, 那么, 当 $k \in \Delta$ 时, 令 $\Phi_k = \Pi^{e^k}$; 当 $k \in \Delta^c$ 时, 令 $\Phi_k = 1_{\mathcal{H}_k}$. 显然,

$$\Phi^\Delta \circ \Phi = \Pi^{e^{i_1}} \otimes \Pi^{e^{i_2}} \otimes \cdots \otimes \Pi^{e^{i_m}} \otimes 1_{\mathcal{H}_{\ell_1}} \otimes 1_{\mathcal{H}_{\ell_2}} \otimes \cdots \otimes 1_{\mathcal{H}_{\ell_{n-m}}},$$

这是 $\{1, 2, \cdots, m\}$-信道. 反过来, 如果 $\Phi^\Delta \circ \Phi$ 是一个 $\{1, 2, \cdots, m\}$-信道, 由于 Φ^Δ 是可逆的, 那么, Φ 是 Δ-信道. 注意到事实 $\Phi^\Delta(\Phi(\rho)) = (\Phi^\Delta \circ \Phi)(\Phi^\Delta(\rho))$, 可以得到 ρ 是 Δ-经典关联态当且仅当 $\Phi^\Delta(\rho)$ 是 $\{1, 2, \cdots, m\}$-经典关联态.

$(2) \Leftrightarrow (3)$ 利用定理 3.2.1 和 (1) 与 (2) 的等价性可得. □

由定理 3.2.3 容易得到以下结论.

推论 3.2.1 设 $m \geqslant 2$ 且 ρ 是 Δ-经典关联态, 则

$$\mathrm{tr}_{\Delta^c}(\rho) \in D(\mathcal{H}_{i_1} \otimes \mathcal{H}_{i_2} \otimes \cdots \otimes \mathcal{H}_{i_m})$$

是完全经典关联态.

3.2.2 部分关联性的度量

本节将量子失协推广到多体态的 Δ-量子关联的度量中.

对于任意的 n 体态 $\rho, \sigma \in D(\mathcal{H})$, 用 $S(\rho)$ 和 $S(\rho\|\sigma)$ 分别表示 ρ 的 von Neumann 熵和 ρ 关于 σ 的相对熵:

$$S(\rho) = -\mathrm{tr}(\rho \log \rho),$$

$$S(\rho\|\sigma) = \mathrm{tr}(\rho \log \rho) - \mathrm{tr}(\rho \log \sigma).$$

定义 ρ 的互信息为 $I(\rho) = \sum\limits_{i=1}^{n} S(\rho^{a_i}) - S(\rho)$, 其中, ρ^{a_i} 表示 ρ 在子系统 a_i 上的约化量子态, 即 ρ 关于子系统 $a_j (j \neq i)$ 的偏迹. 下面的引理给出了一些基本性质.

引理 3.2.1 (1) 设 $\Phi = \otimes_{i=1}^{n} \Phi_i$ 是系统 a 上的局部量子信道, 则对于任意的 $1 \leqslant i \leqslant n$ 都有 $(\Phi(\rho))^{a_i} = \Phi_i(\rho^{a_i})$;

(2) 设 $\Phi(X) = \sum\limits_{t} P_t X P_t$ $(\forall X \in \mathcal{B}(\mathcal{H}))$, 其中, $\{P_t\}$ 是系统 a 上的投影测量, 则 $S(\rho\|\Phi(\rho)) = S(\Phi(\rho)) - S(\rho)$, 而且, $S(\Phi(\rho)) \geqslant S(\rho)$.

证明 (1) 记 $\rho = \sum\limits_{j} X_j^1 \otimes X_j^2 \otimes \cdots \otimes X_j^n$, 则

$$\Phi(\rho) = \sum_{j} \Phi_1(X_j^1) \otimes \Phi_2(X_j^2) \otimes \cdots \otimes \Phi_n(X_j^n),$$

因此, 对于任意的 $1 \leqslant i \leqslant n$, 计算可得

$$(\Phi(\rho))^{a_i} = \sum_{j} \left(\prod_{k \neq i} \mathrm{tr}(\Phi_k(X_j^k)) \right) \Phi_i(X_j^i)$$

$$= \sum_j \left(\prod_{k \neq i} \operatorname{tr}(X_j^k) \right) \Phi_i(X_j^i)$$

$$= \Phi_i \left(\sum_j \prod_{k \neq i} \operatorname{tr}(X_j^k) X_j^i \right)$$

$$= \Phi_i(\rho^{a_i}).$$

(2) 由于 $P_i \Phi(\rho) = \Phi(\rho) P_i = P_i \rho P_i$, 所以, $P_i \log(\Phi(\rho)) = \log(\Phi(\rho)) P_i$ 且

$$S(\rho \| \Phi(\rho)) = -S(\rho) - \operatorname{tr}[\rho \log(\Phi(\rho))]$$

$$= -S(\rho) - \operatorname{tr}\left(\sum_i P_i \rho \log(\Phi(\rho)) \right)$$

$$= -S(\rho) - \operatorname{tr}\left(\sum_i P_i \rho \log(\Phi(\rho)) P_i \right)$$

$$= -S(\rho) - \operatorname{tr}\left(\sum_i P_i \rho P_i \log(\Phi(\rho)) \right)$$

$$= S(\Phi(\rho)) - S(\rho).$$

$\square$

下面的引理给出了互信息的一些性质.

引理 3.2.2 设 $\rho \in D(\mathcal{H})$, 则

(1) $I(\rho) = S(\rho \| \rho^{a_1} \otimes \rho^{a_2} \otimes \cdots \otimes \rho^{a_n})$;

(2) $I(\rho)$ 在 $D(\mathcal{H})$ 上关于 ρ 是非负连续且局部酉不变的, 即对于 $\mathcal{H}_k$ 上的所有的局部酉算子 U_k 都有

$$I((U_1 \otimes U_2 \otimes \cdots \otimes U_n)\rho(U_1 \otimes U_2 \otimes \cdots \otimes U_n)^\dagger) = I(\rho).$$

而且, $I(\rho) = 0$ 当且仅当 $\rho = \rho^{a_1} \otimes \rho^{a_2} \otimes \cdots \otimes \rho^{a_n}$;

(3) 对于 a 上的任意量子信道 Φ, 都有 $I(\Phi(\rho)) \leqslant I(\rho)$.

证明 (1) 利用三体态 $\rho \in D(\mathcal{H}_A \otimes \mathcal{H}_B \otimes \mathcal{H}_C)$ 以及它的约化量子态 ρ^A, ρ^B 和 ρ^C 来证明这一性质. 假设 ρ^A, ρ^B 和 ρ^C 的谱分解分别为 $\rho^A = \sum_i \lambda_i |i\rangle\langle i|$, $\rho^B = \sum_j \mu_j |j\rangle\langle j|$ 和 $\rho^C = \sum_k \nu_k |k\rangle\langle k|$, 那么

$$\rho = \sum_{i'i''j'j''k'k''} p_{i'i''j'j''k'k''} |i'\rangle\langle i''| \otimes |j'\rangle\langle j''| \otimes |k'\rangle\langle k''|.$$

因为

$$\sum_{jk} p_{iijjkk} = \langle i|\rho^A|i\rangle = \lambda_i,$$

$$\sum_{ik} p_{iijjkk} = \langle j|\rho^B|j\rangle = \mu_j,$$

$$\sum_{ij} p_{iijjkk} = \langle k|\rho^C|k\rangle = \nu_k,$$

所以

$$\begin{aligned}
&S(\rho||\rho^A \otimes \rho^B \otimes \rho^C) \\
&= -S(\rho) - \operatorname{tr}[\rho \log(\rho^A \otimes \rho^B \otimes \rho^C)] \\
&= -S(\rho) - \sum_{ijk} \langle ijk| \left(\rho \sum_{rst} \log(\lambda_r \mu_s \nu_t) |r\rangle\langle r| \otimes |s\rangle\langle s| \otimes |t\rangle\langle t| \right) |ijk\rangle \\
&= -S(\rho) - \sum_{ijk} p_{iijjkk} \log(\lambda_i \mu_j \nu_k) \\
&= -S(\rho) - \sum_i \lambda_i \log \lambda_i - \sum_j \mu_j \log \mu_j - \sum_k \nu_k \log \nu_k \\
&= S(\rho^A) + S(\rho^B) + S(\rho^C) - S(\rho).
\end{aligned}$$

因此, 这一结论对于三体态成立. 同理, 对于 n 体态也成立.

(2) 利用结论 (1) 和相对熵的相关性质可得.

(3) 利用结论 (1) 和引理 3.2.1(1) 以及量子信道 $\mathcal{E}$ 的性质

$$S(X||Y) \geqslant S(\mathcal{E}(X)||\mathcal{E}(Y)),$$

可知:

$$\begin{aligned}
I(\Phi(\rho)) &= S(\Phi(\rho)|| \otimes_{i=1}^n (\Phi(\rho))^{a_i}) \\
&= S(\Phi(\rho)||\Phi(\otimes_{i=1}^n \rho^{a_i})) \\
&\leqslant S(\rho|| \otimes_{i=1}^n \rho^{a_i}) \\
&= I(\rho).
\end{aligned} \qquad \square$$

对于任意两个 Δ- 信道 $\Phi = \Phi_1 \otimes \cdots \otimes \Phi_n$ 和 $\Psi = \Psi_1 \otimes \cdots \otimes \Psi_n$, 其中, 当 $k \in \Delta$ 时, $\Phi_k = \Pi^{e^k}$, $\Psi_k = \Pi^{f^k}$; 当 $k \in \Delta^c$ 时, $\Phi_k = \Psi_k = 1_{\mathcal{H}_k}$. 记 $\Phi = \Phi^{(e^{i_1},\cdots,e^{i_m})}$, $\Psi = \Psi^{(f^{i_1},\cdots,f^{i_m})}$. 对于每一个 $k \in \Delta$, 选择酉算子 U_k 使得 $U_k e^k = f^k$, 当 $k \in \Delta^c$ 时, 取 $U_k = I_k$. 计算可得: 对于所有的 $\rho \in D(\mathcal{H})$, 都有

$$(U_1 \otimes \cdots \otimes U_n)\Phi(\rho)(U_1 \otimes \cdots \otimes U_n)^\dagger = \Psi((U_1 \otimes \cdots \otimes U_n)\rho(U_1 \otimes \cdots \otimes U_n)^\dagger).$$

3.2 多体量子系统中的关联性

由引理 3.2.2(2) 知

$$I(\Phi(\rho)) = I(\Psi((U_1 \otimes \cdots \otimes U_n)\rho(U_1 \otimes \cdots \otimes U_n)^\dagger)), \quad \forall \rho \in D(\mathcal{H}).$$

等价地说,

$$I(\Psi(\rho)) = I(\Phi((U_1 \otimes \cdots \otimes U_n)^\dagger \rho(U_1 \otimes \cdots \otimes U_n))), \quad \forall \rho \in D(\mathcal{H}).$$

令

$$\Phi^{(U_{i_1},\cdots,U_{i_m})}(\rho) = (U_1 \otimes \cdots \otimes U_n)^\dagger \rho(U_1 \otimes \cdots \otimes U_n).$$

因此, $\Phi^{(U_{i_1},\cdots,U_{i_m})}$ 是系统 a 上的量子信道且具有下列性质

$$I(\Psi(\rho)) = I(\Phi(\Phi^{(U_{i_1},\cdots,U_{i_m})}(\rho))), \quad \forall \rho \in D(\mathcal{H}).$$

这说明对于任意固定的 Δ- 信道 $\Phi = \Phi_1 \otimes \cdots \otimes \Phi_n$, 其中, 当 $k \in \Delta$ 时, $\Phi_k = \Pi^{e^k}$; 当 $k \in \Delta^c$ 时, $\Phi_k = 1_{\mathcal{H}_k}$, 对于任意的 $\rho \in D(\mathcal{H})$, 有

$$\{I(\Psi(\rho)) : \Psi \in \Delta_{\text{chan}}(\mathcal{H})\} = \{I(\Phi(\Phi^{(U_{i_1},\cdots,U_{i_m})}(\rho))) : U_{i_k} \in \mathcal{U}(\mathcal{H}_{i_k})\}, \quad (3.2.5)$$

其中, $\Delta_{\text{chan}}(\mathcal{H})$ 表示系统 a 上的所有 Δ- 信道, $\mathcal{U}(\mathcal{H}_{i_k})$ 表示 $\mathcal{H}_{i_k}$ 上的所有酉算子群. 由互信息的连续性以及 $\mathcal{U}(\mathcal{H}_{i_1}) \times \cdots \times \mathcal{U}(\mathcal{H}_{i_m})$ 的紧性可知: (3.2.5) 式的右边集合有一个极大元. 这可以定义

$$I_\Delta(\rho) = \max_{U_{i_k} \in \mathcal{U}(\mathcal{H}_{i_k})} I(\Phi(\Phi^{(U_{i_1},\cdots,U_{i_k})}(\rho))) = \max_{\Psi \in \Delta_{\text{chan}}(\mathcal{H})} I(\Psi(\rho)). \quad (3.2.6)$$

现在将量子失协推广到多体系统. 对于集合 Ω 的任意非空真子集

$$\Delta = \{i_1, i_2, \cdots, i_m\}$$

且 $1 \leqslant i_1 < \cdots < i_m \leqslant n$, 以及任意的 n 体态 $\rho \in D(\mathcal{H})$, 定义

$$G_\Delta(\rho) := I(\rho) - I_\Delta(\rho), \quad (3.2.7)$$

称之为 ρ 的 Δ- 量子失协.

由 (3.2.7) 式和引理 3.2.2(1) 以及引理 3.2.1(2) 知

$$G_\Delta(\rho)$$
$$= \min_{e^{i_1},\cdots,e^{i_m}} \left(I(\rho) - I(\Phi^{(e^{i_1},\cdots,e^{i_m})}(\rho)) \right)$$
$$= \min_{e^{i_1},\cdots,e^{i_m}} \left(S(\rho \| \Phi^{(e^{i_1},\cdots,e^{i_m})}(\rho)) - \sum_{k=1}^m S(\rho^{a_k} \| \Phi_k(\rho^{a_k})) \right)$$
$$= \min_{e^{i_1},\cdots,e^{i_m}} \left(S(\rho \| \rho^{a_1} \otimes \cdots \otimes \rho^{a_m}) - S(\Phi^{(e^{i_1},\cdots,e^{i_m})}(\rho) \| \Phi_1(\rho^{a_1}) \otimes \cdots \otimes \Phi_n(\rho^{a_m})) \right),$$

其中, 最小值是取遍 $\mathcal{H}_{i_1},\cdots,\mathcal{H}_{i_m}$ 中的所有正规正交基 $e^{i_1},\cdots,e^{i_m}$ 所得.

由以上讨论可以看出, $G_\Delta(\rho)$ 的大小与正规正交基的选取是无关的. 因此, 它是衡量多体量子关联性的一种合理的度量.

下面来讨论 $G_\Delta(\rho)$ 的性质, 首先证明下列引理.

引理 3.2.3 设 $\rho \in D(\mathcal{H})$,

(1) 当 Ψ 和 Φ 是系统 a 上的由投影测量诱导的且满足 $\Psi(\Phi(\rho)) = \Phi(\Psi(\rho))$ 的量子信道, 则
$$S(\Psi(\Phi(\rho))) \leqslant S(\Psi(\rho)) + S(\Phi(\rho)) - S(\rho);$$

(2) $S(\Phi^{(e^{i_1},e^{i_2},\cdots,e^{i_m})}(\rho)) \leqslant \sum_{k=1}^{m} S(\Phi^{(e^{i_k})}(\rho)) - (m-1)S(\rho);$

(3) $I(\Phi^{(e^{i_1},e^{i_2},\cdots,e^{i_m})}(\rho)) \geqslant \sum_{k=1}^{m} I(\Phi^{(e^{i_k})}(\rho)) - (m-1)I(\rho).$

证明 (1) 因为量子信道不会增加相对熵, 所以
$$S(\Phi(\rho)\|\Phi(\Psi(\rho))) \leqslant S(\rho\|\Psi(\rho)).$$

因此, 由条件
$$\Psi(\Phi(\rho)) = \Phi(\Psi(\rho))$$

以及引理 3.2.1(2) 可知:
$$S(\Psi(\Phi(\rho))) - S(\Phi(\rho)) \leqslant S(\Psi(\rho)) - S(\rho).$$

故
$$S(\Psi(\Phi(\rho))) \leqslant S(\Phi(\rho)) + S(\Psi(\rho)) - S(\rho).$$

(2) 利用 (1), 计算可得
$$\begin{aligned}
&S(\Phi^{(e^{i_1},e^{i_2},\cdots,e^{i_m})}(\rho)) \\
&= S(\Phi^{(e^{i_1})}(\Phi^{(e^{i_2},\cdots,e^{i_m})}(\rho))) \\
&\leqslant S(\Phi^{(e^{i_1})}(\rho)) + S(\Phi^{(e^{i_2},\cdots,e^{i_m})}(\rho)) - S(\rho) \\
&\leqslant S(\Phi^{(e^{i_1})}(\rho)) + S(\Phi^{(e^{i_2})}(\rho)) + S(\Phi^{(e^{i_3},\cdots,e^{i_m})}(\rho)) - 2S(\rho) \\
&\leqslant \sum_{k=1}^{m} S(\Phi^{(e^{i_k})}(\rho)) - (m-1)S(\rho).
\end{aligned}$$

(3) 利用 (2), 计算可得

$$I(\Phi^{(e^{i_1},e^{i_2},\cdots,e^{i_m})}(\rho))$$
$$=\sum_{i=1}^{n}S(\Phi_i(\rho^{a_i}))-S(\Phi^{(e^{i_1},e^{i_2},\cdots,e^{i_m})}(\rho))$$
$$\geqslant \sum_{i=1}^{n}S(\Phi_i(\rho^{a_i}))-\sum_{k=1}^{m}S(\Phi^{(e^{i_k})}(\rho))+(m-1)S(\rho)$$
$$=\sum_{k=1}^{m}\left[S(\Phi_{i_k}(\rho^{a_{i_k}}))-S(\Phi^{(e^{i_k})}(\rho))+\sum_{s\neq i_k}S(\rho^{a_s})\right]+\sum_{t=1}^{n-m}S(\Phi_{\ell_t}(\rho^{a_{\ell_t}}))$$
$$-\sum_{k=1}^{m}\sum_{s\neq i_k}S(\rho^{a_s})+(m-1)S(\rho)$$
$$=\sum_{k=1}^{m}I(\Phi^{(e^{i_k})}(\rho))+\sum_{t=1}^{n-m}S(\rho^{a_{\ell_t}})-(m-1)\sum_{k=1}^{m}S(\rho^{i_k})-m\sum_{t=1}^{n-m}S(\rho^{a_{\ell_t}})$$
$$+(m-1)S(\rho)$$
$$=\sum_{k=1}^{m}I(\Phi^{(e^{i_k})}(\rho))-(m-1)\left[\sum_{i=1}^{n}S(\rho^{a_i})-S(\rho)\right]$$
$$=\sum_{k=1}^{m}I(\Phi^{(e^{i_k})}(\rho))-(m-1)I(\rho).\qquad \Box$$

下面的定理讨论了 Δ- 量子失协 $G_\Delta(\rho)$ 的性质.

定理 3.2.4 (1) $G_\Delta(\rho)\geqslant 0$; $G_\Delta(\rho)=0$ 当且仅当 ρ 是 Δ- 经典关联态;

(2) G_Δ 是局部酉不变的, 即对于 $\mathcal{H}_1,\cdots,\mathcal{H}_n$ 上的任意酉算子 $U_1,\cdots,U_n$, 我们有

$$G_\Delta((U_1\otimes\cdots\otimes U_n)\rho(U_1\otimes\cdots\otimes U_n)^\dagger)=G_\Delta(\rho);$$

(3) 若 $\Delta'\subset\Delta$, 则 $G_{\Delta'}(\rho)\leqslant G_\Delta(\rho)$;

(4) 若 $\Delta=\bigcup_{j=1}^{s}\Delta_j$, 则 $\dfrac{1}{s}\sum_{j=1}^{s}G_{\Delta_j}(\rho)\leqslant G_\Delta(\rho)$;

(5) $\dfrac{1}{m}\sum_{j=1}^{m}G_{\{i_j\}}(\rho)\leqslant G_\Delta(\rho)\leqslant \sum_{j=1}^{m}G_{\{i_j\}}(\rho)$, 其中 $\Delta=\{i_1,i_2,\cdots,i_m\}$.

证明 (1) 由定义以及引理 3.2.1 可知.

(2) 利用 (3.2.6) 式和 (3.2.7) 式.

(3) 不失一般性, 设 $\Delta=\{i_1,i_2,\cdots,i_m\}$ 且 $\Delta'=\{i_1,i_2,\cdots,i_r\}(r<m)$. 注意到

$$\Phi^{(e^{i_1},e^{i_2},\cdots,e^{i_m})}(\rho)=\Phi^{(e^{i_{r+1}},e^{i_{r+2}},\cdots,e^{i_m})}(\Phi^{(e^{i_1},e^{i_2},\cdots,e^{i_r})}(\rho)),$$

再由引理 3.2.2(3) 可得

$$I(\Phi^{(e^{i_1},e^{i_2},\cdots,e^{i_m})}(\rho)) \leqslant I(\Phi^{(e^{i_1},e^{i_2},\cdots,e^{i_r})}(\rho)).$$

这表明 $I_\Delta(\rho) \leqslant I_{\Delta'}(\rho)$, 进而有 $G_{\Delta'}(\rho) \leqslant G_\Delta(\rho)$.

(4) 利用 (3) 可知: 对于任意的 $1 \leqslant j \leqslant s$ 有 $G_{\Delta_j}(\rho) \leqslant G_\Delta(\rho)$, 进而,

$$\frac{1}{s}\sum_{j=1}^{s} G_{\Delta_j}(\rho) \leqslant G_\Delta(\rho).$$

(5) 利用 $\Delta = \bigcup_{j=1}^{m}\{i_j\}$ 和 (4) 可知第一个不等式成立. 下面, 将证明第二个不等式成立. 取 $(e^{i_1},e^{i_2},\cdots,e^{i_m}) \in \mathcal{O}_{i_1}\times\mathcal{O}_{i_2}\times\cdots\times\mathcal{O}_{i_m}$ 使得对于每一个 $j = 1,2,\cdots,m$ 都有 $I(\rho) - I(\Phi^{(e^{i_j})}(\rho)) = G_{\{i_j\}}(\rho)$, 再由引理 3.2.3(3) 可知:

$$\begin{aligned}G_\Delta(\rho) &\leqslant I(\rho) - I(\Phi^{(e^{i_1},e^{i_2},\cdots,e^{i_m})}(\rho))\\&\leqslant I(\rho) - \sum_{j=1}^{m}I(\Phi^{(e^{i_j})}(\rho)) + (m-1)I(\rho)\\&= \sum_{j=1}^{m}\left(I(\rho) - I(\Phi^{(e^{i_j})}(\rho))\right)\\&= \sum_{j=1}^{m}G_{\{i_j\}}(\rho).\end{aligned}$$ □

作为定理 3.2.1 的一个应用, 可得下列结论.

推论 3.2.2 (1) 设 $\Delta' \subset \Delta \subset \Omega$. 若 ρ 是 Δ- 经典关联态, 则它一定是 Δ'- 经典关联态;

(2) 设 $\Delta = \{i_1,i_2,\cdots,i_m\}$ 且 $1 \leqslant i_1 < i_2 < \cdots < i_m \leqslant n$, 则 ρ 是 Δ- 经典关联态当且仅当对于所有的 $k = 1,2,\cdots,m$, 它都是 $\{i_k\}$- 经典关联态;

(3) 设 $\Delta = \bigcup_{j=1}^{s}\Delta_j$, 则 ρ 是 Δ- 经典关联态当且仅当对所有的 $j = 1,2,\cdots,m$, 它都是 Δ_j- 经典关联态;

(4) 设 Δ 是 Ω 的非空真子集, 则 ρ 是完全经典关联的当且仅当它既是 Δ- 经典关联态, 也是 Δ^c- 经典关联态.

3.2.3 部分量子关联性的度量的一个应用

在本章的最后一节, 考虑由 $(\mathbb{C}^2)^{\otimes 6}$ 描述的 6 体系统 $a_1a_2\cdots a_6$ 上的 6- 量子比特 GHZ 态

$$\rho(t) = (1-t)\frac{I^{\otimes 6}}{64} + \frac{t}{2}\left[(|0\rangle\langle 0|)^{\otimes 6} + (|0\rangle\langle 1|)^{\otimes 6} + (|1\rangle\langle 0|)^{\otimes 6} + (|1\rangle\langle 1|)^{\otimes 6}\right],$$

3.2 多体量子系统中的关联性

计算其 Δ- 量子失协 $G_\Delta(\rho)$.

首先来计算 $I(\rho(t))$. 容易计算 $\rho(t)$ 有一重特征值 $\dfrac{1+63t}{64}$ 和 63 重特征值 $\dfrac{1-t}{64}$, 其约化密度算子为 $\rho(t)^{a_j} = \dfrac{I}{2}(1 \leqslant j \leqslant 6)$, 其中, I 表示 $\mathbb{C}^2$ 上的恒等算子. 因此, 计算可得

$$I(\rho(t)) = 6 + \left(63 \times \frac{1-t}{64}\log\frac{1-t}{64} + \frac{1+63t}{64}\log\frac{1+63t}{64}\right).$$

设 U 是任意的 2×2 酉矩阵. 则它具有形式 $U = \mathrm{e}^{\mathrm{i}\alpha}\begin{pmatrix} u & -v \\ \overline{v} & \overline{u} \end{pmatrix}$, 其中 $u,v \in \mathbb{C}$ 且 $|u|^2 + |v|^2 = 1$, $\alpha \in \mathbb{R}$. 取 $\mathbb{C}^2$ 中的正规正交基 $e^1 = \{|0\rangle, |1\rangle\}$, 有

$$(U^\dagger \otimes I^{\otimes 5})\Phi^{(Ue^1)}(\rho(t))(U \otimes I^{\otimes 5})$$
$$= (U^\dagger \otimes I^{\otimes 5})(U|0\rangle\langle 0|U^\dagger \otimes I^{\otimes 5})\rho(t)(U|0\rangle\langle 0|U^\dagger \otimes I^{\otimes 5})^\dagger (U \otimes I^{\otimes 5})$$
$$+ (U^\dagger \otimes I^{\otimes 5})(U|1\rangle\langle 1|U^\dagger \otimes I^{\otimes 5})\rho(t)(U|1\rangle\langle 1|U^\dagger \otimes I^{\otimes 5})^\dagger (U \otimes I^{\otimes 5})$$
$$= (1-t)\frac{I^{\otimes 6}}{64} + \frac{t}{2}\left(\begin{array}{c|c} P_1 & \mathbf{0} \\ \hline \mathbf{0} & P_2 \end{array}\right),$$

其中

$$P_1 = \left(\begin{array}{c|c|c} |u|^2 & 0 & \overline{u}\overline{v} \\ \hline 0 & 0 & 0 \\ \hline uv & 0 & |v|^2 \end{array}\right) \quad \text{与} \quad P_2 = \left(\begin{array}{c|c|c} |v|^2 & 0 & -\overline{u}\overline{v} \\ \hline 0 & 0 & 0 \\ \hline -uv & 0 & |v|^2 \end{array}\right)$$

是 32×32 一秩投影矩阵. 这表明 $\Phi^{(Ue^1)}(\rho(t))$ 有 2 重特征值 $\dfrac{1+31t}{64}$ 和 62 重特征值 $\dfrac{1-t}{64}$, 并且它的约化密度算子为 $(\Phi^{(Ue^1)}(\rho(t)))^{a_j} = \dfrac{I}{2}(1 \leqslant j \leqslant 6)$. 因此,

$$I(\Phi^{(Ue^1)}(\rho(t))) = 6 + \left(62 \times \frac{1-t}{64}\log\frac{1-t}{64} + 2 \times \frac{1+31t}{64}\log\frac{1+31t}{64}\right),$$

这与 U 无关. 由 (3.2.6) 式和 (3.2.7) 式可得

$$G_{\{1\}}(\rho(t)) = \frac{1-t}{64}\log\frac{1-t}{64} + \frac{1+63t}{64}\log\frac{1+63t}{64} - \frac{1+31t}{32}\log\frac{1+31t}{64}.$$

讨论交换门

$$U = \begin{pmatrix} 1 & 0 & 0 & 0 \\ 0 & 0 & 1 & 0 \\ 0 & 1 & 0 & 0 \\ 0 & 0 & 0 & 1 \end{pmatrix}$$

和 $B(\mathbb{C}^2 \otimes \mathbb{C}^2)$ 上的酉变换 $\Gamma: T \mapsto \Gamma(T) = UTU^\dagger$. 容易验证: 对于所有的 $X_k, Y_k \in B(\mathbb{C}^2)$ 有 $\Gamma\left(\sum_{k=1}^{m} X_k \otimes Y_k\right) = \sum_{k=1}^{m} Y_k \otimes X_k$. 因此, 对于任意的 $Z_k \in B((\mathbb{C}^2)^{\otimes 4})$, $\sum_{k=1}^{m} X_k \otimes Y_k \otimes Z_k$ 和 $\sum_{k=1}^{m} Y_k \otimes X_k \otimes Z_k$ 是酉等价的且有同样的特征值. 因此, 对于所有的 $i = 2, 3, \cdots, 6$, 有 $G_{\{i\}}(\rho(t)) = G_{\{1\}}(\rho(t))$.

对于任意的酉矩阵

$$U = \mathrm{e}^{\mathrm{i}\alpha} \begin{pmatrix} u & -v \\ \overline{v} & \overline{u} \end{pmatrix}, \quad V = \mathrm{e}^{\mathrm{i}\beta} \begin{pmatrix} w & -r \\ \overline{r} & \overline{w} \end{pmatrix},$$

其中, $u, v, w, r \in \mathbb{C}$ 且 $|u|^2 + |v|^2 = 1, |w|^2 + |r|^2 = 1, \alpha, \beta \in \mathbb{R}$. 取 $\mathbb{C}^2$ 中的正规正交基 $e^1 = e^2 = (|0\rangle, |1\rangle)$, 应用同样的方法可得

$$[U^\dagger \otimes V^\dagger \otimes I^{\otimes 4}]\Phi^{(Ue^1, Ve^2)}(\rho(t))[U \otimes V \otimes I^{\otimes 5}]$$
$$= (1-t)\frac{I^{\otimes 6}}{64} + \frac{t}{2}\begin{pmatrix} P_1 & 0 & 0 & 0 \\ 0 & P_2 & 0 & 0 \\ 0 & 0 & P_3 & 0 \\ 0 & 0 & 0 & P_4 \end{pmatrix},$$

其中

$$P_1 = \begin{pmatrix} |u|^2|w|^2 & 0 & \overline{u}\overline{v}\overline{w}\overline{r} \\ 0 & 0 & 0 \\ uvwr & 0 & |v|^2|r|^2 \end{pmatrix}, \quad P_2 = \begin{pmatrix} |u|^2|r|^2 & 0 & -\overline{u}\overline{v}\overline{w}\overline{r} \\ 0 & 0 & 0 \\ -uvwr & 0 & |v|^2|w|^2 \end{pmatrix},$$

$$P_3 = \begin{pmatrix} |v|^2|w|^2 & 0 & -\overline{u}\overline{v}\overline{w}\overline{r} \\ 0 & 0 & 0 \\ -uvwr & 0 & |u|^2|r|^2 \end{pmatrix}, \quad P_4 = \begin{pmatrix} |v|^2|r|^2 & 0 & \overline{u}\overline{v}\overline{w}\overline{r} \\ 0 & 0 & 0 \\ uvwr & 0 & |u|^2|w|^2 \end{pmatrix}$$

是 16×16 矩阵, 则 $\Phi^{(Ue^1, Ve^2)}(\rho(t))$ 有 2 重特征值 $\dfrac{1-t}{64} + \dfrac{t}{2}(|u|^2|w|^2 + |v|^2|r|^2)$ 和 2 重特征值 $\dfrac{1-t}{64} + \dfrac{t}{2}(|u|^2|r|^2 + |v|^2|w|^2)$ 以及 60 重特征值 $\dfrac{1-t}{64}$, 它的约化密度算子为

$$(\Phi^{(Ue^1, Ve^2)}(\rho(t)))^{a_j} = \frac{I}{2}, \quad 1 \leqslant j \leqslant 6.$$

3.2 多体量子系统中的关联性

从而,计算可得

$$I(\Phi^{(Ue^1,Ve^2)}(\rho(t)))$$
$$=\sum_{j=1}^{6} S((\Phi^{(Ue^1,Ve^2)}(\rho(t)))^{a_j}) - S(\Phi^{(Ue^1,Ve^2)}(\rho(t)))$$
$$= 6 + 60 \times \frac{1-t}{64} \log \frac{1-t}{64}$$
$$+ 2 \times \left[\frac{1-t}{64} + \frac{t}{2}(|u|^2|w|^2 + |v|^2|r|^2)\right] \log \left[\frac{1-t}{64} + \frac{t}{2}(|u|^2|w|^2 + |v|^2|r|^2)\right]$$
$$+ 2 \times \left[\frac{1-t}{64} + \frac{t}{2}(|u|^2|r|^2 + |v|^2|w|^2)\right] \log \left[\frac{1-t}{64} + \frac{t}{2}(|u|^2|r|^2 + |v|^2|w|^2)\right].$$

令 $x = |u|^2|w|^2 + |v|^2|r|^2$,则 $|u|^2|r|^2 + |v|^2|w|^2 = 1-x$. 因此,有

$$I_{\{1,2\}}(\rho(t))$$
$$= 6 + 60 \times \frac{1-t}{64} \log \frac{1-t}{64} + 2 \max_{x \in [0,1]} \left\{\left[\frac{1-t}{64} + \frac{t}{2}x\right] \log \left[\frac{1-t}{64} + \frac{t}{2}x\right]\right.$$
$$\left. + \left[\frac{1-t}{64} + \frac{t}{2}(1-x)\right] \log \left[\frac{1-t}{64} + \frac{t}{2}(1-x)\right]\right\}$$
$$= 6 + 62 \times \frac{1-t}{64} \log \frac{1-t}{64} + \frac{1+31t}{32} \log \frac{1+31t}{64}.$$

这说明:对于所有的 $i = 1, 2, \cdots, 6$,有 $G_{\{1,2\}}(\rho(t)) = G_{\{i\}}(\rho(t))$. 同理,对于任意的非空子集 $\Delta \subset \{1,2,\cdots,6\}$,有

$$G_\Delta(\rho(t)) = I(\rho(t)) - I_{\{1,2\}}(\rho(t))$$
$$= \frac{1-t}{64} \log \frac{1-t}{64} + \frac{1+63t}{64} \log \frac{1+63t}{64} - \frac{1+31t}{32} \log \frac{1+31t}{64},$$

这正好与文献 [30] 中得到的结果相符. $G_\Delta(\rho(t))$ 与 t 的关系参见图 3.1.

进一步,值得注意的是:推论 3.2.1 的逆命题不成立. 由图 3.1 可以看出:对于所有的 Δ, 都有 $G_\Delta\left(\rho\left(\frac{1}{2}\right)\right) > 0$, 这表明对于任意的 Δ 有 $\rho\left(\frac{1}{2}\right)$ 是 Δ-量子关联的, 但是对于所有的 i 有 $\text{tr}_{a_i}\left(\rho\left(\frac{1}{2}\right)\right) = \left(\frac{I}{2}\right)^{\otimes 5}$, 这是 5 量子比特系统中的完全经典关联态.

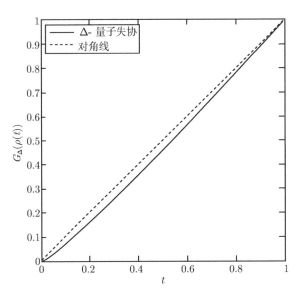

图 3.1 实线表示 Δ- 量子失协 $G_\Delta(\rho(t))$ 与 t 的关系; 虚线表示对角线

第 4 章 量子关联的动力学性质

一般情况下, 量子系统不是封闭的, 它要与外界环境发生耦合, 因此, 量子系统 $\mathcal{H}$ 上的态的演化规律是由 $B(\mathcal{H})$ 上的量子信道来描述的. 本章将要讨论经过量子信道之后量子态关联性的变化以及能够影响关联性的局部量子信道的一般结构问题.

4.1 量子信道对量子关联的影响

4.1.1 保持经典关联态的量子信道

先回顾一些注记与概念. 用 $\mathcal{M}_k$ 表示所有的 $k \times k$ 复矩阵构成的 C^*- 代数, 等同于由 Hilbert 空间 $\mathbb{C}^k$ 上的所有的有界线性算子构成的 C^*- 代数 $B(\mathbb{C}^k)$. 称 $\mathcal{M}_k$ 中的迹为 1 的正半定矩阵为系统 $\mathbb{C}^k$ 中的态. $\mathbb{C}^k$ 中的所有量子态之集记为 $D(\mathbb{C}^k)$. 令 I_n 为 $n \times n$ 恒等矩阵. 而且, $\mathcal{M}_n$ 上的量子信道 Φ 称为测量映射[47], 若对所有的 $A \in \mathcal{M}_n$ 都有

$$\Phi(A) = \sum_i \mathrm{tr}(M_i A)|i\rangle\langle i|,$$

其中, $\{M_i\}$ 是正算子值测量且 $\{|i\rangle\}$ 是 $\mathbb{C}^n$ 中的正规正交基. 注意到一个测量映射也称为一个 QC 信道[49], 它也是纠缠打破信道. 若存在一个量子态 $\sigma \in D(\mathbb{C}^n)$ 使得对所有的 $A \in \mathcal{M}_n$ 都有 $\Phi(A) = \mathrm{tr}(A)\sigma$, 则称 Φ 是迹型的[53]. 容易看出: 一个测量映射是迹型的当且仅当它的构成正算子值测量 $\{M_i\}$ 满足对于某个概率分布 $\{\lambda_i\}$ 有 $M_i = \lambda_i I_n$. 另外, Φ 称为是迷向信道, 若它具有形式

$$\Phi(A) = t\Gamma(A) + (1-t)\mathrm{tr}(A)\frac{I_n}{n}, \quad \forall A \in \mathcal{M}_n,$$

其中, Γ 要么是酉运算 $A \mapsto UAU^\dagger$ 且 $-\frac{1}{n-1} \leqslant t \leqslant 1$, 要么是酉等价于一个转置映射 $A \mapsto UA^\mathrm{T}U^\dagger$ 且 $-\frac{1}{n-1} \leqslant t \leqslant \frac{1}{n+1}$. 一个迷向信道 Φ 称为非平凡的, 若参数 t 非 0. 系统 $\mathcal{M}_n$ 上的一个退极化信道[48] 是特殊的迷向信道, 被定义为 $\mathcal{M}_n$ 上的恒

等映射与完全退极化信道 $\Phi(A) = \text{tr}(A)\dfrac{I_n}{n}$ 的凸组合 D_ε:

$$D_\varepsilon(A) = (1-\varepsilon)\text{tr}(A)\dfrac{I_n}{n} + \varepsilon A, \quad \forall \rho \in \mathcal{M}_n,$$

其中 $\varepsilon \in [0,1]$. 显然, 当 $\varepsilon \in (0,1]$ 时, 退极化信道 D_ε 是非平凡迷向信道的例子. 完全退极化信道 D_0 是迹型信道的例子. 而且, 量子信道 Φ 称为是完全退相干信道, 若 $\Phi(\mathcal{M}_n)$ 是交换的. $\mathcal{M}_n$ 上的映射 Φ 称为是保持交换性的, 若它满足

$$A, B \in \mathcal{M}_n, \quad [A,B] := AB - BA = 0 \Rightarrow [\Phi(A), \Phi(B)] = 0.$$

Φ 称为是双方保持交换性的, 若它满足

$$[A,B] = 0 \Leftrightarrow [\Phi(A), \Phi(B)] = 0.$$

称一个量子信道 $\Phi : B(\mathcal{H}_{AB}) \to B(\mathcal{H}'_{AB})$ 是局部量子信道, 如果存在两个量子信道 $\Phi_1 : B(\mathcal{H}_A) \to B(\mathcal{H}'_A)$ 与 $\Phi_2 : B(\mathcal{H}_B) \to B(\mathcal{H}'_B)$ 使得 $\Phi = \Phi_1 \otimes \Phi_2$. 下面给出保持经典关联性的局部量子信道的刻画.

定义 4.1.1 称一个映射 $\Phi : B(\mathcal{H}) \to B(\mathcal{H}')$ 在 $D(\mathcal{H})$ 上是交换性保持的, 如果

$$A, B \in D(\mathcal{H}), AB = BA \Rightarrow \Phi(A)\Phi(B) = \Phi(B)\Phi(A).$$

定义 4.1.2 称一个量子信道 $\Phi : B(\mathcal{H}_{AB}) \to B(\mathcal{H}'_{AB})$ 为经典关联性保持的, 如果 $\rho \in D(\mathcal{H}_{AB})$ 是经典关联态 $\Rightarrow \Phi(\rho)$ 是经典关联态.

为了得到保持经典关联性的局部量子信道的等价刻画, 先考虑下面的特殊情况.

定义 4.1.3 称一个量子信道 $\Phi : B(\mathcal{H}) \to B(\mathcal{H}')$ 是迹型的, 如果存在一个密度算子 $\sigma \in D(\mathcal{H}')$ 使得

$$\Phi(A) = \text{tr}(A)\sigma, \quad \forall A \in B(\mathcal{H}).$$

容易验证: $\Phi : B(\mathcal{H}) \to B(\mathcal{H}')$ 是迹型的当且仅当对于所有满足 $PQ = 0$ 的一秩投影 P 和 Q, 都有 $\Phi(P) = \Phi(Q)$.

设 $\Phi_1 : B(\mathcal{H}_A) \to B(\mathcal{H}'_A), \Phi_2 : B(\mathcal{H}_B) \to B(\mathcal{H}'_B)$ 是两个量子信道, 其中一个是迹型的, 则对于 $\mathcal{H}_{AB}$ 上的每一个经典关联态 ρ, 由定理 2.2.4 可得 ρ 具有形式如 (2.2.7) 式. 因此

$$(\Phi_1 \otimes \Phi_2)(\rho) = \sum_i \Phi_1(A_i) \otimes \Phi_2(B_i),$$

4.1 量子信道对量子关联的影响

其中 $\{A_i\}$ 与 $\{B_i\}$ 分别为 $\mathcal{H}_A$ 和 $\mathcal{H}_B$ 上正规算子构成的交换族. 不失一般性, 可以假设 Φ_1 是迹型的, 则对于所有的 $\sigma \in B(\mathcal{H}_A)$, 都存在某个 $\sigma_0 \in D(\mathcal{H}'_B)$ 使得 $\Phi_1(\sigma) = \mathrm{tr}(\sigma)\sigma_0$, 因而

$$(\Phi_1 \otimes \Phi_2)(\rho) = \sigma_0 \otimes \sum_i \mathrm{tr}(A_i)\Phi_2(B_i),$$

又因为 $(\Phi_1 \otimes \Phi_2)(\rho)$ 是乘积态, 显然它是经典关联态. 因此, $\Phi_1 \otimes \Phi_2$ 是经典关联性保持的局部量子信道.

上述讨论表明: 如果 Φ_1 与 Φ_2 中至少有一个是迹型的, 那么 $\Phi_1 \otimes \Phi_2$ 是经典关联性保持的. 对于 Φ_1 与 Φ_2 都不是迹型的量子信道的情形, 下面的定理给出了 $\Phi_1 \otimes \Phi_2$ 是经典关联性保持的充分必要条件.

定理 4.1.1 设 $\Phi_1 : B(\mathcal{H}_A) \to B(\mathcal{H}'_A), \Phi_2 : B(\mathcal{H}_B) \to B(\mathcal{H}'_B)$ 是两个非迹型的量子信道, 则 $\Phi_1 \otimes \Phi_2$ 是经典关联性保持的当且仅当 Φ_1 和 Φ_2 限制在态之集上是交换性保持的.

证明 必要性 设 $\Phi_1 \otimes \Phi_2$ 是经典关联性保持的, 假设存在满足 $[\rho, \sigma] = 0$ 的 $\rho, \sigma \in D(\mathcal{H}_A)$ 使得 $[\Phi_1(\rho), \Phi_1(\sigma)] \neq 0$. 由于 Φ_2 不是迹型的, 所以可以找到 $\mu \in D(\mathcal{H}_B)$ 使得 $\Phi_2(\mu) \neq \Phi_2\left(\dfrac{1}{d_B}I_B\right)$. 由注 2.2.1 知, 量子态

$$\tau = \frac{1}{2}\left(\rho \otimes \mu + \sigma \otimes \left(\frac{1}{d_B}I_B\right)\right)$$

是经典关联的. 但是, 态

$$(\Phi_1 \otimes \Phi_2)(\tau) = \frac{1}{2}\left[\Phi_1(\rho) \otimes \Phi_2(\mu) + \Phi_1(\sigma) \otimes \Phi_2\left(\frac{1}{d_B}I_B\right)\right]$$

不是经典关联的 (由注 2.2.1 知). 这与假设中 $\Phi_1 \otimes \Phi_2$ 是经典关联性保持的矛盾. 因此, Φ_1 限制到态之集上是交换性保持的. 同理, Φ_2 限制到态之集上也是交换性保持的.

充分性 设 Φ_1, Φ_2 限制到态之集上是交换性保持的, 则 Φ_1 与 Φ_2 限制到正算子之集上是交换性保持的. 对于任意的自伴算子 $A, B \in B(\mathcal{H}_A)$ 且 $[A, B] = 0$, 令 $A = A^+ - A^-$ 和 $B = B^+ - B^-$, 其中 A^+, A^-, B^+, B^- 是正算子且 $A^+A^- = 0, B^+B^- = 0$. 显然, 对于所有的 $X \in \{A^+, A^-\}, Y \in \{B^+, B^-\}$, 都有 $[X, Y] = 0$. 因此, 对于所有的 $X \in \{A^+, A^-\}, Y \in \{B^+, B^-\}$, 有 $[\Phi_1(X), \Phi_1(Y)] = 0$. 这就意味着

$$[\Phi_1(A), \Phi_1(B)] = [\Phi_1(A^+), \Phi_1(B^+)] - [\Phi_1(A^+), \Phi_1(B^-)]$$

$$-[\Phi_1(A^-),\Phi_1(B^+)] + [\Phi_1(A^-),\Phi_1(B^-)]$$
$$= 0.$$

因此 Φ_1 限制到自伴算子之集上是交换性保持的.

对于任意满足 $[A,B]=0$ 的正规算子 $A,B \in B(\mathcal{H}_A)$, 我们令 $A = A_1 + \mathrm{i}A_2$ 和 $B = B_1 + \mathrm{i}B_2$, 其中

$$A_1 = \frac{1}{2}(A+A^\dagger), \quad A_2 = \frac{1}{2\mathrm{i}}(A-A^\dagger), \quad B_1 = \frac{1}{2}(B+B^\dagger), \quad B_2 = \frac{1}{2\mathrm{i}}(B-B^\dagger)$$

都是自伴算子. 由于 $[A,B]=0$, 所以根据 Fuglede-Putnam 定理可知: 对于所有的 $X \in \{A_1, A_2\}, Y \in \{B_1, B_2\}$, 都有 $[X,Y]=0$. 从而, 对于所有的 $X \in \{A_1, A_2\}, Y \in \{B_1, B_2\}$, 都有 $[\Phi_1(X),\Phi_1(Y)]=0$. 这时有

$$[\Phi_1(A),\Phi_1(B)] = [\Phi_1(A_1),\Phi_1(B_1)] + \mathrm{i}[\Phi_1(A_1),\Phi_1(B_2)]$$
$$+ \mathrm{i}[\Phi_1(A_2),\Phi_1(B_1)] - [\Phi_1(A_2),\Phi_1(B_2)]$$
$$= 0.$$

这就表明 Φ_1 限制在正规算子之集上是交换性保持的. 再利用 Φ_1 是保 † 的量子信道, 即对于所有的 $A \in B(\mathcal{H}_A)$, 都有 $\Phi_1(A^\dagger) = (\Phi(A))^\dagger$. 因此 Φ_1 是限制到正规算子之集上是交换性保持的. 同理, Φ_2 是限制到正规算子之集上是交换性保持的, 进而也是正规性保持的.

下证 $\Phi_1 \otimes \Phi_2$ 是经典关联性保持的. 设 ρ 是 $\mathcal{H}_A \otimes \mathcal{H}_B$ 上的一个经典关联态, 由定理 2.2.4 可得, ρ 具有形式如 (2.2.7) 式, 从而

$$(\Phi_1 \otimes \Phi_2)(\rho) = \sum_i \Phi_1(A_i) \otimes \Phi_2(B_i).$$

由于 Φ_1 与 Φ_2 限制到正规算子之集上是交换性保持的且正规性保持的, 所以得到 $\{\Phi_1(A_i)\}$ 与 $\{\Phi_2(B_i)\}$ 都是正规算子构成的交换族. 进而再由定理 2.2.4 可得 $(\Phi_1 \otimes \Phi_2)(\rho)$ 是经典关联态. 因此, $\Phi_1 \otimes \Phi_2$ 是经典关联性保持的. □

在以下的讨论中, 将考虑双量子比特系统中的经典关联性保持的局部量子信道 $\Phi_1 \otimes \Phi_2$. 分别用 $D_2(\mathbb{C})$ 与 $S_2(\mathbb{C})$ 来表示 $\mathbb{C}^2$ 上的密度算子之集与自伴算子之集. I_2 表示 2×2 恒等矩阵 (简记为 I). 首先引入下列几个引理.

引理 4.1.1 设 $A \in \mathcal{M}_2(\mathbb{C})$ 是非数乘矩阵, $B \in \mathcal{M}_2(\mathbb{C})$ 是任一矩阵, 则 A 与 B 可交换当且仅当存在 $\mu, \lambda \in \mathbb{C}$ 使得 $B = \lambda A + \mu I$.

证明 令 $A = \begin{pmatrix} a & b \\ c & d \end{pmatrix}$ 且 $B = \begin{pmatrix} x & y \\ z & w \end{pmatrix}$.

情形 1 $a \neq 0, b = c = d = 0$. 这时, $[A, B] = 0$ 当且仅当 $y = z = 0$. 所以 $B = \lambda A + \mu I$, 其中 $\lambda = \dfrac{x - w}{a}, \mu = w$.

情形 2 $b = c = 0$ 且 $a \neq d$. 这时, $[A, B] = 0$ 当且仅当 $y = z = 0$. 则 $B = \lambda A + \mu I$, 其中 $\lambda = \dfrac{w - x}{d - a}, \mu = \dfrac{xd - wa}{d - a}$.

情形 3 $b \neq 0$ 或者 $c \neq 0$. 这时, 不失一般性, 假定 $c \neq 0$. 则 $[A, B] = 0$ 当且仅当
$$x = \frac{(a-d)z}{c} + w, \quad y = \frac{b}{c} z.$$
这时, 有 $B = \lambda A + \mu I$, 其中, $\lambda = \dfrac{z}{c}, \mu = w - \dfrac{d}{c} z$.

综合以上三种情形, 可知 A 与 B 可交换当且仅当存在 $\mu, \lambda \in \mathbb{C}$ 使得 $B = \lambda A + \mu I$. $\square$

引理 4.1.2 设 Φ 是 $\mathcal{M}_2(\mathbb{C})$ 上的线性映射, 则下列叙述等价:

(1) 对于满足 $[A, B] = 0$ 的任意 $A, B \in \mathcal{M}_2(\mathbb{C})$, 都有 $[\Phi(A), \Phi(B)] = 0$;

(2) 对于任意的 $A \in \mathcal{M}_2(\mathbb{C})$, 都有 $[\Phi(I), \Phi(A)] = 0$;

(3) 对于满足 $[A, B] = 0$ 的任意 $A, B \in \mathcal{D}_2(\mathbb{C})$, 都有 $[\Phi(A), \Phi(B)] = 0$.

证明 (1) $\Rightarrow$ (2) 以及 (1) $\Rightarrow$ (3) 显然成立.

(2) $\Rightarrow$ (1) 设 (2) 成立, 任意 $A, B \in \mathcal{M}_2(\mathbb{C})$ 且 $[A, B] = 0$. 若存在某个 $a \in \mathbb{C}$ 使得 $A = aI$, 则
$$[\Phi(A), \Phi(B)] = a[\Phi(I), \Phi(B)] = 0.$$
若对于所有的 $a \in \mathbb{C}, A \neq aI$, 则由引理 4.1.1 知, 存在 λ, μ 使得 $B = \lambda A + \mu I$, 因此, $[\Phi(A), \Phi(B)] = \mu[\Phi(I), \Phi(A)] = 0$.

(3) $\Rightarrow$ (2) 设 $A \in S_2(\mathbb{C})$, 则 $A = A_1 - A_2$, 其中 $A_1, A_2 \geqslant 0$ 且 $\dfrac{A_1}{\mathrm{tr}(A_1)}, \dfrac{A_2}{\mathrm{tr}(A_2)} \in \mathcal{D}_2(\mathbb{C})$. 因为对于任意的 $A, B \in \mathcal{D}_2(\mathbb{C})$ 且 $[A, B] = 0$, 都有 $[\Phi(A), \Phi(B)] = 0$, 所以
$$\left[\Phi\left(\frac{A_1}{\mathrm{tr}(A_1)}\right), \Phi\left(\frac{I}{2}\right) \right] = \left[\Phi\left(\frac{A_2}{\mathrm{tr}(A_2)}\right), \Phi\left(\frac{I}{2}\right) \right] = 0,$$
从而, $[\Phi(A_1), \Phi(I)] = [\Phi(A_2), \Phi(I)] = 0$, 进而 $[\Phi(A), \Phi(I)] = 0$. 对于任意的 $X \in \mathcal{M}_2(\mathbb{C}), X = X_1 + \mathrm{i} X_2$, 其中 $X_1, X_2 \in S_2(\mathbb{C})$. 这时, 可以计算得到
$$[\Phi(X), \Phi(I)] = [\Phi(X_1), \Phi(I)] + \mathrm{i}[\Phi(X_2), \Phi(I)] = 0.$$

这说明 (2) 成立. □

由引理 4.1.2 知, $\mathcal{M}_2(\mathbb{C})$ 上的每一个交换性保持的线性映射 Φ 要么把单位矩阵 I 映成一个数乘矩阵 $\lambda I(\lambda \in \mathbb{C})$, 要么它的值域包含在由单位矩阵 I 和非数乘矩阵 $\Phi(I)$ 所张成的二维交换子空间中. 若 Φ 是交换性保持的量子信道且 $\Phi(I) = I$, 则 $\forall A \in \mathbb{C}^2$, 有

$$\Phi(A) = aI + b\Phi(I) = (a+b)I, \quad a,b \in \mathbb{C},$$

因此 Φ 是迹型的量子信道. 这时, 对于任意的 $A \in \mathcal{M}_2(\mathbb{C})$, 存在唯一的 $f(A) \in \mathbb{C}$ 使得 $\Phi(A) = f(A)I$, 即 $\Phi(\mathcal{M}_2(\mathbb{C})) \subset \{\lambda I : \lambda \in \mathbb{C}\}$.

引理 4.1.3 设 $\Phi : \mathcal{M}_2(\mathbb{C}) \to \mathcal{M}_2(\mathbb{C})$ 是非迹型的量子信道, 则下列叙述等价:

(1) Φ 是交换性保持的;

(2) $\Phi(\mathcal{M}_2(\mathbb{C})) \subset \{\lambda I + \mu\Phi(I) : \lambda, \mu \in \mathbb{C}\}$;

(3) $\Phi(D_2(\mathbb{C})) \subset \left\{\lambda I + \mu\Phi(I) : \lambda, \mu \geqslant 0, \lambda + \mu = \dfrac{1}{2}\right\}$;

(4) 存在 $\mathcal{M}_2(\mathbb{C})$ 上的 †-线性泛函 f 和 g 使得

$$\Phi(A) = f(A)I + g(A)\Phi(I), \quad \forall A \in \mathcal{M}_2(\mathbb{C}). \tag{4.1.1}$$

证明 (1) $\Rightarrow$ (2) 设 Φ 是交换性保持的量子信道, 由引理 4.1.2: 对于任意的 $A \in \mathcal{M}_2(\mathbb{C})$, 都有 $[\Phi(I), \Phi(A)] = 0$. 由于 Φ 是非迹型的, 所以对于任意的 $a \in \mathbb{C}$, 都有 $\Phi(I) \neq aI$. 再由引理 4.1.1 得到 $\text{ran}(\Phi) \subset \{\lambda I + \mu\Phi(I) : \lambda, \mu \in \mathbb{C}\}$.

(2) $\Rightarrow$ (1) 设 $\text{ran}(\Phi) \subset \{\lambda I + \mu\Phi(I) : \lambda, \mu \in \mathbb{C}\}$ 成立, 则对于任意的 $A \in \mathcal{M}_2(\mathbb{C})$, 有 $[\Phi(I), \Phi(A)] = 0$. 因此, 由引理 4.1.2 知 Φ 是交换性保持的.

(2) $\Leftrightarrow$ (3) 显然成立.

(2) $\Rightarrow$ (4) 设 (2) 成立, 则 $\text{ran}(\Phi) \subset \{\lambda I + \mu\Phi(I) : \lambda, \mu \in \mathbb{C}\}$. 因为 $\Phi(I) \neq I$, 所以, $\dim\{\lambda I + \mu\Phi(I) : \lambda, \mu \in \mathbb{C}\} = 2$. 因此, 对于任意的 $A \in \mathcal{M}_2(\mathbb{C})$, 存在唯一的 $f(A) \in \mathbb{C}, g(A) \in \mathbb{C}$ 使得 $\Phi(A) = f(A)I + g(A)\Phi(A)$. 显然, f 与 g 是 $\mathcal{M}_2(\mathbb{C})$ 上的 †-线性泛函使得 (4.1.1) 式成立.

(4) $\Rightarrow$ (2) 显然成立. □

下面的定理给出了双量子比特系统中的经典关联性保持的局部量子信道的具体形式.

定理 4.1.2 设 $\Phi_1, \Phi_2 : \mathcal{M}_2(\mathbb{C}) \to \mathcal{M}_2(\mathbb{C})$ 是两个非迹型的量子信道, 则下列叙述等价:

(1) $\Phi_1 \otimes \Phi_2 : \mathcal{M}_4(\mathbb{C}) \to \mathcal{M}_4(\mathbb{C})$ 是经典关联性保持的;

(2) $\Phi_i(i=1,2)$ 限制到态之集上的交换性保持的;

(3) 存在 $\mathcal{M}_2(\mathbb{C})$ 上的 †- 线性泛函 f_i 与 g_i 使得

$$\Phi_i(A) = f_i(A)I + g_i(A)\Phi_i(I) \quad (i=1,2), \quad \forall A \in \mathcal{M}_2(\mathbb{C}); \tag{4.1.2}$$

(4) $\Phi_1 \otimes \Phi_2$ 是交换性保持的.

证明 $(1) \Leftrightarrow (2)$ 由定理 4.1.2 可知.

$(2) \Leftrightarrow (3)$ 由引理 4.1.3 可知.

$(3) \Rightarrow (4)$ 假设存在 $\mathcal{M}_2(\mathbb{C})$ 上的 †- 线性泛函 f_i 与 g_i 使得 (4.1.2) 式成立, 则对于任意的 $A, B \in \mathcal{M}_2(\mathbb{C})$, 有

$$(\Phi_1 \otimes \Phi_2)(A \otimes B) = (f_1 \otimes f_2)(A \otimes B)(I \otimes I) + (f_1 \otimes g_2)(A \otimes B)(I \otimes \Phi_2(I))$$
$$+ (g_1 \otimes f_2)(A \otimes B)(\Phi_1(I) \otimes I)$$
$$+ (g_1 \otimes g_2)(A \otimes B)(\Phi_1(I) \otimes \Phi_2(I)).$$

这就意味着对于所有的 $X \in \mathcal{M}_4(\mathbb{C})$, 都有

$$(\Phi_1 \otimes \Phi_2)(X) = (f_1 \otimes f_2)(X)(I \otimes I) + (f_1 \otimes g_2)(X)(I \otimes \Phi_2(I))$$
$$+ (g_1 \otimes f_2)(X)(\Phi_1(I) \otimes I) + (g_1 \otimes g_2)(X)(\Phi_1(I) \otimes \Phi_2(I)).$$

因为 $\{I \otimes I, I \otimes \Phi_2(I), \Phi_1(I) \otimes I, \Phi_1(I) \otimes \Phi_2(I)\}$ 是交换族, 所以 $\Phi_1 \otimes \Phi_2$ 是交换性保持的.

$(4) \Rightarrow (2)$ 设 $A, B \in \mathcal{M}_2(\mathbb{C})$ 且 $[A, B] = 0$, 取 $C \in \mathcal{M}_2(\mathbb{C})$ 使得 $\Phi_2(C) \neq 0$, 则 $[A \otimes C, B \otimes C] = 0$, 进而有

$$[(\Phi_1 \otimes \Phi_2)(A \otimes C), (\Phi_1 \otimes \Phi_2)(B \otimes C)] = 0,$$

因此, $[\Phi_1(A), \Phi_1(B)] \otimes (\Phi_2(C))^2 = 0$. 从而, $[\Phi_1(A), \Phi_1(B)] = 0$. 所以, Φ_1 是交换性保持的. 同理, Φ_2 也是交换性保持的. □

从定理 4.1.2 的充分性的证明可以看出, 一个量子信道在态上是交换性保持的当且仅当它在正规算子上是交换性保持的. 当 $d_A, d_B \geqslant 2$ 时, 类似于定理 4.1.2 $(4) \Rightarrow (2)$ 的证明, 可以得到: 若 $\Phi_1 \otimes \Phi_2$ 在 $B(\mathcal{H}_{AB})$ 上是交换性保持的, 则 Φ_1 和 Φ_2 都是交换性保持的, 进而再由定理 4.1.2 知 $\Phi_1 \otimes \Phi_2$ 是经典关联性保持的. 当 Φ_1 和 Φ_2 都是定义在 $\mathbb{C}^2$ 上的非迹型量子信道时, Φ_1 和 Φ_2 都是交换性保持的等价于 $\Phi_1 \otimes \Phi_2$ 是经典关联性保持的. 若 Φ_1 和 Φ_2 都是迹型的量子信道, 显然它们都是交换性保持的, 考虑 $\Phi_1 \otimes \Phi_2$ 是否一定是交换性保持的. 下面的例子说明了该问题的答案是否定的.

例 4.1.1 设 $\mathcal{H}_A = \mathcal{H}_B = \mathcal{M}_2(\mathbb{C})$. 对于任意的 $X \in \mathcal{M}_2(\mathbb{C})$, 取 $\Phi_1(X) = X$ 和 $\Phi_2(X) = \text{tr}(X)\sigma, \sigma \in D_2(\mathbb{C})$. 显然, Φ_1 和 Φ_2 在 $\mathcal{M}_2(\mathbb{C})$ 上都是交换性保持的量子信道. 令

$$\rho_1 = \frac{1}{2}\begin{pmatrix} 1 & 1 \\ 1 & 1 \end{pmatrix} \otimes \begin{pmatrix} 0 & 0 \\ 0 & 1 \end{pmatrix}, \quad \rho_2 = \begin{pmatrix} 1 & 0 \\ 0 & 0 \end{pmatrix} \otimes \begin{pmatrix} 1 & 0 \\ 0 & 0 \end{pmatrix}.$$

容易验证: $[\rho_1, \rho_2] = 0$ 但 $[(\Phi_1 \otimes \Phi_2)(\rho_1), (\Phi_1 \otimes \Phi_2)(\rho_2)] \neq 0$. 因而, $\Phi_1 \otimes \Phi_2$ 不是交换性保持的.

众所周知: 两个交换的态在同一组正规正交基下是可同时对角化的, 但并不是所有交换的经典关联态在同一组 "可分" 正规正交基 $\{|e_i\rangle \otimes |f_j\rangle\}$ 下可以同时对角化, 这是因为对于以上例子中的 ρ_1, ρ_2 以及 $0 < \lambda < 1$, $\tau = \lambda \rho_1 + (1-\lambda)\rho_2$ 不是经典关联态. 假设 ρ_1 和 ρ_2 可以在同一组可分基 $\{|e_i\rangle \otimes |f_j\rangle\}$ 下对角化, 则存在局部正交投影测量 Π 使得 $\Pi(\rho_1) = \rho_1$ 且 $\Pi(\rho_2) = \rho_2$. 从而, $\Pi(\tau) = \tau$, 这就说明 τ 是经典关联态, 与 τ 不是经典关联态矛盾. 鉴于这些观察, 可以得到下列的结果.

定理 4.1.3 设 Φ_1 和 Φ_2 分别是 $B(\mathcal{H}_A)$ 和 $B(\mathcal{H}_B)$ 上交换性保持的量子信道, 则 $\Phi_1 \otimes \Phi_2$ 限制到能够在同一组可分基下对角化的经典关联态之集上是交换性保持的.

证明 设 ρ 和 σ 是 $\mathcal{H}_{AB}$ 上具有 $d_A d_B$ 个不同特征值的经典关联态. 则由定理 2.2.2 可知: 分别存在 $\mathcal{H}_A$ 和 $\mathcal{H}_B$ 中的正规正交基 $\{|e_i\rangle\}$ 与 $\{|f_j\rangle\}$ 使得

$$\rho = \sum_{i=1}^{d_A} \sum_{j=1}^{d_B} p_{ij} |e_i\rangle\langle e_i| \otimes |f_j\rangle\langle f_j|, \quad \sigma = \sum_{i=1}^{d_A} \sum_{j=1}^{d_B} q_{ij} |e_i\rangle\langle e_i| \otimes |f_j\rangle\langle f_j|,$$

其中, p_{ij} 与 q_{ij} 分别是 ρ 和 σ 的特征值. 因此

$$(\Phi_1 \otimes \Phi_2)(\rho) = \sum_{i=1}^{d_A} \sum_{j=1}^{d_B} p_{ij} \Phi_1(|e_i\rangle\langle e_i|) \otimes \Phi_2(|f_j\rangle\langle f_j|),$$

$$(\Phi_1 \otimes \Phi_2)(\sigma) = \sum_{i=1}^{d_A} \sum_{j=1}^{d_B} q_{ij} \Phi_1(|e_i\rangle\langle e_i|) \otimes \Phi_2(|f_j\rangle\langle f_j|),$$

因为 $\{\Phi_1(|e_i\rangle\langle e_i|)\}$ 和 $\{\Phi_2(|f_j\rangle\langle f_j|)\}$ 是交换族, 所以 $(\Phi_1 \otimes \Phi_2)(\rho)$ 与 $(\Phi_1 \otimes \Phi_2)(\sigma)$ 是可交换的. □

最后, 进一步讨论了 $\mathcal{M}_2(\mathbb{C})$ 上两个交换性保持的量子信道的凸组合仍然是交换性保持的充分必要条件.

4.1 量子信道对量子关联的影响

定理 4.1.4 设 Φ_1, Φ_2 是 $\mathcal{M}_2(\mathbb{C})$ 上两个交换性保持的量子信道, 即它们具有形式 (4.1.2), 记 $V_{\Phi_1,\Phi_2} = \mathrm{span}\{I, \Phi_1(I), \Phi_2(I)\}$, 则

(1) 当 $\dim V_{\Phi_1,\Phi_2} = 1$ 或 2 时, $t\Phi_1 + (1-t)\Phi_2$ 是交换性保持的;

(2) 当 $\dim V_{\Phi_1,\Phi_2} = 3$ 时, $t\Phi_1 + (1-t)\Phi_2$ 是交换性保持的当且仅当 $g_1 = g_2$.

证明 (1) 当 $\dim V_{\Phi_1,\Phi_2} = 1$ 时, $\Phi_1(I) = \Phi_2(I) = I$, 因此 $(t\Phi_1+(1-t)\Phi_2)(I) = I$. 这时 $t\Phi_1 + (1-t)\Phi_2$ 是交换性保持的. 当 $\dim V_{\Phi_1,\Phi_2} = 2$ 时, 有两种情形: 要么 $\Phi_1(I)$ 与 $\Phi_2(I)$ 中一个是 I, 另一个不是, 要么 $\Phi_1(I), \Phi_2(I) \neq I$ 和 $\Phi_1(I) = \lambda \Phi_2(I)$, 其中 $\lambda > 0$.

情形 1 不妨设 $\Phi_1(I) = I$ 且 $\Phi_2(I) \neq I$, 则 $\forall A \in \mathcal{M}_2(\mathbb{C})$, 得到

$$(t\Phi_1 + (1-t)\Phi_2)(A) = [t(f_1 + g_1 - g_2) + (1-t)f_2](A)I + g_2(A)[t\Phi_1 + (1-t)\Phi_2](I).$$

由定理 4.1.3 知, $t\Phi_1 + (1-t)\Phi_2$ 是交换性保持的.

情形 2 $\Phi_1(I), \Phi_2(I) \neq I$ 且 $\Phi_1(I) = \lambda \Phi_2(I)$, 则 $\forall A \in \mathcal{M}_2(\mathbb{C})$, 计算可得

$$(t\Phi_1 + (1-t)\Phi_2)(A) = [tf_1 + (1-t)f_2](A)I + \frac{t\lambda g_1 + (1-t)g_2}{t\lambda + 1 - t}(A)[t\Phi_1 + (1-t)\Phi_2](I).$$

由定理 4.1.3 知, $t\Phi_1 + (1-t)\Phi_2$ 是交换性保持的.

(2) 设 $\dim V_{\Phi_1,\Phi_2} = 3$, 则 $t\Phi_1 + (1-t)\Phi_2$ 是交换性保持的量子信道当且仅当存在 $\mathcal{M}_2(\mathbb{C})$ 上的 †-线性泛函 f_3 与 g_3 使得 $\forall A \in \mathcal{M}_2(\mathbb{C})$,

$$(t\Phi_1 + (1-t)\Phi_2)(A) = f_3(A)I + g_3(A)(t\Phi_1 + (1-t)\Phi_2)(I), \quad (4.1.3)$$

另一方面, 由 (4.1.2) 式可知

$$(t\Phi_1 + (1-t)\Phi_2)(A) = [tf_1 + (1-t)f_2](A)I + tg_1(A)\Phi_1(I) + (1-t)g_2(A)\Phi_2(I). \quad (4.1.4)$$

再由 (4.1.3) 式和 (4.1.4) 式可以得到 $t\Phi_1 + (1-t)\Phi_2$ 是交换性保持的当且仅当 $g_1 = g_2$. □

本节给出了保持经典关联的局部量子信道的结构. 前面已经知道: 如果 Φ_1 和 Φ_2 之一是迹型的, 那么 $\Phi_1 \otimes \Phi_2$ 是经典关联保持的, 因为它可以将任何量子态映射为乘积态. 当 Φ_1 和 Φ_2 都是非迹型的量子信道时, 下列引理给出了保持经典关联的量子信道的刻画.

引理 4.1.4 设 Φ_1 和 Φ_2 都是非迹型的量子信道, 则 $\Phi_1 \otimes \Phi_2$ 是经典关联保持的当且仅当 Φ_i 是在态上保持交换性的 ($i = 1, 2$).

由引理 4.1.4 知: 需要首先讨论保交换性但非迹型的量子信道的结构. 对于量子比特系统, 保持交换性的量子信道的结构刻画如下.

引理 4.1.5 设 Φ 是 $\mathcal{M}_2$ 上非迹型的量子信道, 则下列叙述是等价的:

(i) Φ 是保交换性的;

(ii) 要么 Φ 是保单位的, 即 $\Phi(I_2) = I_2$, 要么 $\Phi(I_2) \neq I_2$ 且存在 $\mathcal{M}_2$ 上的 †- 线性泛函 f, g 使得
$$\Phi(A) = f(A)I_2 + g(A)\Phi(I_2), \quad \forall A \in \mathcal{M}_2;$$

(iii) Φ 是保单位的或者是满足 $\Phi(I_2) \neq I_2$ 的测量映射.

从引理 4.1.4 和引理 4.1.5 可以得到下列结论, 给出了 $\mathcal{M}_2 \otimes \mathcal{M}_2$ 上的保持经典关联的局部量子信道 $\Phi_1 \otimes \Phi_2$ 的结构.

定理 4.1.5 设 $\Phi_1, \Phi_2 : \mathcal{M}_2 \to \mathcal{M}_2$ 都是非迹型的量子信道, 则 $\Phi_1 \otimes \Phi_2$ 是保持经典关联的当且仅当 Φ_i 是保单位的或者是满足 $\Phi_i(I_2) \neq I_2$ 的测量映射 $(i = 1, 2)$.

下面来研究 $n \geqslant 3$ 的情形. 最近, Guo 和 Hou 在文献 [93, Theorem 1] 中证明了 $\mathcal{M}_n (n \geqslant 3)$ 上的量子信道 Φ 保持交换性当且仅当要么 Φ 是完全退相干信道, 要么是非平凡迷向信道. 下列引理证明了一个完全退相干信道与测量映射是等价的, 从而得到了完全退相干信道的结构.

引理 4.1.6 设 Φ 是 $\mathcal{M}_n$ 上的量子信道, 则下列叙述等价:

(1) Φ 是完全退相干信道;

(2) Φ 是测量映射;

(3) 对所有的 $\sigma_1, \sigma_2 \in D(\mathbb{C}^n)$ 都有 $[\Phi(\sigma_1), \Phi(\sigma_2)] = 0$.

证明 $(1) \Rightarrow (2)$ 设 $\Phi(\mathcal{M}_n)$ 是交换的, 则 $\Phi(\mathcal{M}_n)$ 中的算子都是正规的而且两两可交换. 假设 $\Phi(\mathcal{M}_n) = \text{span}\{A_1, A_2, \cdots, A_m\}$, $m = \dim(\Phi(\mathcal{M}_n))$, 其中, 当 $i \neq j$ 时有 $[A_i, A_j] = 0$, 从而, 存在 $\mathbb{C}^n$ 中的正规正交基 $\{|k\rangle\}_{k=1}^n$ 使得对于所有的 $j = 1, 2, \cdots, m$ 都有 $A_j = \sum_{k=1}^n \lambda_{kj} |k\rangle\langle k|$. 对于任意的 $A \in \mathcal{M}_n$, 存在唯一的复数列 $\{c_j(A)\}_{j=1}^m$ 满足
$$\Phi(A) = \sum_{j=1}^m c_j(A) A_j = \sum_{k=1}^n \sum_{j=1}^m c_j(A) \lambda_{kj} |k\rangle\langle k| = \sum_{k=1}^n f_k(A) |k\rangle\langle k|,$$

其中对任意的 k 有 $f_k(A) = \sum_{j=1}^m c_j(A) \lambda_{kj}$. 显然,
$$f_k(A) = \langle k|\Phi(A)|k\rangle = \text{tr}(\Phi^\dagger(|k\rangle\langle k|)A),$$

其中 $\Phi^\dagger$ 表示 Φ 关于 $\mathcal{M}_n$ 上的 Hilbert-Schmidt 内积的对偶映射. 因此,
$$\Phi(A) = \sum_{k=1}^n \text{tr}(\Phi^\dagger(|k\rangle\langle k|)A)|k\rangle\langle k|, \quad \forall A \in \mathcal{M}_n.$$

容易看出: $\{\Phi^\dagger(|k\rangle\langle k|)\}$ 是系统 $\mathbb{C}^n$ 上的正算子值测量. 这表明 Φ 是测量映射.

(2) ⇒ (1) 和 (1) ⇒ (3)　显然.

(3) ⇒ (1)　设 (3) 成立, 则对于 $\mathbb{C}^n$ 上的所有正算子 σ_1,σ_2 都有 $[\Phi(\sigma_1),\Phi(\sigma_2)] = 0$. 利用谱定理可以得到: 对于 $\mathbb{C}^n$ 上的所有自伴算子 σ_1,σ_2 都有 $[\Phi(\sigma_1),\Phi(\sigma_2)] = 0$. 从而, 对于 $\mathbb{C}^n$ 上的所有算子 σ_1,σ_2 都有 $[\Phi(\sigma_1),\Phi(\sigma_2)] = 0$. □

由文献 [93, Theorem 1] 和引理 4.1.6 可以得到: 测量映射可以由完全退相干信道来实现, 是将每个密度矩阵映射成为对角矩阵. 下列结论给出了 $\mathcal{M}_n(n \geqslant 3)$ 上保持交换性的量子信道的结构.

推论 4.1.1　$\mathcal{M}_n(n \geqslant 3)$ 上的量子信道 Φ 是保持交换性的当且仅当下列情形之一成立:

(a) 对于所有的 $A \in \mathcal{M}_n$ 都有
$$\Phi(A) = \sum_k \mathrm{tr}(M_k A)|k\rangle\langle k|,$$
其中, $\{M_k\}$ 是正算子值测量且存在某个 k 使得 M_k 不是数乘算子;

(b) 对于所有的 $A \in \mathcal{M}_n$ 都有
$$\Phi(A) = tUAU^\dagger + \frac{1-t}{n}\mathrm{tr}(A)I_n,$$
其中, U 是酉算子且 $-\dfrac{1}{n-1} \leqslant t \leqslant 1$ 和 $t \neq 0$;

(c) 对于所有的 $A \in \mathcal{M}_n$ 都有 $\Phi(A) = tUA^\mathrm{T}U^\dagger + \dfrac{1-t}{n}\mathrm{tr}(A)I_n$, 其中, U 是酉算子且 $-\dfrac{1}{n-1} \leqslant t \leqslant \dfrac{1}{n+1}$ 和 $t \neq 0$;

(d) 存在某个量子态 $\sigma \in D(\mathbb{C}^n)$ 使得对于所有的 $A \in \mathcal{M}_n$ 都有 $\Phi(A) = \mathrm{tr}(A)\sigma$.

由推论 4.1.1 和引理 4.1.6 可以得到: 当 $n,m \geqslant 3$ 时, $\mathcal{M}_n \otimes \mathcal{M}_m$ 上的保持经典关联性的局部量子信道 $\Phi_1 \otimes \Phi_2$ 的结构如下.

定理 4.1.6　设 $n,m \geqslant 3$, Φ_1 和 Φ_2 分别是 $\mathcal{M}_n$ 和 $\mathcal{M}_m$ 上的非迹型的量子信道, 则 $\Phi_1 \otimes \Phi_2$ 是保持经典关联性的当且仅当 $\Phi_i(i=1,2)$ 具有 (a), (b) 和 (c) 的形式之一.

例如, 当 Φ_1 是退极化信道且 Φ_2 是完全退相干信道时, $\Phi_1 \otimes \Phi_2$ 是保持经典关联性的.

4.1.2　破坏量子关联性的局部量子信道的结构

本节讨论破坏量子关联性的局部量子信道的结构.

定理 4.1.7 设 Φ_1 和 Φ_2 分别是 $\mathcal{M}_n$ 和 $\mathcal{M}_m$ 上的量子信道, 则 $\Phi_1 \otimes \Phi_2$ 是破坏量子关联性的当且仅当要么 Φ_1 和 Φ_2 之一是迹型的, 要么 Φ_1 和 Φ_2 都是测量映射.

证明 必要性 设 $\Phi_1 \otimes \Phi_2$ 是破坏量子关联性的量子信道, 则对于所有的 $\rho \in D(\mathbb{C}^n \otimes \mathbb{C}^m)$ 都有 $(\Phi_1 \otimes \Phi_2)(\rho)$ 是经典关联态. 假设 Φ_1 和 Φ_2 都不是迹型的, 那么需要证明 Φ_1 和 Φ_2 都是测量映射. 不妨设 Φ_1 不是测量映射. 则可以找到两个不同的量子态 $\sigma_1, \sigma_2 \in D(\mathbb{C}^n)$ 使得 $[\Phi_1(\sigma_1), \Phi_1(\sigma_2)] \neq 0$. 任意取两个量子态 $\rho_1, \rho_2 \in D(\mathbb{C}^m)$ 且令
$$X = \frac{1}{2}\sigma_1 \otimes \rho_1 + \frac{1}{2}\sigma_2 \otimes \rho_2,$$
则 $X \in D(\mathbb{C}^n \otimes \mathbb{C}^m)$ 且
$$(\Phi_1 \otimes \Phi_2)(X) = \frac{1}{2}\Phi_1(\sigma_1) \otimes \Phi_2(\rho_1) + \frac{1}{2}\Phi_1(\sigma_2) \otimes \Phi_2(\rho_2),$$
因为 $\Phi_1 \otimes \Phi_2$ 是破坏量子关联性的, $(\Phi_1 \otimes \Phi_2)(X)$ 是经典关联态. 所以, $\Phi_2(\rho_1) = \Phi_2(\rho_2)$. 从而可以得到 Φ_2 是迹型的, 这与假设是矛盾的. 所以, Φ_1 是测量映射. 同理可得, Φ_2 也是测量映射.

充分性 若 Φ_1 和 Φ_2 之一是迹型的, 则对于任意的 $X \in D(\mathbb{C}^n \otimes \mathbb{C}^m)$, $(\Phi_1 \otimes \Phi_2)(X)$ 都是乘积态, 进而是经典关联态. 因此, $\Phi_1 \otimes \Phi_2$ 是破坏量子关联性的.

若 Φ_1 和 Φ_2 都是测量映射, 则对于任意的量子态 $\rho = \sum_i A_i \otimes B_i \in D(\mathbb{C}^n \otimes \mathbb{C}^m)$, 我们有 $(\Phi_1 \otimes \Phi_2)(\rho) = \sum_i \Phi_1(A_i) \otimes \Phi_2(B_i)$. 由于 Φ_k 是保 † 的量子信道, 因此, $\{\Phi_1(A_i)\}$ 和 $\{\Phi_2(B_i)\}$ 是正规算子构成的交换族. 进而, $(\Phi_1 \otimes \Phi_2)(\rho)$ 是经典关联态. 这表明 $\Phi_1 \otimes \Phi_2$ 是破坏量子关联性的. □

例如, 当 Φ_1 和 Φ_2 是完全退相干信道或者 Φ_1 和 Φ_2 之一是完全退极化信道时, $\Phi_1 \otimes \Phi_2$ 是破坏量子关联性的.

首先来研究两类特殊的量子信道.

设 $\mathcal{H}, \mathcal{K}$ 是 Hilbert 空间, 称 $B(\mathcal{H})$ 上的量子信道 Φ 是一个破坏纠缠信道[82, 83], 如果对于每个纠缠态 $\rho \in D(\mathcal{K} \otimes \mathcal{H})$, 都有 $(1_{B(\mathcal{K})} \otimes \Phi)(\rho)$ 是可分态, 其中 $1_{B(\mathcal{K})}$ 表示 $B(\mathcal{K})$ 上的恒等映射. 在文献 [82] 中, 作者证明了一个破坏纠缠信道具有下列的等价形式:
$$\Phi(\sigma) = \sum_k R_k \mathrm{tr}(\sigma F_k), \quad \forall \sigma, \tag{4.1.5}$$
其中对于每个 k, R_k 是密度算子, F_k 是半正定算子且 $\sum_k F_k = I_\mathcal{H}$.

4.1 量子信道对量子关联的影响

定义 4.1.4 设 Φ 具有形式 (4.1.5). 称 Φ 是经典-量子信道, 如果 $F_k(\forall k)$ 是一秩投影; 称 Φ 是量子-经典信道, 如果 $R_k(\forall k)$ 是一秩投影且 $\sum_k R_k = I_\mathcal{K}$.

定义 4.1.5 称纯态 $|\beta\rangle \in \mathcal{H}_{AB}$ 是极大纠缠态, 如果分别存在 $\mathcal{H}_A$ 和 $\mathcal{H}_B$ 中的正规正交基 $\{|e_i\rangle\}$ 与 $\{|f_j\rangle\}$ 使得

$$|\beta\rangle = \frac{1}{\sqrt{d}} \sum_{i=1}^{d} |e_i\rangle \otimes |f_i\rangle,$$

其中 $d = \min\{d_A, d_B\}$.

下面的定理表明: 任意满足一定条件的经典关联态都可以通过一个量子-经典信道作用到极大纠缠态上得到.

定理 4.1.8 设 ρ 是 $\mathcal{H}_{AB}$ 上的任一经典关联态, 且它的约化密度算子 $\rho^A = \frac{1}{d_A} I_A$, 则对于任意 $\mathcal{H}_A \otimes \mathcal{H}_A$ 上的极大纠缠态, 都存在一个量子-经典信道 $\Phi : B(\mathcal{H}_A) \to B(\mathcal{H}_B)$ 使得

$$\rho = (1_{B(\mathcal{H}_A)} \otimes \Phi)(|\beta\rangle\langle\beta|).$$

证明 设 ρ 是 $\mathcal{H}_{AB}$ 上的任一经典关联态, 由定理 2.1.1 知

$$\rho = \sum_{ik} p_{ik} |e_i\rangle\langle e_i| \otimes |f_k\rangle\langle f_k|.$$

对于 $\mathcal{H}_A \otimes \mathcal{H}_A$ 中的任意极大纠缠态 $|\beta\rangle = \frac{1}{\sqrt{d_A}} \sum_{s=1}^{d_A} |s\rangle \otimes |s\rangle$, 其中, $\{|s\rangle\}$ 是 $\mathcal{H}_A$ 中的正规正交基, 因为对于每一个 i, $|e_i\rangle = \sum_s \langle s|e_i\rangle |s\rangle$, 因此,

$$\begin{aligned}
\rho &= \sum_{ik} p_{ik} |e_i\rangle\langle e_i| \otimes |f_k\rangle\langle f_k| \\
&= \sum_{ik} p_{ik} \Big(\sum_s \langle s|e_i\rangle|s\rangle\Big) \Big(\sum_t \langle e_i|t\rangle\langle t|\Big) \otimes |f_k\rangle\langle f_k| \\
&= \sum_{st} |s\rangle\langle t| \otimes \Big(\sum_{ik} p_{ik} \langle s|e_i\rangle\langle e_i|t\rangle |f_k\rangle\langle f_k|\Big) \\
&= \sum_{st} |s\rangle\langle t| \otimes \Big(\sum_k \langle s|(\langle f_k|\rho|f_k\rangle)|t\rangle |f_k\rangle\langle f_k|\Big) \\
&= \sum_{st} |s\rangle\langle t| \otimes \Big(\sum_k (\langle s| \otimes \langle f_k|)\rho(|t\rangle \otimes |f_k\rangle)|f_k\rangle\langle f_k|\Big) \\
&= \sum_{st} |s\rangle\langle t| \otimes \Big(\sum_k [\mathrm{tr}(|t\rangle\langle s|\langle f_k|\rho|f_k\rangle)]|f_k\rangle\langle f_k|\Big) \\
&= (1_{B(\mathcal{H}_A)} \otimes \Phi)(|\beta\rangle\langle\beta|),
\end{aligned}$$

其中
$$\Phi: B(\mathcal{H}_A) \to B(\mathcal{H}_B), \quad \Phi(X) = \sum_k |f_k\rangle\langle f_k| \mathrm{tr}(X^\dagger \cdot d_A \langle f_k|\rho|f_k\rangle).$$

由于 $\rho^A = \dfrac{1}{d_A} I_A, \sum_k |f_k\rangle\langle f_k| = I_B$ 且对于每一个 k, 有 $d_A \langle f_k|\rho|f_k\rangle \geqslant 0$, 所以
$$\sum_k d_A \langle f_k|\rho|f_k\rangle = d_A \rho^A = I_A,$$

故 Φ 是量子-经典信道. $\square$

4.1.3 强保持经典关联性的局部量子信道的结构

称 $B(\mathcal{H}_{AB})$ 上的量子信道是退极化信道, 若它是 $1_{B(\mathcal{H}_{AB})}$ 与全局退极化信道 $\Phi(\cdot) = \mathrm{tr}(\cdot)\dfrac{I_{AB}}{d_A d_B}$ 的一个凸组合 D_ε, 即
$$D_\varepsilon(\rho) = (1-\varepsilon)\mathrm{tr}(\rho)\frac{I_{AB}}{d_A d_B} + \varepsilon\rho, \quad \forall \rho \in B(\mathcal{H}_{AB}),$$

其中 $\varepsilon \in [0,1]$. 由定理 2.2.5 可知: $D_\varepsilon(\rho)$ 是经典关联态当且仅当 ρ 是经典关联态. 因此, 退极化信道都是双方保持量子态关联性的一种量子信道.

为了刻画强保持经典关联性的局部量子信道的结构, 首先需要下列的引理.

引理 4.1.7 $\mathcal{M}_n$ 上非平凡的迷向信道 Φ 是线性双射.

证明 不失一般性, 假定对任意的 $A \in \mathcal{M}_n$, 有
$$\Phi(A) = tUAU^\dagger + \frac{1-t}{n}\mathrm{tr}(A)I_n,$$

其中, U 是酉矩阵, $-\dfrac{1}{n-1} \leqslant t \leqslant 1$ 且 $t \neq 0$. 显然, 对于任意的 $Y \in \mathcal{M}_n$, 矩阵
$$X = \frac{1}{t}\left(U^\dagger Y U - \frac{1-t}{n}\mathrm{tr}(Y)I_n\right)$$

满足 $\Phi(X) = Y$. 这就意味着 Φ 是满射. 另一方面, 设 $\Phi(A) = \Phi(B)$, 即
$$tU(A-B)U^\dagger + \frac{1-t}{n}\mathrm{tr}(A-B)I_n = 0,$$

则由 $t \neq 0$ 可知
$$A - B = \frac{t-1}{tn}\mathrm{tr}(A-B)I_n.$$

现在再取迹运算可得
$$(t-1)\mathrm{tr}(A-B) = t \cdot \mathrm{tr}(A-B).$$

这表明 $\mathrm{tr}(A-B) = 0$, 从而, $\mathrm{tr}(A) = \mathrm{tr}(B)$. 因为 $\Phi(A) = \Phi(B)$, 所以 $tUAU^\dagger = tUBU^\dagger$, 进而 $A = B$. 可见, Φ 是满射. $\square$

引理 4.1.8 设 $\{X_i\}_{i=1}^k \subset \mathcal{M}_n$ 是线性无关组, $\{Y_i\}_{i=1}^k \subset \mathcal{M}_m$, 则 $\sum_{i=1}^k X_i \otimes Y_i = 0$ 当且仅当 $Y_i = 0 (i = 1, 2, \cdots, k)$.

证明 充分性 显然.

必要性 设 $\sum_{i=1}^k X_i \otimes Y_i = 0$, 则对于任意的纯态 $|c\rangle, |d\rangle \in \mathbb{C}^m$, 都有

$$\mathrm{tr}_2\left(\left(\sum_{i=1}^k X_i \otimes Y_i\right)(I_n \otimes |d\rangle\langle c|)\right) = \sum_{i=1}^k \langle c|Y_i|d\rangle X_i = 0.$$

因为 $\{X_i\}_{i=1}^k$ 是线性无关组, 所以对于所有的 i 和所有的 $|c\rangle, |d\rangle \in \mathbb{C}^m$, 都有 $\langle c|Y_i|d\rangle = 0$, 即对于所有的 $i \in \{1, 2, \cdots, k\}$, 都有 $Y_i = 0$. □

引理 4.1.9 设 Φ_1 和 Φ_2 分别是 $\mathcal{M}_n$ 和 $\mathcal{M}_m$ 上的线性双射, 则 $\Phi_1 \otimes \Phi_2$ 是 $\mathcal{M}_n \otimes \mathcal{M}_m$ 上的线性双射.

证明 设 $\rho = \sum_i A_i \otimes B_i$, 则对任意的 i 都存在 C_i, D_i 使得

$$\Phi_1(C_i) = A_i, \quad \Phi_2(D_i) = B_i.$$

令 $\sigma = \sum_i C_i \otimes D_i$, 则 $(\Phi_1 \otimes \Phi_2)(\sigma) = \rho$, 从而 $\Phi_1 \otimes \Phi_2$ 是满射. 另一方面, 对于 $\mathcal{M}_n \otimes \mathcal{M}_m$ 中的量子态 σ_1, σ_2, 记

$$\sigma_1 = \sum_{i,j} E_{ij} \otimes A_{ij}, \quad \sigma_2 = \sum_{i,j} E_{ij} \otimes B_{ij},$$

其中 $E_{ij} = |i\rangle\langle j|$ 且 $\{|i\rangle\}$ 是 $\mathbb{C}^n$ 中的正规正交基. 假设 $(\Phi_1 \otimes \Phi_2)(\sigma_1) = (\Phi_1 \otimes \Phi_2)(\sigma_2)$, 则

$$\sum_{i,j} \Phi_1(E_{ij}) \otimes [\Phi_2(A_{ij}) - \Phi_2(B_{ij})] = 0.$$

因为 $\{E_{ij}\}$ 是 $\mathcal{M}_n$ 的 Hamel 基且 Φ_1 是线性同构, 所以 $\{\Phi_1(E_{ij})\}$ 是线性无关集. 由引理 4.1.8 可知: 对于任意的 i, j, $\Phi_2(A_{ij}) - \Phi_2(B_{ij}) = 0$. 因为 Φ_2 也是双射, 那么对于任意的 i, j, $A_{ij} = B_{ij}$. 从而, $\sigma_1 = \sigma_2$. 因此, $\Phi_1 \otimes \Phi_2$ 也是线性双射. □

基于以上引理, 可以证明下列的引理, 给出了一个强保持经典关联的局部量子信道 $\Phi_1 \otimes \Phi_2$ 的刻画.

引理 4.1.10 设 Φ_1 和 Φ_2 分别是 $\mathcal{M}_n$ 和 $\mathcal{M}_m$ 上的量子信道, 则 $\Phi_1 \otimes \Phi_2$ 是强保持经典关联的当且仅当 Φ_1 和 Φ_2 是双方保持交换性的.

证明 必要性 设 $\Phi_1 \otimes \Phi_2$ 是强保持经典关联的, 则 Φ_1 和 Φ_2 在态上是保持交换性的, 进而是保持交换性的. 假设 Φ_2 不是双方保持交换性的, 那么存在

$\rho_2, \sigma_2 \in D(\mathbb{C}^m)$ 使得 $[\rho_2, \sigma_2] \neq 0$ 但 $[\Phi_2(\rho_2), \Phi_2(\sigma_2)] = 0$. 取 $\rho_1, \sigma_1 \in D(\mathbb{C}^n)$ 使得 $\rho_1 \neq \sigma_1$ 且 $[\rho_1, \sigma_1] = 0$, 再令

$$\rho = \frac{1}{2}\rho_1 \otimes \rho_2 + \frac{1}{2}\sigma_1 \otimes \sigma_2.$$

再由注 2.2.1 可知: ρ 不是经典关联态, 而且

$$(\Phi_1 \otimes \Phi_2)(\rho) = \frac{1}{2}\Phi_1(\rho_1) \otimes \Phi_2(\rho_2) + \frac{1}{2}\Phi_1(\sigma_1) \otimes \Phi_2(\sigma_2).$$

因为 $[\Phi_1(\rho_1), \Phi_1(\sigma_1)] = 0$ 且 $[\Phi_2(\rho_2), \Phi_2(\sigma_2)] = 0$, 所以由注 2.2.1 可知: $(\Phi_1 \otimes \Phi_2)(\rho)$ 是经典关联态, 但 ρ 不是经典关联态, 这是一个矛盾. 因此, Φ_2 是双方保持交换性的. 同理, 可以证明 Φ_1 也是双方保持交换性的.

充分性 设 Φ_1 和 Φ_2 是双方保持交换性的. 首先, 证明 Φ_1 和 Φ_2 都是双射. 为此, 假定 $\Phi_1(X) = 0$. 则对于所有的 $A \in \mathcal{M}_n$, 都有 $[\Phi_1(X), \Phi_1(A)] = 0$. 因为 Φ_1 是双方保持交换性的, 我们可得 $X = cI_n$. 因为 Φ_1 是保迹的, 所以 $c = 0$, 进而, $X = 0$. 由此可见 Φ_1 是单射. 又因为 $\dim \mathcal{M}_n = n^2 < \infty$, 因此, Φ_1 是双射. 同理, Φ_2 也是双射.

设 $\rho \in CC(\mathbb{C}^n \otimes \mathbb{C}^m)$. 则由定理 2.2.4 可知: 存在两族正规算子构成的交换族 $\{C_i\}$ 和 $\{D_i\}$ 满足 $\rho = \sum_i C_i \otimes D_i$. 因此,

$$(\Phi_1 \otimes \Phi_2)(\rho) = \sum_i \Phi_1(C_i) \otimes \Phi_2(D_i).$$

因为 Φ_1 和 Φ_2 是保持交换性的且保 † 的, 所以, $\{\Phi_1(C_i)\}$ 和 $\{\Phi_2(D_i)\}$ 都是正规算子构成的交换族. 利用定理 2.2.4 可以得到: $(\Phi_1 \otimes \Phi_2)(\rho)$ 是经典关联态. 设 $\rho \in D(\mathbb{C}^n \otimes \mathbb{C}^m)$ 且 $(\Phi_1 \otimes \Phi_2)(\rho)$ 是经典关联态, 由定理 2.2.4 可知: 存在两族正规算子构成的交换族 $\{A_i\}$ 和 $\{B_i\}$ 满足 $(\Phi_1 \otimes \Phi_2)(\rho) = \sum_i A_i \otimes B_i$. 因为 Φ_1 和 Φ_2 是双射且双方保持交换性, 能够找到两族正规算子构成的交换族 $\{C_i\}$ 和 $\{D_i\}$ 使得对于所有的 i, 都有 $\Phi_1(C_i) = A_i$ 和 $\Phi_2(D_i) = B_i$. 因此,

$$(\Phi_1 \otimes \Phi_2)\left(\sum_i C_i \otimes D_i\right) = \sum_i A_i \otimes B_i,$$

于是, $\Phi_1 \otimes \Phi_2$ 是单射, 从而, $\rho = \sum_i C_i \otimes D_i$. 故 $\rho \in CC(\mathbb{C}^n \otimes \mathbb{C}^m)$. 可见, $\Phi_1 \otimes \Phi_2$ 是强保持经典关联的. □

利用这些引理, 得到强保持经典关联的局部量子信道的结构如下.

定理 4.1.9 设 $n, m \geqslant 3$, Φ_1 和 Φ_2 分别是 $\mathcal{M}_n$ 和 $\mathcal{M}_m$ 上的量子信道, 则 $\Phi_1 \otimes \Phi_2$ 是强保持经典关联的当且仅当 Φ_1 和 Φ_2 都是非平凡迷向信道.

证明 必要性 设 $\Phi_1 \otimes \Phi_2$ 是强保持经典关联的, 则由引理 4.1.10 可知: Φ_1 和 Φ_2 是双方保持交换性的. 假设 Φ_1 不是非平凡的迷向信道, 则由定理 4.1.6 可知: Φ_2 是测量映射, 进而, $\text{ran}(\Phi_1)$ 是交换的. 因此, Φ_1 不是双方保持交换性的, 这是个矛盾. 同理, 可以证明 Φ_2 也是非平凡迷向信道. 故 Φ_1 和 Φ_2 都是非平凡迷向信道.

充分性 设 Φ_1 和 Φ_2 分别是 $\mathcal{M}_n$ 和 $\mathcal{M}_m$ 上的非平凡迷向信道, 容易证明 Φ_1 和 Φ_2 都是双方保持交换性的量子信道. 再由引理 4.1.10 可知: $\Phi_1 \otimes \Phi_2$ 是强保持经典关联的. □

例如, 当 Φ_1 和 Φ_2 是退极化信道但不是完全退极化信道时, $\Phi_1 \otimes \Phi_2$ 是强保持经典关联的.

4.2 局部量子信道的 CC-集

首先定义一个局部量子信道 $\Phi_1 \otimes \Phi_2$ 的 CC-集 $CC(\Phi_1 \otimes \Phi_2)$ 为所有经过 $\Phi_1 \otimes \Phi_2$ 后变为经典关联态的量子态之集. 由定义可知: $\Phi_1 \otimes \Phi_2$ 是保持经典关联性的当且仅当 $CC(\Phi_1 \otimes \Phi_2) \supset CC(\mathbb{C}^n \otimes \mathbb{C}^m)$, 其中, CC 是 $\mathbb{C}^n \otimes \mathbb{C}^m$ 上的所有经典关联态之集; $\Phi_1 \otimes \Phi_2$ 是强保持经典关联性的当且仅当 $CC(\Phi_1 \otimes \Phi_2) = CC(\mathbb{C}^n \otimes \mathbb{C}^m)$; $\Phi_1 \otimes \Phi_2$ 是破坏经典关联性的当且仅当 $CC(\Phi_1 \otimes \Phi_2) = D(\mathbb{C}^n \otimes \mathbb{C}^m)$. 现在, 讨论当 $\Phi_1 \otimes \Phi_2$ 是保持经典关联性但非强保持经典关联性也非破坏量子关联性的情形. 由定理 4.1.6、定理 4.1.7 以及定理 4.1.9 可知: 只需要考虑 Φ_1 和 Φ_2 之一是非平凡迷向信道, 另一个是测量映射.

显然, 对于任意量子信道 Φ_1 和 Φ_2 以及任意量子态 $\rho \in D(\mathbb{C}^n \otimes \mathbb{C}^m)$, 有
$$(\Phi_1 \otimes \Phi_2)(\rho) = (\Phi_1 \otimes 1_m)((1_n \otimes \Phi_2)(\rho)).$$
当 Φ_1 是 $\mathcal{M}_n$ 上的非平凡迷向信道时, 可以看出: 1_m 和 Φ_1 都是双方保持交换性的, 因此, $(\Phi_1 \otimes \Phi_2)(\rho)$ 是经典关联态当且仅当 $(1_n \otimes \Phi_2)(\rho)$ 是经典关联态. 因此, 如果 Φ_1 是非平凡迷向信道, 那么 $CC(\Phi_1 \otimes \Phi_2) = CC(1_n \otimes \Phi_2)$. 同理, 如果 Φ_2 是非平凡迷向信道, 那么 $CC(\Phi_1 \otimes \Phi_2) = CC(\Phi_1 \otimes 1_m)$.

鉴于以上观察, 假设 Φ_1 是非平凡的迷向信道, Φ_2 是测量映射, 下面来讨论 $CC(\Phi_1 \otimes \Phi_2)$ 的刻画.

下面利用以上引理分别给出量子态 ρ 和 P^+ 被一个局部量子信道 $\Phi_1 \otimes \Phi_2$ 映射为经典关联态的充分必要条件.

定理 4.2.1 设 Φ_1 是 $\mathcal{M}_n$ 上的非平凡迷向信道, Φ_2 是 $\mathcal{M}_m$ 上的测量映射且
$$\Phi_2(X) = \sum_k \text{tr}(M_k X) \cdot |e_k\rangle\langle e_k|, \quad \forall X \in \mathcal{M}_m.$$

(i) 若 $\rho = \sum_{ij} D_{ij}(\rho) \otimes E_{ij} \in D(\mathbb{C}^n \otimes \mathbb{C}^n)$ 且 $E_{ij} = |e_i\rangle\langle e_j|$, 则 $\rho \in CC(\Phi_1 \otimes \Phi_2)$ 当且仅当 $\{A_k(\rho)\}$ 是交换族, 其中

$$A_k(\rho) = \sum_{i,j} \mathrm{tr}(M_k E_{ij}) \cdot A_{ij};$$

(ii) 当 $m = n$ 时, 设 $|\beta\rangle = \frac{1}{\sqrt{n}} \sum_i |e_i\rangle|e_i\rangle$ 是 $\mathbb{C}^n \otimes \mathbb{C}^n$ 上的极大纠缠态, 令

$$P_+ = |\beta\rangle\langle\beta| = \frac{1}{n} \sum_{i,j} E_{ij} \otimes E_{ij},$$

则 $P_+ \in CC(\Phi_1 \otimes \Phi_2)$ 当且仅当 $P_+ \in CC(\Phi_2 \otimes \Phi_1)$ 当且仅当 $\{M_k\}$ 是交换族.

证明 (i) 直接计算可得

$$\rho' := (1_n \otimes \Phi_2)(\rho) = \sum_k A_k(\rho) \otimes |e_k\rangle\langle e_k|.$$

因此, ρ' 的构成算子 $A_{k\ell}(\rho')$ 和 $B_{ij}(\rho')$ 满足

$$A_{k\ell}(\rho') = \delta_{k,\ell} A_k(\rho),$$

$$B_{ij}(\rho') = \sum_{k,\ell} \langle e_i|\langle e_k|\rho'|e_j\rangle|e_\ell\rangle \cdot |e_k\rangle\langle e_\ell| = \sum_k \langle e_i|\langle e_k|\rho'|e_j\rangle|e_k\rangle \cdot |e_k\rangle\langle e_k|,$$

这表明 $\{B_{ij}(\rho')\}$ 是交换族. 于是, 由推论 2.2.1 可知 ρ' 是经典关联态当且仅当 $\{A_{k\ell}(\rho')\}$ 是交换族当且仅当 $\{A_k(\rho)\}$ 是交换族.

(ii) 显然, 交换运算 $\Phi : X \otimes Y \mapsto Y \otimes X$ 是双方保持交换性的且 $\Phi(P_+) = P_+$, 因此, $(\Phi_1 \otimes \Phi_2)(P_+)$ 是经典关联态当且仅当 $(\Phi_2 \otimes \Phi_1)(P_+)$ 是经典关联态.

接下来, 应用结论 (i) 来完成结论 (ii) 的证明. 为此, 容易计算

$$(1_n \otimes \Phi_2)(P_+) = \frac{1}{n} \sum_k \left(\sum_{i,j} \mathrm{tr}(M_k E_{ij}) E_{ij} \right) \otimes |e_k\rangle\langle e_k| = \frac{1}{n} \sum_k M_k^{\mathrm{T}} \otimes |e_k\rangle\langle e_k|.$$

因此, $(1_n \otimes \Phi_2)(P_+)$ 是经典关联态当且仅当 $\{M_k\}$ 是交换族. $\square$

注 4.2.1 设 Φ_1 是 $\mathcal{M}_n$ 上的量子信道, Φ_2 是 $\mathcal{M}_m$ 上的测量映射且

$$\Phi_2(X) = \sum_k \mathrm{tr}(M_k X)|e_k\rangle\langle e_k|.$$

对于任意量子态

$$\rho = \sum_{ij} D_{ij}(\rho) \otimes E_{ij} \in D(\mathbb{C}^n \otimes \mathbb{C}^n)$$

4.2 局部量子信道的 CC-集

且 $E_{ij} = |e_i\rangle\langle e_j|$, 定义

$$A_k(\rho) = \sum_{i,j} \mathrm{tr}(M_k E_{ij}) D_{ij}(\rho)$$

且记 $G(\Phi_1 \otimes \Phi_2)$ 为所有满足对所有的 k, j 都有 $[A_k(\rho), A_j(\rho)] = 0$ 的量子态 $\rho = \sum_{ij} D_{ij}(\rho) \otimes E_{ij}$ 构成的集合. 由定理 4.2.1(i) 可知: 当 Φ_1 是 $\mathcal{M}_n$ 上的非平凡迷向信道且 Φ_2 是 $\mathcal{M}_m$ 上的测量映射时, 可以得到 $CC(\Phi_1 \otimes \Phi_2) = G(\Phi_1 \otimes \Phi_2)$.

注 4.2.2 由定理 4.2.1(ii) 可知: $P_+ \in CC(\Phi_1 \otimes \Phi_2)$ 当且仅当 $\{M_k\}$ 是交换族. 然而, $\{M_i\}$ 的交换性并不一定能意味着 $\Phi_1 \otimes \Phi_2$ 是破坏量子关联性的.

例如, 设 $\{|0\rangle, |1\rangle\}$ 是 $\mathbb{C}^2$ 中的典型正规正交基且

$$M_0 = \frac{1}{2}|0\rangle\langle 0| + \frac{1}{3}|1\rangle\langle 1|, \quad M_1 = \frac{1}{2}|0\rangle\langle 0| + \frac{2}{3}|1\rangle\langle 1|.$$

定义

$$\Phi_2(X) = \sum_{i=0}^{1} \mathrm{tr}(M_i X)|i\rangle\langle i|, \quad \forall X \in \mathcal{M}_2,$$

则可知: Φ_2 是 $\mathcal{M}_2$ 上的一个测量映射. 令

$$\rho = \frac{1}{2} A \otimes |0\rangle\langle 0| + \frac{1}{2} B \otimes |1\rangle\langle 1| \in D(\mathbb{C}^3 \otimes \mathbb{C}^2),$$

其中 $A, B \in D(\mathbb{C}^3)$ 且 $[A, B] \neq 0$. 可知 ρ 不是经典关联态. 计算可得: 由定理 4.2.1(i) 定义的矩阵 $D_{ij}(\rho)$ 和 $A_k(\rho)$ 如下:

$$D_{00}(\rho) = \frac{1}{2}A, \quad D_{11}(\rho) = \frac{1}{2}B, \quad D_{01}(\rho) = D_{10}(\rho) = 0,$$

$$A_0(\rho) = \frac{1}{4}A + \frac{1}{6}B, \quad A_1(\rho) = \frac{1}{4}A + \frac{1}{3}B.$$

因为

$$[A_0(\rho), A_1(\rho)] = \frac{1}{24}[A, B] \neq 0,$$

所以由定理 4.2.1(i) 知: $\rho \notin CC(1_3 \otimes \Phi_2)$. 这表明 $1_3 \otimes \Phi_2$ 不是破坏量子关联性的, 但是 $\{M_0, M_1\}$ 是交换族, 从而, $P_+ \in G(1_3 \otimes \Phi_2)$.

结合以上讨论, 给出了局部量子信道 $\Phi_1 \otimes \Phi_2$ 的分类如下, 并刻画了 $m, n \geq 3$ 情形下 $\Phi_1 \otimes \Phi_2$ 的 CC-集.

情形 1 Φ_1 和 Φ_2 都是保持交换性的 (CP). 这时, $\Phi_1 \otimes \Phi_2$ 有以下 16 种情况: $(x) \otimes (y)$, 其中 $x, y \in \{a, b, c, d\}$ (见推论 3.2.1). 参见表 4.1.

表 4.1 $\Phi_1 \otimes \Phi_2$ 的种类及其 CC-集 $CC(\Phi_1 \otimes \Phi_2)$ (情形 1)

$CC(\Phi_1 \otimes \Phi_2)$		Φ_1			
		(a)	(b)	(c)	(d)
Φ_2	(a)	$D(\mathbb{C}^n \otimes \mathbb{C}^m)$	$G(\Phi_1 \otimes \Phi_2)$	$G(\Phi_1 \otimes \Phi_2)$	$D(\mathbb{C}^n \otimes \mathbb{C}^m)$
	(b)	$G(\Phi_1 \otimes \Phi_2)$	$CC(\mathbb{C}^n \otimes \mathbb{C}^m)$	$CC(\mathbb{C}^n \otimes \mathbb{C}^m)$	$D(\mathbb{C}^n \otimes \mathbb{C}^m)$
	(c)	$G(\Phi_1 \otimes \Phi_2)$	$CC(\mathbb{C}^n \otimes \mathbb{C}^m)$	$CC(\mathbb{C}^n \otimes \mathbb{C}^m)$	$D(\mathbb{C}^n \otimes \mathbb{C}^m)$
	(d)	$D(\mathbb{C}^n \otimes \mathbb{C}^m)$	$D(\mathbb{C}^n \otimes \mathbb{C}^m)$	$D(\mathbb{C}^n \otimes \mathbb{C}^m)$	$D(\mathbb{C}^n \otimes \mathbb{C}^m)$

情形 2 Φ_1 和 Φ_2 之一不是保持交换性的 (NCP). 这时, $\Phi_1 \otimes \Phi_2$ 正好有以下五种情况: NCP $\otimes$ NCP, NCP $\otimes$ (d), NCP$\otimes$ 非 (d), (d) $\otimes$ NCP 以及非 (d) $\otimes$ NCP. 参见表 4.2.

表 4.2 $\Phi_1 \otimes \Phi_2$ 的种类及其 CC-集 $CC(\Phi_1 \otimes \Phi_2)$ (情形 2)

$CC(\Phi_1 \otimes \Phi_2)$			Φ_1		
			NCP	CP	
				(d)	非 (d)
Φ_2	NCP		未知	$D(\mathbb{C}^n \otimes \mathbb{C}^m)$	未知
	CP	(d)	$D(\mathbb{C}^n \otimes \mathbb{C}^m)$	无	
		非 (d)	未知		

4.3 特殊量子信道的存在性与构造

本节讨论两族量子态之间的量子信道以及对偶量子计算机的存在性与构造问题.

4.3.1 两族矩阵之间量子信道的存在性与构造

用 $\mathcal{M}_{M,N}$ 表示所有 $N \times M$ 矩阵之集. 设 $A = [a_{ij}] \in \mathcal{M}_{M,N}$, 定义 A 的重排为

$$\mathbf{res}(A) = (a_{11}, \cdots, a_{1M}, a_{21}, \cdots, a_{2M}, \cdots, a_{N1}, \cdots, a_{NM})^{\mathrm{T}}, \quad (4.3.1)$$

其中 X^{T} 表示矩阵 X 的转置. 显然, $\mathbf{res}(A)$ 的维数是 NM.

反过来, 任一维数为 NM 的列向量也可以重组为一个 $N \times M$ 矩阵. 例如,

$$(a_1, a_2, a_3, a_4)^{\mathrm{T}} \leftrightarrow \begin{pmatrix} a_1 & a_2 \\ a_3 & a_4 \end{pmatrix}.$$

对于任意的 $MN \times ST$ 矩阵 C, 通常情况下利用两个指标来表示它的元素, 即 $C = [a_{ij}]$, 但是对于维数很大的情形, 更为方便的是, 利用 C 的分块形式如

4.3 特殊量子信道的存在性与构造

$$C = [C_{m,n}] \in \mathcal{M}_{M,N}(\mathcal{M}_{S,T})$$

记为

$$C = [C_{m,n}] = [c_{n,\nu}^{m,\mu}], \tag{4.3.2}$$

其中 $c_{n,\nu}^{m,\mu}$ 表示位于 C 的 (m,n) 块 $C_{m,n}$ 中的 (μ,ν) 元素. 例如,

$$C = \begin{pmatrix} c_{1,1}^{1,1} & c_{1,2}^{1,1} & c_{2,1}^{1,1} & c_{2,2}^{1,1} \\ c_{1,1}^{1,2} & c_{1,2}^{1,2} & c_{2,1}^{1,2} & c_{2,2}^{1,2} \\ \hline c_{1,1}^{2,1} & c_{1,2}^{2,1} & c_{2,1}^{2,1} & c_{2,2}^{2,1} \\ c_{1,1}^{2,2} & c_{1,2}^{2,2} & c_{2,1}^{2,2} & c_{2,2}^{2,2} \end{pmatrix} = [c_{n,\nu}^{m,\mu}].$$

特别地, 当 $C = A \otimes B$ 时, 其中 $A = [a_{mn}] \in \mathcal{M}_{M,N}$, $B = [b_{\mu\nu}] \in \mathcal{M}_{S,T}$, 有 $c_{n,\nu}^{m,\mu} = a_{mn}b_{\mu\nu}$.

对于任一由 (4.3.2) 式定义的 $MN \times ST$ 矩阵 C, 定义

$$C^\kappa = [C_{m,\mu}^\kappa] = [c_{\mu,\nu}^{m,n}], \tag{4.3.3}$$

其中 $c_{\mu,\nu}^{m,n}$ 位于 C 的 (m,μ) 块 $C_{m,\mu}^\kappa$ 的 (n,ν) 元素.

设 $\phi: \mathcal{M}_N \to \mathcal{M}_M$ 是完全正映射, 则由 Choi 定理[127] 知, ϕ 能表示为

$$\phi(\rho) = \sum_{i=1}^k V_i \rho V_i^\dagger, \quad \forall \rho \in \mathcal{M}_N. \tag{4.3.4}$$

接下来, 按照 (4.3.1) 式将 V_i 重排成一个 MN 维列向量 $\mathbf{res}(V_i)$. 定义

$$V_\phi := \big(\mathbf{res}(V_1), \mathbf{res}(V_2), \cdots, \mathbf{res}(V_k)\big),$$

且令

$$D_\phi := V_\phi V_\phi^\dagger = \sum_{i=1}^k \big(\mathbf{res}(V_i)\big)\big(\mathbf{res}(V_i)\big)^\dagger, \tag{4.3.5}$$

显然, D_ϕ 是 $MN \times MN$ 矩阵.

下列命题讨论了 D_ϕ 的一些性质.

命题 4.3.1 设 $\phi: \mathcal{M}_N \to \mathcal{M}_M$ 是完全正映射, 则

(1) 矩阵 D_ϕ 是由 ϕ 唯一确定的并且是半正定的, 而且对于任意正数 a,b 以及完全正映射 ϕ_1 与 ϕ_2, 有 $D_{a\phi_1+b\phi_2} = aD_{\phi_1} + bD_{\phi_2}$;

(2) ϕ 是保单位元的当且仅当 $\mathrm{tr}_2 D_\phi := \sum_{\mu=1}^N z_{n,\nu}^{m,\mu} = I_M$; ϕ 是保迹的当且仅当 $\mathrm{tr}_1 D_\phi := \sum_{m=1}^M z_{m,\mu}^{m,\nu} = I_N$, 其中, $\mathrm{tr}_s X$ 表示 X 对于第 s 个系统取偏迹, I_M 表示 $M \times M$ 恒等矩阵;

(3) 对于每个 $\rho \in \mathcal{M}_N$, 都有 $\mathbf{res}(\phi(\rho)) = D_\phi^\kappa \mathbf{res}(\rho)$.

定理 4.3.1 设 $\{A_i\}_{i=1}^k \subset \mathcal{M}_N, \{B_i\}_{i=1}^k \subset \mathcal{M}_M$, 则下列叙述等价:

(1) 对于任意的 $1 \leqslant i \leqslant k$, 存在量子信道 $\phi: \mathcal{M}_N \to \mathcal{M}_M$ 使得 $\phi(A_i) = B_i$;

(2) 存在 $MN \times MN$ 正半定矩阵 E 使得 $\text{tr}_1 E = I_N$ 且

$$\mathbf{res}(B_i) = E^\kappa \mathbf{res}(A_i) \quad (1 \leqslant i \leqslant k). \tag{4.3.6}$$

证明 (1)$\Rightarrow$(2) 设对于任意的 $1 \leqslant i \leqslant k$, 都存在量子信道 ϕ 满足 $\phi(A_i) = B_i$, 令 $E = D_\phi$, 由命题 4.3.1 知: E 是 $MN \times MN$ 满足 (4.3.6) 式的正半定矩阵且 $\text{tr}_1 E = I_N$.

(2)$\Rightarrow$(1) 设存在 $MN \times MN$ 正半定矩阵 E 满足 (4.3.6) 式与 $\text{tr}_1 E = I_N$. 首先, E 具有分解 $E = FF^\dagger$, 其中 $F = [F_1, F_2, \cdots, F_{MN}]$ 是 $MN \times MN$ 矩阵. 因此, 对于每一个 $1 \leqslant j \leqslant MN$, 将 F 的第 j 列 F_j 重排成一个 $M \times N$ 矩阵 V_j. 从而, 对于每一个 $1 \leqslant j \leqslant k$, $\mathbf{res}(V_j) = F_j$. 定义

$$\phi(\rho) = \sum_{j=1}^{MN} V_j \rho V_j^\dagger.$$

由 Choi 定理知: $\phi: \mathcal{M}_N \to \mathcal{M}_M$ 是完全正映射. 由 (4.3.6) 式以及命题 4.3.1 知: 对于任意的 $1 \leqslant i \leqslant k$, 都有

$$\mathbf{res}(B_i) = E^\kappa \mathbf{res}(A_i) = \mathbf{res}(\phi(A_i)).$$

最后, 由命题 4.3.1 知 ϕ 是保迹的, 进而是量子信道. $\square$

例 4.3.1 设

$$A_1 = \begin{pmatrix} 1 & 0 \\ 0 & 0 \end{pmatrix}, \quad A_2 = \begin{pmatrix} 0 & 1 \\ 0 & 0 \end{pmatrix}, \quad A_3 = \begin{pmatrix} 1 & 1 \\ 2 & 0 \end{pmatrix}, \quad A_4 = \begin{pmatrix} 0 & 0 \\ 0 & 1 \end{pmatrix},$$

$$B_1 = \begin{pmatrix} 1 & 1 \\ 0 & 0 \end{pmatrix}, \quad B_2 = \begin{pmatrix} 0 & 1 \\ 0 & 1 \end{pmatrix}, \quad B_3 = \begin{pmatrix} 0 & 1 \\ 1 & 0 \end{pmatrix}, \quad B_4 = \begin{pmatrix} 0 & 1 \\ 1 & 0 \end{pmatrix}.$$

容易证明: 存在唯一的矩阵

$$E = \begin{pmatrix} 1 & 0 & -\frac{1}{2} & 0 \\ 1 & 1 & -\frac{1}{2} & 1 \\ 0 & 0 & \frac{1}{2} & 1 \\ 0 & 1 & -\frac{1}{2} & 0 \end{pmatrix}$$

4.3 特殊量子信道的存在性与构造

使得 $\mathbf{res}(B_i) = E\,\mathbf{res}(A_i)(i=1,2,3,4)$. 因为 -1 是矩阵

$$E^\kappa = \begin{pmatrix} 1 & 0 & 1 & 1 \\ -\dfrac{1}{2} & 0 & -\dfrac{1}{2} & 1 \\ 0 & 0 & 0 & 1 \\ \dfrac{1}{2} & 1 & -\dfrac{1}{2} & 0 \end{pmatrix}$$

的一个特征值, 所以 E^κ 不是半正定矩阵, 由定理 4.3.1 得: 不存在量子信道 ϕ 使得 $\phi(A_i) = B_i(i=1,2,3,4)$.

例 4.3.2 设

$$A_1 = \begin{pmatrix} 1 & 0 \\ 0 & 1 \end{pmatrix}, \quad A_2 = \begin{pmatrix} 1 & 2 \\ 0 & 3 \end{pmatrix}, \quad A_3 = \begin{pmatrix} 0 & 1 \\ 1 & 0 \end{pmatrix}, \quad A_4 = \begin{pmatrix} 0 & 0 \\ 0 & 1 \end{pmatrix},$$

$$B_1 = \begin{pmatrix} 1 & \dfrac{1}{2} \\ \dfrac{1}{2} & 1 \end{pmatrix}, \quad B_2 = \begin{pmatrix} 2 & \dfrac{1}{2} \\ \dfrac{1}{2} & 2 \end{pmatrix}, \quad B_3 = \begin{pmatrix} 0 & 0 \\ 0 & 0 \end{pmatrix}, \quad B_4 = \begin{pmatrix} \dfrac{1}{2} & 0 \\ 0 & \dfrac{1}{2} \end{pmatrix}.$$

容易验证: 满足条件

$$\mathbf{res}(B_i) = E^\kappa\,\mathbf{res}(A_i)(i=1,2,3,4) \quad \text{及} \quad \mathrm{tr}_1 E = I_2$$

的唯一半正定矩阵是

$$E = \dfrac{1}{2}\begin{pmatrix} 1 & 0 & 1 & 0 \\ 0 & 1 & 0 & 0 \\ 1 & 0 & 1 & 0 \\ 0 & 0 & 0 & 1 \end{pmatrix}.$$

因此, 由定理 4.3.1 得: 存在量子信道 ϕ 使得 $\phi(A_i) = B_i(i=1,2,3,4)$.

4.3.2 两族矩阵之间广义酉运算的存在性与构造

称 $\mathcal{M}_N$ 上的一个量子信道 $\mathcal{E}$ 是广义酉运算, 如果存在 $N \times N$ 酉矩阵 U_j 以及常数 p_j 满足 $\sum\limits_{j=1}^{d}|p_j|^2 = 1$ 使得 $\mathcal{E}$ 具有形式

$$\mathcal{E}(X) = \sum_{j=1}^{d} |p_j|^2 U_j X U_j^\dagger, \quad \forall X \in \mathcal{M}_N.$$

显然, 广义酉运算 $\mathcal{E}$ 能够保持单位元: $\mathcal{E}(I_N) = I_N$, 等价地说, $\text{tr}_2(D_\mathcal{E}) = I_N$ (由命题 4.3.1 的 (2) 知). 在例 4.3.2 中, 由于 $\text{tr}_2(E) = \text{tr}_2(D_\phi) \neq I_2$, 所以将每一个 A_i 映到 B_i 的唯一的量子信道 ϕ 并不是一个广义酉运算, 这说明不存在 $\mathcal{M}_2$ 上的一个广义酉运算 ϕ 将 A_i 映到 B_i ($i = 1, 2, 3, 4$). 下面, 讨论给定两个矩阵族之间的广义酉运算的存在性.

定理 4.3.2 设 $\{A_i\}_{i=1}^k \subset \mathcal{M}_N$ 和 $\{B_i\}_{i=1}^k \subset \mathcal{M}_N$, 则存在一个广义酉运算 $\mathcal{E}$ 使得 $\mathcal{E}(A_i) = B_i (i = 1, 2, \cdots, k)$ 当且仅当存在一族列向量 $\{a_j\}$ 使得矩阵 $E_j := a_j a_j^\dagger (1 \leqslant j \leqslant d)$ 满足 $\text{tr}_s E_j = I_N (s = 1, 2)$, 且存在一个概率分布 $\{q_j : j = 1, 2, \cdots, d\}$ 使得矩阵 $E = \sum\limits_{j=1}^d q_j E_j$ 满足条件 (4.3.6) 式.

证明 必要性 设存在一个广义酉运算 $\mathcal{E} : X \mapsto \sum\limits_j |p_j|^2 U_j X U_j^\dagger$ 使得

$$B_i = \mathcal{E}(A_i) = \sum_{j=1}^d |p_j|^2 U_j A_i U_j^\dagger, \quad i = 1, 2, \cdots, k. \tag{4.3.7}$$

令 $a_j = \mathbf{res}(U_j)$ 且 $E_j = a_j a_j^\dagger$, 则对于所有的 j, 有

$$\mathbf{res}(U_j \rho U_j^\dagger) = E_j^\kappa \mathbf{res}(\rho), \quad \forall \rho \in \mathcal{M}_N, \quad \text{tr}_s E_j = I_N, \quad s = 1, 2. \tag{4.3.8}$$

令 $E = \sum\limits_{j=1}^d |p_j|^2 E_j$, 则由 (4.3.8) 式得 (4.3.6) 式成立.

充分性 设存在一列矩阵 $E_j = a_j a_j^\dagger$ 满足 $\text{tr}_s E_j = I_N (s = 1, 2)$, 其中 a_j 表示列向量, 以及 $\sum\limits_{j=1}^d q_j = 1, q_j \geqslant 0$ 使得 (4.3.6) 式成立, 其中 $E = \sum\limits_{j=1}^d q_j E_j$, 则对于每一个 j, 将 a_j 重组为一个 $N \times N$ 矩阵 U_j 使得 $\mathbf{res}(U_j) = a_j$. 再由 (4.3.6) 式得 $B_i = \sum\limits_{j=1}^d q_j U_j A_i U_j^\dagger$, 其中 $i = 1, 2, \cdots, k$. 定义 $p_j = \sqrt{q_j}$ 且

$$\mathcal{E}(X) = \sum_{j=1}^d p_j^2 U_j X U_j^\dagger, \quad \forall X \in \mathcal{M}_N,$$

则得到一个广义酉运算 $\mathcal{E}$ 满足对于所有的 i, 都有 $\mathcal{E}(A_i) = B_i$. □

例 4.3.3 设

$$A_1 = \begin{pmatrix} 1 & 2 \\ 0 & 1 \end{pmatrix}, \quad A_2 = \begin{pmatrix} 1 & 3 \\ 2 & 0 \end{pmatrix}, \quad B_1 = \begin{pmatrix} 1 & \dfrac{2}{3} \\ \dfrac{2}{3} & 1 \end{pmatrix}, \quad B_2 = \begin{pmatrix} \dfrac{2}{3} & \dfrac{5}{3} \\ \dfrac{5}{3} & \dfrac{1}{3} \end{pmatrix}.$$

容易验证: 矩阵

4.3 特殊量子信道的存在性与构造

$$E = \frac{1}{2}\begin{pmatrix} 1 \\ 0 \\ 0 \\ 1 \end{pmatrix}(1\ 0\ 0\ 1) + \frac{1}{3}\begin{pmatrix} 0 \\ 1 \\ 1 \\ 0 \end{pmatrix}(0\ 1\ 1\ 0) + \frac{1}{6}\begin{pmatrix} 1 \\ 0 \\ 0 \\ -1 \end{pmatrix}(1\ 0\ 0\ -1)$$

$$= \frac{1}{2}E_1 + \frac{1}{3}E_2 + \frac{1}{6}E_3$$

满足 $\mathbf{res}(B_i) = E^\kappa \mathbf{res}(A_i)$, 其中 $i = 1, 2$, 并且对于 $j = 1, 2, 3, s = 1, 2, \mathrm{tr}_s E_j = I_2$. 因此, 由定理 4.3.2 知: 存在 $\mathcal{M}_2$ 上的一个广义酉运算 ϕ 使得 $\phi(A_i) = B_i (i = 1, 2)$. 再由定理 4.3.2 的证明可以看出: 广义酉运算 ϕ 是

$$\phi : X \mapsto \frac{1}{2}U_1 X U_1^\dagger + \frac{1}{3}U_2 X U_2^\dagger + \frac{1}{6}U_3 X U_3^\dagger \quad (i = 1, 2),$$

其中, $U_1 = \begin{pmatrix} 1 & 0 \\ 0 & 1 \end{pmatrix}, U_2 = \begin{pmatrix} 0 & 1 \\ 1 & 0 \end{pmatrix}, U_3 = \begin{pmatrix} 1 & 0 \\ 0 & -1 \end{pmatrix}$ 都是酉矩阵.

基于量子干涉的一般原理, 龙桂鲁等在文献 [97, 101] 中提出了一种新的计算机, 称为对偶量子计算机. Gudder 对此类计算机给出了数学解释, 建立了一般的数学理论[99, 100]. 在文献 [103] 中, 曹怀信等提出了作用在向量态和算子态上的复的对偶量子计算机, 具体形式为

$$C_{\overline{p}} \circ \left(\bigoplus_{i=0}^{n-1} \varepsilon_i \right) \circ D_p : B(\mathcal{H}) \to B(\mathcal{H}), \tag{4.3.9}$$

其中 $p = (p_0, p_1, \cdots, p_{n-1}) \in \mathbb{C}^n$ 且 $\sum_{i=0}^{n-1} |p_i|^2 = 1$, $\{\varepsilon_0, \varepsilon_1, \cdots, \varepsilon_{n-1}\}$ 是 $B(\mathcal{H})$ 上的一族完全正的保迹映射, 定义算子 $D_p : B(\mathcal{H}) \to B(\mathcal{H})^n, C_{\overline{p}} : B(\mathcal{H})^n \to B(\mathcal{H})$ 为

$$D_p(T) = \bigoplus_{i=0}^{n-1} p_i T, \quad C_{\overline{p}}\left(\bigoplus_{i=0}^{n-1} T_i \right) = \sum_{i=0}^{n-1} \overline{p_i} T_i,$$

因此, 对于给定的复的对偶量子计算机 (4.3.9), 可以定义

$$U_p = C_{\overline{p}} \left(\bigoplus_{i=0}^{n-1} \varepsilon_i \right) D_p : B(\mathcal{H}) \to B(\mathcal{H}),$$

则对于所有的 $T \in B(\mathcal{H})$, $U_p(T) = \sum_{i=0}^{n-1} |p_i|^2 \varepsilon_i(T)$, 即 $U_p = \sum_{i=0}^{n-1} |p_i|^2 \varepsilon_i$.

显然, U_p 是 $B(\mathcal{H})$ 上的一个量子信道. 特别地, 对于所有的 i, 当 ε_i 是酉同构 $\varepsilon_i(X) = U_i X U_i^\dagger$ 时, U_p 为

$$U_p(T) = \sum_{i=0}^{n-1} |p_i|^2 U_i T U_i^\dagger, \quad \forall T \in B(\mathcal{H}),$$

进而是 $B(\mathcal{H})$ 上的广义酉运算. 而且, 如果对于所有的 i, ε_i 都是酉同构, 称复的对偶量子计算机 (4.3.9) 为酉对偶量子计算机.

当 $\dim(\mathcal{H}) = N$ 时, $B(\mathcal{H}) = \mathcal{M}_N$. 给定输入态 $\{A_i\}_{i=1}^k \subset \mathcal{M}_N$ 与输出态 $\{B_i\}_{i=1}^k \subset \mathcal{M}_N$, 定理 4.3.2 给出了满足 $U_p(A_i) = B_i (i = 1, 2, \cdots, k)$ 的复的对偶量子计算机 (4.3.9) 存在的一个充分必要条件.

4.4 对角量子信道纠错码空间的存在性与构造

量子计算机不是一个孤立的量子系统, 它必然要同外部环境, 包括测量仪器发生相互作用, 结果就会出现量子态相干性的丢失, 使量子态退化为经典态. 这就是退相干效应. 退相干效应的存在使量子计算的优越性丢失, 运算结果出现错误. 除了退相干不可避免地导致量子错误外, 其他一些技术原因, 比如量子门操作中的误差也会导致量子错误. 为了实现有价值的量子计算, 首要的任务就是克服退相干效应, 对量子计算过程中出现的错误及时加以监控并纠正. 经过研究, 量子纠错编码是克服这一障碍的最有效的方法之一. 在量子信息处理任务中, 由于环境与主系统的耦合, 很难避免噪声引起的错误, 因此, 如何有效控制噪声, 最常用的方法是量子纠错码空间. 这种方法在量子计算和量子通信过程中有着广泛的应用. 本节将对对角量子信道的纠错码空间作进一步地研究, 解决这一问题, 并给出一种构造纠错码空间的方法.

4.4.1 对角量子信道

本节用 $\mathbb{C}^m$ 表示 m 维复 Hilbert 空间, 其中的向量用 Dirac 符号

$$|x\rangle = (x_1, x_2, \cdots, x_m)^{\mathrm{T}}$$

表示, 向量 $|x\rangle = (x_1, x_2, \cdots, x_m)^{\mathrm{T}}$ 与 $|y\rangle = (y_1, y_2, \cdots, y_m)^{\mathrm{T}}$ 的内积表示为

$$\langle x|y\rangle = \overline{x_1}y_1 + \overline{x_2}y_2 + \cdots + \overline{x_m}y_m.$$

$|x\rangle$ 与 $|y\rangle$ 确定的外积算子记为 $|x\rangle\langle y|$, 它将向量 $|z\rangle$ 映射为 $\langle y|z\rangle|x\rangle$.

定义 4.4.1 称 $\mathcal{E}: \mathcal{M}_n(\mathbb{C}) \to \mathcal{M}_m(\mathbb{C})$ 是量子信道, 若 $\mathcal{E}$ 是保迹的完全正线性映射.

引理 4.4.1 (Kraus 分解) 线性映射 $\mathcal{E}: \mathcal{M}_n(\mathbb{C}) \to \mathcal{M}_m(\mathbb{C})$ 是完全正映射当且仅当存在一组矩阵 $\{E_a : 1 \leqslant a \leqslant N \leqslant nm\} \subset \mathcal{M}_{m \times n}$ 使得 $\mathcal{E}$ 有 Kraus 表示:

$$\mathcal{E}(X) = \sum_{a=1}^{N} E_a X E_a^{\dagger}, \quad \forall X \in \mathcal{M}_n(\mathbb{C}),$$

4.4 对角量子信道纠错码空间的存在性与构造

其中 $E_a^\dagger$ 表示矩阵 E_a 的共轭转置.

以上的矩阵 $\{E_a\}$ 称为完全正映射 $\mathcal{E}$ 的一组 Kraus 算子.

定义完全正映射 $\mathcal{E}$ 的 Choi 秩为

$$\min\left\{p : \exists \{E_a\}_{a=1}^p \subset \in \mathcal{M}_{m\times n} 使得 \mathcal{E}(X) = \sum_{a=1}^p E_a X E_a^\dagger \quad (\forall X \in \mathcal{M}_n(\mathbb{C}))\right\}.$$

引理 4.4.2[127]   设 $\mathcal{E} : \mathcal{M}_n(\mathbb{C}) \to \mathcal{M}_m(\mathbb{C})$, 且其 Choi 秩为 r, 若

$$\mathcal{E}(X) = \sum_{j=1}^r A_j x A_j^\dagger = \sum_{i=1}^p B_i X B_i^\dagger, \quad \forall X \in \mathcal{M}_n(\mathbb{C})$$

是 $\mathcal{E}$ 的两个 Kraus 表示, 则存在唯一的酉矩阵 $U = [u_{ij}] \in \mathcal{M}_{p\times r}$ 使得 $U^\dagger U = I_r$, $B_i = \sum_{j=1}^r u_{ij} A_j$, 并且有

$$\mathrm{span}\{A_1, A_2, \cdots, A_r\} = \mathrm{span}\{B_1, B_2, \cdots, B_m\}.$$

事实上, 容易验证: 若

$$\mathcal{E}(x) = \sum_{j=1}^r A_j x A_j^\dagger, \quad \forall x \in \mathcal{M}_n(\mathbb{C}),$$

对于任意酉矩阵 $U = [u_{ij}] \in \mathcal{M}_{p\times r}$, 令 $B_i = \sum_{j=1}^r u_{ij} A_j$, 则 $\{B_i\}$ 也为 $\mathcal{E}$ 的一组 Kraus 算子.

定义 4.4.2   若 $\mathcal{E} : \mathcal{M}_n(\mathbb{C}) \to \mathcal{M}_m(\mathbb{C})$ 是完全正映射, 且是保迹的, 即

$$\mathrm{tr}(\mathcal{E}(X)) = \mathrm{tr}(X), \quad \forall X \in \mathcal{M}_n(\mathbb{C}).$$

则称 $\mathcal{E}$ 为一个量子信道. 一个量子信道 $\mathcal{E}$ 是对角的, 是指它有一组由对角矩阵构成的 Kraus 算子.

容易验证: $\mathcal{E}$ 是保迹的当且仅当其 Kraus 算子 $\{E_a\}$ 满足 $\sum_a E_a^\dagger E_a = I_m$, 即

$$\sum_a \sum_i \overline{e_{ji}^a} e_{it}^a = \begin{cases} 1, & j = t, \\ 0, & j \neq t. \end{cases}$$

其中 $E_a = [e_{ij}^a]$. 由引理 4.4.2 知: 对角量子信道 $\mathcal{E}$ 的任意 Kraus 算子 $\{E_a\}$ 都是对角矩阵且 $\sum_a |e_{ii}^a|^2 = 1, \forall i$.

引理 4.4.3[128]   设 $\mathcal{E}(X) = \sum_a E_a X E_a^\dagger$ 为量子信道, 则 ρ 为 $\mathcal{E}$ 的不动点当且仅当 ρ 与每一个 E_a 可交换.

定理 4.4.1　设 $\mathcal{E}: \mathcal{M}_n(\mathbb{C}) \to \mathcal{M}_m(\mathbb{C})$ 是量子信道, 则 $\mathcal{E}$ 为对角量子信道当且仅当任一 n 阶对角矩阵都是 $\mathcal{E}$ 的不动点.

证明　必要性　设 $\mathcal{E}$ 为对角量子信道, $\{E_a\}$ 为其 Kraus 算子, 则对于任意的对角矩阵, 都有 ρ 与每一个 E_a 可交换, 由引理 4.4.3 知: 对角矩阵都是 $\mathcal{E}$ 的不动点.

充分性　设任一 n 阶对角矩阵都是 $\mathcal{E}$ 的不动点, $\{E_a\}$ 为 $\mathcal{E}$ 的一组 Kraus 算子, 则由引理 4.4.3 知: 每一个 E_a 都与所有对角阵可交换. 因此, 每个 E_a 都是对角矩阵, 从而 $\mathcal{E}$ 为对角量子信道.　□

4.4.2　对角量子信道的纠错码空间

定义 4.4.3[129]　设 $\mathcal{E}: \mathcal{M}_m(\mathbb{C}) \to \mathcal{M}_m(\mathbb{C})$ 为量子信道, 若存在维数大于等于 2 的子空间 $S \subset \mathbb{C}^m$ 以及量子信道 $\mathcal{R}: \mathcal{M}_m(\mathbb{C}) \to \mathcal{M}_m(\mathbb{C})$ 使得

$$(\mathcal{R} \circ \mathcal{E})(|\psi\rangle\langle\psi|) = |\psi\rangle\langle\psi|, \quad \forall |\psi\rangle \in S,$$

则称 $\mathcal{E}$ 在 S 上是可以纠错的, 称 S 是 $\mathcal{E}$ 的纠错码空间. 若不存在这样的子空间 S, 则称 $\mathcal{E}$ 是不可纠错的.

以下的讨论中, 设 $\mathcal{E}: \mathcal{M}_m(\mathbb{C}) \to \mathcal{M}_m(\mathbb{C})$ 为对角量子信道, 其对角 Kraus 算子为 $\{E_a = \text{diag}(e_1^a, e_2^a, \cdots, e_m^a) : a = 1, 2, \cdots, n\}$, 其中, n 为 $\mathcal{E}$ 的 Choi 秩.

定义 4.4.4[117]　设 $\mathcal{E}: \mathcal{M}_m(\mathbb{C}) \to \mathcal{M}_m(\mathbb{C})$ 为对角量子信道, 称

$$V = \{v_1, v_2, \cdots, v_n\}$$

为 $\mathcal{E}$ 的压缩向量集, 其中

$$v_a = \begin{pmatrix} e_1^a \\ e_2^a \\ \vdots \\ e_m^a \end{pmatrix}, \quad a = 1, 2, \cdots, n.$$

定义 4.4.5[117]　定义两个 m 维向量

$$u = (u_1, u_2, \cdots, u_m)^{\mathrm{T}}, \quad v = (v_1, v_2, \cdots, v_m)^{\mathrm{T}}$$

的叉积为 $w = (w_1, w_2, \cdots, w_m)^{\mathrm{T}} = u \times v$, 其中 $w_j = \overline{u_j} v_j, 1 \leqslant j \leqslant m$.

定义 4.4.6[117]　设 $\mathcal{E}: \mathcal{M}_m(\mathbb{C}) \to \mathcal{M}_m(\mathbb{C})$ 为对角量子信道, 称

$$W = (w_1, w_2, \cdots, w_{n^2})$$

4.4 对角量子信道纠错码空间的存在性与构造

为 $\mathcal{E}$ 的压缩矩阵, 其中

$$w_{(i-1)n+j} = v_i \times v_j, \quad i,j = 1,2,\cdots,n.$$

此时 W 是 $m \times n^2$ 矩阵.

文献 [99] 证明了以下结果: 量子信道不能纠错当且仅当它在给定的一组 Kraus 算子下的压缩矩阵是满秩的. 但是, 量子信道的 Kraus 算子并不唯一, 因此所对应的压缩矩阵显然也不唯一, 因此, 一个自然的问题是: 这一结果是否对于任意的 Kraus 算子表示下的压缩矩阵也成立. 以下利用向量的 Schmidt 秩和矩阵的秩之间的关系讨论这一问题. 首先给出下列引理.

引理 4.4.4 若 $B, C \in B(\mathbb{C}^n)$, $B, C \geqslant 0$, $BC = 0$, 则

$$\mathrm{Rank}(B+C) = \mathrm{Rank}(B) + \mathrm{Rank}(C).$$

证明 首先, 由线性代数的知识可知: $\mathrm{Rank}(B+C) \leqslant \mathrm{Rank}(B)+\mathrm{Rank}(C)$. 下证 $\mathrm{Rank}(B+C) \geqslant \mathrm{Rank}(B)+\mathrm{Rank}(C)$ 成立. 因为 $B, C \geqslant 0$, 所以可以进行谱分解, 则有

$$B = \sum_{i=1}^{s} \lambda_i |e_i\rangle\langle e_i|, \quad C = \sum_{j=1}^{t} \mu_j |f_j\rangle\langle f_j|.$$

其中 $s = \mathrm{Rank}(B), t = \mathrm{Rank}(C), \lambda_i > 0, \mu_j > 0$, $\{|e_i\rangle\}$ 与 $\{|f_j\rangle\}$ 都是 $\mathbb{C}^n$ 的正规正交集, 于是,

$$0 = BC = \sum_{i,j} \lambda_i \mu_j |e_i\rangle\langle e_i|f_j\rangle\langle f_j|.$$

进而,

$$0 = \mathrm{tr}(BC) = \sum_{i,j} \lambda_i \mu_j |\langle e_i|f_j\rangle|^2.$$

所以 $\langle e_i|f_j\rangle = 0, \forall i, j$. 从而, $B|f_j\rangle = (\sum_i \lambda_i |e_i\rangle\langle e_i|)|f_j\rangle = 0$. 同理, $C|e_i\rangle = 0$. 于是, $(B+C)|e_i\rangle = \lambda_i|e_i\rangle$, $(B+C)|f_j\rangle = \mu_j|f_j\rangle$, 所以 $\{|e_i\rangle\}_{i=1}^{s} \cup \{|f_j\rangle\}_{j=1}^{t}$ 是 $B+C$ 的值域中的正规正交集, 它们是线性无关的. 从而, $\mathrm{Rank}(B+C) \geqslant s+t = \mathrm{Rank}(B) + \mathrm{Rank}(C)$.

综上可得 $\mathrm{Rank}(B+C) = \mathrm{Rank}(B)+\mathrm{Rank}(C)$. □

设 $|u\rangle|v\rangle \in \mathbb{C}^n \otimes \mathbb{C}^m$, 定义线性映射

$$\Gamma(|u\rangle|v\rangle) = |u\rangle\langle \overline{v}|,$$

显然它可以线性延拓为 $\mathbb{C}^n \otimes \mathbb{C}^m \to \mathcal{M}_{n,m}$ 的酉同构映射 Γ.

设 $|\psi\rangle \in \mathbb{C}^n \otimes \mathbb{C}^m$, 若 $|\psi\rangle$ 具有下列形式

$$|\psi\rangle = \sum_{k=1}^{r} \lambda_k |\phi_k^1\rangle |\phi_k^2\rangle,$$

其中 $\{|\phi_k^1\rangle\}$ 和 $\{|\phi_k^2\rangle\}$ 分别为 $\mathbb{C}^n$ 和 $\mathbb{C}^m$ 的正规正交集, 且 $\lambda_k > 0$, $\sum_k \lambda_k^2 = 1$, 则称上述形式为 $|\psi\rangle$ 的 Schmidt 分解, 且 r 为 $|\psi\rangle$ 的 Schmidt 秩[130], 记为 $\mathrm{SR}(|\psi\rangle) = r$.

引理 4.4.5 $|\psi\rangle \in \mathbb{C}^n \otimes \mathbb{C}^m$ 的 Schmidt 秩与 $\Gamma(|\psi\rangle)$ 的秩相等.

证明 设 $\mathrm{SR}(|\psi\rangle) = r$, 则 $|\psi\rangle$ 有 Schmidt 分解

$$|\psi\rangle = \sum_{k=1}^{r} \lambda_k |\phi_k^1\rangle |\phi_k^2\rangle,$$

其中 $\{|\phi_k^1\rangle\}$, $\{|\phi_k^2\rangle\}$ 分别为 $\mathbb{C}^n$, $\mathbb{C}^m$ 的正规正交集, 且 $\lambda_k > 0$, $\sum_k \lambda_k^2 = 1$. 由 Γ 的定义可得

$$\Gamma(|\psi\rangle) = \sum_{k=1}^{r} \lambda_k |\phi_k^1\rangle \langle \overline{\phi_k^2}|.$$

令 $A_k = \lambda_k |\phi_k^1\rangle \langle \overline{\phi_k^2}|$, $B_k = A_k A_k^\dagger \geqslant 0$, 则

$$A_i A_j^\dagger = \lambda_i \lambda_j |\phi_i^1\rangle \langle \overline{\phi_i^2}|\overline{\phi_j^2}\rangle \langle \phi_j^1| = \begin{cases} \lambda_i^2 |\phi_i^1\rangle \langle \phi_i^1|, & i = j, \\ 0, & i \neq j, \end{cases}$$

$$B_i B_j^\dagger = A_i A_i^\dagger A_j A_j^\dagger = \begin{cases} \lambda_i^4 |\phi_i^1\rangle \langle \phi_i^1|, & i = j, \\ 0, & i \neq j. \end{cases}$$

所以 $\left(\sum_k A_k\right)\left(\sum_k A_k\right)^\dagger = \sum_k B_k$. 故由 $1 = \mathrm{Rank}(A_k) = \mathrm{Rank}(B_k)$ 和引理 4.4.4 可得

$$\begin{aligned}
\mathrm{Rank}\Gamma(|\psi\rangle) &= \mathrm{Rank}\left(\sum_k A_k\right) \\
&= \mathrm{Rank}\left(\sum_k A_k\right)\left(\sum_k A_k\right)^\dagger \\
&= \mathrm{Rank}\sum_k B_k \\
&= \sum_k \mathrm{Rank}(B_k) \\
&= r.
\end{aligned}$$

$\square$

引理 4.4.6 可分酉算子不改变纯态的 Schmidt 秩.

4.4 对角量子信道纠错码空间的存在性与构造

证明 设 $|\psi\rangle \in \mathbb{C}^n \otimes \mathbb{C}^m$ 且 $\mathrm{SR}(|\psi\rangle) = r$，则其 Schmidt 分解为

$$|\psi\rangle = \sum_{k=1}^{r} \lambda_k |\phi_k^1\rangle |\phi_k^2\rangle.$$

其中 $\{|\phi_k^1\rangle\}$, $\{|\phi_k^2\rangle\}$ 分别为 $\mathbb{C}^n$, $\mathbb{C}^m$ 的正规正交集，且 $\lambda_k > 0$, $\sum_k \lambda_k^2 = 1$. 设 $U = U_1 \otimes U_2$, 其中 U_1, U_2 均为酉算子，则

$$U|\psi\rangle = \sum_{k=1}^{r} \lambda_k U_1|\phi_k^1\rangle \otimes U_2|\phi_k^2\rangle.$$

且 $\{U_1|\phi_k^1\rangle\}$, $\{U_2|\phi_k^2\rangle\}$ 也分别为 $\mathbb{C}^n$, $\mathbb{C}^m$ 的一组正规正交集，故 $\mathrm{SR}(U|\psi\rangle) = r$. □

定理 4.4.2 同一对角量子信道的不同 Kraus 算子对应的压缩矩阵的秩一定相同.

证明 设 $\mathcal{E}: \mathcal{M}_m(\mathbb{C}) \to \mathcal{M}_m(\mathbb{C})$ 是 Choi 秩为 n 的对角量子信道，$\{E_a\}_{a=1}^n$ 和 $\{F_b\}_{b=1}^p$ 分别为 $\mathcal{E}$ 的两组对角 Kraus 算子，V_E, V_F 分别为 $\{E_a\}_{a=1}^n$ 和 $\{F_b\}_{b=1}^p$ 对应的压缩向量集，W_E, W_F 分别为 $\{E_a\}_{a=1}^n$, $\{F_b\}_{b=1}^p$ 对应的压缩矩阵. 由引理 4.4.2 可知: 存在酉算子 $U = [u_{ba}] \in \mathcal{M}_{p \times n}$ 使得

$$F_b = \sum_{a=1}^{n} u_{ba} E_a.$$

因此，

$$V_F = \{v_1^F, v_2^F, \cdots, v_p^F\},$$

其中

$$v_b^F = \begin{pmatrix} f_1^b \\ f_2^b \\ \vdots \\ f_m^b \end{pmatrix} = \begin{pmatrix} \sum_{a=1}^{n} u_{ba} e_1^a \\ \sum_{a=1}^{n} u_{ba} e_2^a \\ \vdots \\ \sum_{a=1}^{n} u_{ba} e_m^a \end{pmatrix}, \quad b = 1, 2, \cdots, p.$$

而对应的压缩矩阵 $W_F = [w_1^F, w_2^F, \cdots, w_{p^2}^F] \in \mathcal{M}_{m \times p^2}$, 其中

$$w_{(s-1)p+t}^F = \begin{pmatrix} \sum_{a=1}^{n} \overline{u_{sa}} \overline{e_1^a} \cdot \sum_{a=1}^{n} u_{ta} e_1^a \\ \sum_{a=1}^{n} \overline{u_{sa}} \overline{e_2^a} \cdot \sum_{a=1}^{n} u_{ta} e_2^a \\ \vdots \\ \sum_{a=1}^{n} \overline{u_{sa}} \overline{e_m^a} \cdot \sum_{a=1}^{n} u_{ta} e_m^a \end{pmatrix}$$

$$= \sum_{i,j=1}^n \overline{u_{si}} u_{tj}(v_i^E \times v_j^E)$$

$$= \sum_{i,j=1}^n \overline{u_{si}} u_{tj} w_{(i-1)n+j}^E.$$

将压缩矩阵 W_F 中的列向量依次重排可得 p^2 维向量

$$\mathrm{vec}(W_F) = \begin{pmatrix} w_1^F \\ w_2^F \\ \vdots \\ w_p^F \\ \hline w_{p+1}^F \\ \vdots \\ w_{2p}^F \\ \hline \vdots \\ w_{(s-1)p+t}^F \\ \vdots \\ w_{p^2}^F \end{pmatrix} = \begin{pmatrix} X_{11} & X_{12} & \cdots & X_{1n} \\ X_{21} & X_{22} & \cdots & X_{2n} \\ \vdots & \vdots & \ddots & \vdots \\ X_{p1} & X_{p2} & \cdots & X_{pn} \end{pmatrix} \begin{pmatrix} w_1^E \\ w_2^E \\ \vdots \\ w_n^E \\ \hline w_{n+1}^E \\ \vdots \\ w_{2n}^E \\ \hline \vdots \\ w_{(i-1)n+j}^E \\ \vdots \\ w_{n^2}^E \end{pmatrix}. \quad (4.4.1)$$

其中 $X_{ba} = \overline{u_{ba}}U$, 于是, $\mathrm{vec}(W_F) = (\overline{U} \otimes U)\mathrm{vec}(W_E)$. 最后, 由引理 4.4.5 和引理 4.4.6 可得

$$\mathrm{Rank}(W_F) = \mathrm{SR}(\mathrm{vec}(W_F)) = \mathrm{SR}(\mathrm{vec}(W_E)) = \mathrm{Rank}(W_E). \qquad \Box$$

由定理 4.4.2 可以看出: 对于给定的一个量子信道, 尽管它的不同的 Kraus 算子所对应的压缩矩阵不唯一, 但其秩一定相等. 因此, 一个对角量子信道能否纠错与其 Kraus 算子的选取无关. 另外, 我们给出了对角量子信道能够纠错的充分必要条件, 并且得到了可以纠错的对角量子信道的纠错码空间的构造方法. 首先给出下列引理.

引理 4.4.7[129] 设 $\mathcal{E}: \mathcal{M}_m \to \mathcal{M}_m$ 是量子信道, 其 Kraus 算子为 $\{E_a\}_{a=1}^n$, S 是 $\mathbb{C}^m$ 的一个子空间, 则 $\mathcal{E}$ 在 S 上可以纠错当且仅当存在 $\alpha_{ab} \in \mathbb{C}$ 满足

$$PE_a^\dagger E_b P = \alpha_{ab} P, \quad \forall a, b, \qquad (4.4.2)$$

其中, P 是到 S 上的正交投影.

记 $P = \sum_i |i\rangle\langle i|$, 其中 $\{|i\rangle\}$ 为 S 的一组正规正交基, 则 (4.4.2) 式转化为

4.4 对角量子信道纠错码空间的存在性与构造

$$\left(\sum_i |i\rangle\langle i|\right) E_a^\dagger E_b \left(\sum_i |i\rangle\langle i|\right) = \alpha_{ab}\left(\sum_i |i\rangle\langle i|\right), \quad \forall a, b,$$

即

$$\langle i|E_a^\dagger E_b|j\rangle = \delta_{ij}\alpha_{ab}, \quad \forall a, b.$$

由此可得下列推论.

推论 4.4.1 设 $\mathcal{E}: \mathcal{M}_m \to \mathcal{M}_m$ 是量子信道, $\{E_a\}$ 是一组 Kraus 算子, $|x\rangle$, $|y\rangle \in \mathbb{C}^m$ 为单位向量且 $\langle x|y\rangle = 0$, 则 $\mathcal{E}$ 在 $\mathrm{span}\{|x\rangle, |y\rangle\}$ 上是可纠错的当且仅当

$$\langle x|E_a^\dagger E_b|y\rangle = 0, \langle x|E_a^\dagger E_b|x\rangle = \langle y|E_a^\dagger E_b|y\rangle, \quad \forall a, b. \tag{4.4.3}$$

下面讨论对角量子信道的纠错码空间.

定理 4.4.3 设 $\mathcal{E}: \mathcal{M}_m \to \mathcal{M}_m$ 是对角量子信道, $\{E_a\}$ 为 $\mathcal{E}$ 的任意一组 Kraus 算子, 则 $\mathcal{E}$ 不可纠错当且仅当 $\mathrm{Rank}(W) = m$.

证明 充分性 设 $\mathrm{Rank}(W) = m$, 假设 $\mathcal{E}$ 是可纠错的, 则至少存在 $|x\rangle, |y\rangle \in \mathbb{C}^m$ 且

$$\langle x|y\rangle = 0, \||x\rangle\| = \||y\rangle\| = 1,$$

使得 (4.4.3) 式成立. 设 $|x\rangle = (x_1, x_2, \cdots, x_m)^\mathrm{T}$, $|y\rangle = (y_1, y_2, \cdots, y_m)^\mathrm{T}$, 则

$$\langle x|E_a^\dagger E_b|y\rangle = (\overline{x}_1, \overline{x}_2, \cdots, \overline{x}_m) \begin{pmatrix} \overline{e_1^a} & 0 & \cdots & 0 \\ 0 & \overline{e_2^a} & \cdots & 0 \\ \vdots & \vdots & \ddots & \vdots \\ 0 & 0 & \cdots & \overline{e_m^a} \end{pmatrix} \begin{pmatrix} e_1^b & 0 & \cdots & 0 \\ 0 & e_2^b & \cdots & 0 \\ \vdots & \vdots & \ddots & \vdots \\ 0 & 0 & \cdots & e_m^b \end{pmatrix} \begin{pmatrix} y_1 \\ y_2 \\ \vdots \\ y_m \end{pmatrix}$$

$$= \sum_{j=1}^m \overline{e_j^a} e_j^b \overline{x}_j y_j.$$

$$\langle x|E_a^\dagger E_b|x\rangle = (\overline{x}_1, \overline{x}_2, \cdots, \overline{x}_m) \begin{pmatrix} \overline{e_1^a} & 0 & \cdots & 0 \\ 0 & \overline{e_2^a} & \cdots & 0 \\ \vdots & \vdots & \ddots & \vdots \\ 0 & 0 & \cdots & \overline{e_m^a} \end{pmatrix} \begin{pmatrix} e_1^b & 0 & \cdots & 0 \\ 0 & e_2^b & \cdots & 0 \\ \vdots & \vdots & \ddots & \vdots \\ 0 & 0 & \cdots & e_m^b \end{pmatrix} \begin{pmatrix} x_1 \\ x_2 \\ \vdots \\ x_m \end{pmatrix}$$

$$= \sum_{j=1}^m \overline{e_j^a} e_j^b |x_j|^2.$$

$$\langle y|E_a^\dagger E_b|y\rangle = (\overline{y_1},\overline{y_2},\cdots,\overline{y_m})\begin{pmatrix}\overline{e_1^a} & 0 & \cdots & 0 \\ 0 & \overline{e_2^a} & \cdots & 0 \\ \vdots & \vdots & \ddots & \vdots \\ 0 & 0 & \cdots & \overline{e_m^a}\end{pmatrix}\begin{pmatrix}e_1^b & 0 & \cdots & 0 \\ 0 & e_2^b & \cdots & 0 \\ \vdots & \vdots & \ddots & \vdots \\ 0 & 0 & \cdots & e_m^b\end{pmatrix}\begin{pmatrix}y_1 \\ y_2 \\ \vdots \\ y_m\end{pmatrix}$$

$$= \sum_{j=1}^m \overline{e_j^a} e_j^b |y_j|^2.$$

于是, (4.4.3) 式可以写成

$$\begin{cases}\sum_{j=1}^m \overline{e_j^a} e_j^b \overline{x_j} y_j = 0 & (\forall a,b), \\ \sum_{j=1}^m \overline{e_j^a} e_j^b |x_j|^2 = \sum_{j=1}^m \overline{e_j^a} e_j^b |y_j|^2 & (\forall a,b).\end{cases}$$

即

$$\begin{cases}(\overline{x_1}y_1, \overline{x_2}y_2, \cdots, \overline{x_m}y_m)\boldsymbol{v}_a \times \boldsymbol{v}_b = \boldsymbol{0} & (\forall a,b), \\ (|x_1|^2 - |y_1|^2, |x_2|^2 - |y_2|^2, \cdots, |x_m|^2 - |y_m|^2)\boldsymbol{v}_a \times \boldsymbol{v}_b = \boldsymbol{0} & (\forall a,b).\end{cases} \quad (4.4.4)$$

再由 W 的定义知: (4.4.4) 式等价于

$$\begin{cases}(\overline{x_1}y_1, \overline{x_2}y_2, \cdots, \overline{x_m}y_m)W = \boldsymbol{0}, \\ (|x_1|^2 - |y_1|^2, |x_2|^2 - |y_2|^2, \cdots, |x_m|^2 - |y_m|^2)W = \boldsymbol{0}.\end{cases} \quad (4.4.5)$$

因为 $(\overline{x_1}y_1, \overline{x_2}y_2, \cdots, \overline{x_m}y_m)$ 和 $(|x_1|^2 - |y_1|^2, |x_2|^2 - |y_2|^2, \cdots, |x_m|^2 - |y_m|^2)$ 不可能同时为零向量, 所以 W 不是满秩的. 这与条件矛盾. 故 $\mathcal{E}$ 不可纠错.

必要性 设 $\mathcal{E}$ 不可纠错. 设 W 不是满秩的, 则至少存在非零向量 $a = (a_1, a_2, \cdots, a_m)$ 使得 $aW = \boldsymbol{0}$, 即 $(a_1, a_2, \cdots, a_m)W = \boldsymbol{0}$. 由 W 的构造可以得出

$$(\mathrm{tr}(AE_1^\dagger E_1), \mathrm{tr}(AE_2^\dagger E_2), \cdots, \mathrm{tr}(AE_n^\dagger E_n)) = \boldsymbol{0},$$

其中

$$A = \begin{pmatrix}a_1 & 0 & \cdots & 0 \\ 0 & a_2 & \cdots & 0 \\ \vdots & \vdots & \ddots & \vdots \\ 0 & 0 & \cdots & a_m\end{pmatrix}.$$

于是,

4.4 对角量子信道纠错码空间的存在性与构造

$$0=\sum_i \mathrm{tr}\begin{pmatrix} a_1 & 0 & \cdots & 0 \\ 0 & a_2 & \cdots & 0 \\ \vdots & \vdots & \ddots & \vdots \\ 0 & 0 & \cdots & a_m \end{pmatrix} E_i^\dagger E_i = \mathrm{tr}\begin{pmatrix} a_1 & 0 & \cdots & 0 \\ 0 & a_2 & \cdots & 0 \\ \vdots & \vdots & \ddots & \vdots \\ 0 & 0 & \cdots & a_m \end{pmatrix}\sum_i E_i^\dagger E_i = \sum_{t=1}^m a_t I.$$

所以 $\sum_{t=1}^m a_t = 0$. 而且, 不失一般性, 可设 $\sum_{t=1}^m |a_t| = 1$. 令 $x = (x_1, x_2, \cdots, x_m)$ 和 $y = (y_1, y_2, \cdots, y_m)$, 其中

$$x_t = \mathrm{e}^{-\mathrm{i}\arg(a_t)}\sqrt{|a_t|}, \quad y_t = \sqrt{|a_t|}.$$

则 $|x_t| = |y_t|(\forall t)$, 且 $\overline{x_t}y_t = \mathrm{e}^{\mathrm{i}\arg(a_t)}\sqrt{|a_t|}\sqrt{|a_t|} = a_t$ $(\forall t)$. 从而, $x = (x_1, x_2, \cdots, x_m)$ 和 $y = (y_1, y_2, \cdots, y_m)$ 为正交的单位向量且满足 (4.4.5) 式, 由充分性的证明可以看出 (4.4.5) 式与 (4.4.3) 式等价, 再由推论 4.4.1 得 $\mathcal{E}$ 在 $\mathrm{span}\{|x\rangle, |y\rangle\}$ 上是可纠错的, 其中 $|x\rangle = x^\mathrm{T}, |y\rangle = y^\mathrm{T}$. 这与条件 $\mathcal{E}$ 不可纠错矛盾, 故 $\mathrm{Rank}(W) = m$.

综上可得 $\mathcal{E}$ 不可纠错当且仅当 $\mathrm{Rank}(W) = m$. □

从以上必要性的证明可以看出: 当量子信道 $\mathcal{E}$ 的压缩矩阵 W 非满秩时, 至少能够构造出一个 $\mathcal{E}$ 的二维纠错码空间.

引理 4.4.8 设 $\mathcal{E}: \mathcal{M}_m \to \mathcal{M}_m$ 是量子信道, $\mathcal{E}$ 在 $\mathbb{C}^m$ 上可纠错当且仅当 $\mathcal{E}(\rho) = U\rho U^\dagger, \forall \rho \in \mathcal{M}_m$, 其中 U 为酉算子.

证明 必要性 设 $\mathcal{E}$ 在 $\mathbb{C}^m$ 上可纠错. 记

$$\mathcal{E}(\rho) = \sum_a E_a \rho E_a^\dagger, \quad \forall \rho \in \mathcal{M}_m,$$

其中 $\sum_a E_a^\dagger E_a = I$. 不妨假设 $E_1 \neq 0$, 则由引理 4.4.7 可以得到 $E_a^\dagger E_b = \alpha_{ab} I, \forall a, b$. 因此 $E_1^\dagger E_1 = \alpha_{11} I$, 且 $\alpha_{11} > 0$, 同时 $E_1^\dagger E_b = \alpha_{1b} I, \forall b$. 于是存在一个酉算子 U, 使得 $E_1 = \sqrt{\alpha_{11}} U$, 进而 $E_b = \dfrac{\alpha_{1b}}{\sqrt{\alpha_{11}}} U$. 于是, $\forall \rho \in \mathcal{M}_m$, 都有

$$\mathcal{E}(\rho) = \sum_a E_a \rho E_a^\dagger = \left(\alpha_{11} + \sum_b \frac{|\alpha_{1b}|^2}{\alpha_{11}}\right) U\rho U^\dagger = U\rho U^\dagger.$$

充分性 设 $\mathcal{E}(\rho) = U\rho U^\dagger, \forall \rho \in \mathcal{M}_m$, 其中 U 为酉算子, 则 $\mathcal{E}$ 在 $\mathbb{C}^m$ 上满足 (4.4.2) 式, 故由引理 4.4.7 可知 $\mathcal{E}$ 在 $\mathbb{C}^m$ 上可纠错. □

由引理 4.4.8 容易得到下列推论.

推论 4.4.2 对角量子信道 $\mathcal{E}$ 在 $\mathbb{C}^m$ 上可纠错当且仅当 $\mathcal{E}(\rho) = U\rho U^\dagger, \forall \rho \in \mathbb{C}^m$, 其中

$$U = \begin{pmatrix} e^{i\theta_1} & 0 & \cdots & 0 \\ 0 & e^{i\theta_2} & \cdots & 0 \\ \vdots & \vdots & \ddots & \vdots \\ 0 & 0 & \cdots & e^{i\theta_m} \end{pmatrix}.$$

定理 4.4.4 设 $\mathcal{E}: \mathcal{M}_m \to \mathcal{M}_m$ 是对角量子信道, 则 $\mathbb{C}^m$ 为 $\mathcal{E}$ 的纠错码空间当且仅当 $\mathcal{E}$ 所对应的压缩矩阵 W 的秩为 1.

证明 必要性 设 $\mathbb{C}^m$ 为 $\mathcal{E}$ 的纠错码空间, 则由推论 4.4.2 得: $\mathcal{E}$ 为酉量子信道, 再由 W 的构造可得: W 中只有一列元素且非零, 所以 W 的秩为 1.

充分性 设 W 为 $\mathcal{E}$ 所对应的压缩矩阵, 且 $\text{Rank}(W) = 1$, 即 W 的每一列都成比例. 不妨设 $\{E_a\}_{a=1}^n$ 是 $\mathcal{E}$ 的一组 Kraus 算子, 由 W 的构造可知所有的 Kraus 算子成比例, 即 $E_a = \lambda_a E_1, 2 \leqslant a \leqslant n$, 因为

$$I = \sum_{a=1}^n E_a^\dagger E_a = E_1^\dagger E_1 + E_2^\dagger E_2 + \cdots + E_n^\dagger E_n = (1 + |\lambda_2|^2 + |\lambda_3|^2 + \cdots + |\lambda_n|^2) E_1^\dagger E_1.$$

所以

$$E_1^\dagger E_1 = \frac{1}{1 + |\lambda_2|^2 + |\lambda_3|^2 + \cdots + |\lambda_n|^2} I.$$

令

$$a = 1 + |\lambda_2|^2 + |\lambda_3|^2 + \cdots + |\lambda_n|^2 > 0,$$

则有

$$E_1 = \frac{1}{\sqrt{a}} U, \quad E_2 = \frac{\lambda_2}{\sqrt{a}} U, \quad \cdots, \quad E_n = \frac{\lambda_n}{\sqrt{a}} U,$$

其中 U 为酉算子. 从而,

$$\mathcal{E}(\rho) = \sum_{a=1}^n E_a \rho E_a^\dagger = \left(\frac{1}{a} + \frac{|\lambda_2|^2}{a} + \frac{|\lambda_3|^2}{a} + \cdots + \frac{|\lambda_n|^2}{a} \right) U \rho U^\dagger.$$

所以, 由引理 4.4.8 知: $S_\mathcal{E} = \mathbb{C}^m$. □

利用下面的例子说明本书得到的结果的应用.

例 4.4.1 设 $\mathcal{E}: \mathcal{M}_4 \to \mathcal{M}_4$ 是对角量子信道, $\{E_a\}_{a=1}^3$ 是 $\mathcal{E}$ 的一组 Kraus 算子, 其中

$$E_1 = \begin{pmatrix} \frac{\sqrt{2}}{2} & 0 & 0 & 0 \\ 0 & \frac{1}{2} & 0 & 0 \\ 0 & 0 & 0 & 0 \\ 0 & 0 & 0 & 0 \end{pmatrix}, \quad E_2 = \begin{pmatrix} \frac{\sqrt{2}}{2} & 0 & 0 & 0 \\ 0 & \frac{\sqrt{3}}{2} & 0 & 0 \\ 0 & 0 & 0 & 0 \\ 0 & 0 & 0 & 0 \end{pmatrix},$$

4.4 对角量子信道纠错码空间的存在性与构造

$$E_3 = \begin{pmatrix} 0 & 0 & 0 & 0 \\ 0 & 0 & 0 & 0 \\ 0 & 0 & 1 & 0 \\ 0 & 0 & 0 & 1 \end{pmatrix}.$$

计算可得

$$E_1^\dagger E_1 = \begin{pmatrix} \frac{1}{2} & 0 & 0 & 0 \\ 0 & \frac{1}{4} & 0 & 0 \\ 0 & 0 & 0 & 0 \\ 0 & 0 & 0 & 0 \end{pmatrix}, \quad E_1^\dagger E_2 = E_2^\dagger E_1 = \begin{pmatrix} \frac{1}{2} & 0 & 0 & 0 \\ 0 & \frac{\sqrt{3}}{4} & 0 & 0 \\ 0 & 0 & 0 & 0 \\ 0 & 0 & 0 & 0 \end{pmatrix}.$$

$$E_2^\dagger E_2 = \begin{pmatrix} \frac{1}{2} & 0 & 0 & 0 \\ 0 & \frac{3}{4} & 0 & 0 \\ 0 & 0 & 0 & 0 \\ 0 & 0 & 0 & 0 \end{pmatrix}, \quad E_1^\dagger E_3 = E_3^\dagger E_1 = \begin{pmatrix} 0 & 0 & 0 & 0 \\ 0 & 0 & 0 & 0 \\ 0 & 0 & 0 & 0 \\ 0 & 0 & 0 & 0 \end{pmatrix}.$$

$$E_2^\dagger E_3 = E_3^\dagger E_2 = \begin{pmatrix} 0 & 0 & 0 & 0 \\ 0 & 0 & 0 & 0 \\ 0 & 0 & 0 & 0 \\ 0 & 0 & 0 & 0 \end{pmatrix}, \quad E_3^\dagger E_3 = \begin{pmatrix} 0 & 0 & 0 & 0 \\ 0 & 0 & 0 & 0 \\ 0 & 0 & 1 & 0 \\ 0 & 0 & 0 & 1 \end{pmatrix}.$$

从而, $\mathcal{E}$ 对应的压缩矩阵为

$$W = \begin{pmatrix} \frac{1}{2} & \frac{1}{2} & 0 & \frac{1}{2} & \frac{1}{2} & 0 & 0 & 0 \\ \frac{1}{4} & \frac{\sqrt{3}}{4} & 0 & \frac{\sqrt{3}}{4} & \frac{3}{4} & 0 & 0 & 0 \\ 0 & 0 & 0 & 0 & 0 & 0 & 0 & 1 \\ 0 & 0 & 0 & 0 & 0 & 0 & 0 & 1 \end{pmatrix}.$$

容易计算可得 $\mathrm{Rank}(W) = 3$. 于是, 存在 $a = \left(0, 0, \frac{1}{2}, -\frac{1}{2}\right)$ 使得 $aW = \mathbf{0}$, 令

$$x = \left(0, 0, \frac{\sqrt{2}}{2}, -\frac{\sqrt{2}}{2}\right), \quad y = \left(0, 0, \frac{\sqrt{2}}{2}, \frac{\sqrt{2}}{2}\right),$$

则 $xy^\mathrm{T} = 0$ 且 $\|x\| = \|y\|$, 即 x, y 为正交的单位向量且满足 (4.4.5) 式, 又因为 (4.4.5) 式与 (4.4.3) 式等价, 所以由推论 4.4.1 可得 $\mathcal{E}$ 在 $\mathrm{span}\{|x\rangle, |y\rangle\}$ 上是可纠错的, 其中

$$|x\rangle = \begin{pmatrix} 0 \\ 0 \\ \dfrac{\sqrt{2}}{2} \\ -\dfrac{\sqrt{2}}{2} \end{pmatrix}, \quad |y\rangle = \begin{pmatrix} 0 \\ 0 \\ \dfrac{\sqrt{2}}{2} \\ \dfrac{\sqrt{2}}{2} \end{pmatrix}.$$

故 span$\{|x\rangle, |y\rangle\}$ 是 $\mathcal{E}$ 的纠错码空间.

第 5 章 量子关联鲁棒性

由于本章主要借助一个简单的代数运算——凸组合来研究抗线性噪声的量子关联鲁棒性, 因此, 首先讨论两个量子态的伪凸组合以及相关性质.

5.1 两个量子态的伪凸组合的正性

设 $\mathcal{H}$ 是 n 维 Hilbert 空间, $D(\mathcal{H})$ 表示 $\mathcal{H}$ 中的所有量子态之集, $S(\mathcal{H})$ 表示 $\mathcal{H}$ 中的所有纯态之集. 对于任意的 $\rho, \sigma \in D(\mathcal{H})$ 和任意实数 t, 算子 $\tau(t) := t\rho + (1-t)\sigma$ 称为是 ρ 和 σ 的伪凸组合. 当 $t \in [0,1]$ 时, $\tau(t)$ 称为是 ρ 和 σ 的凸组合. 显然, 两个量子态的伪凸组合仍然是量子态当且仅当伪凸组合是正的. 因此, 为讨论量子关联的鲁棒性, 首先讨论两个量子态的伪凸组合的正性.

下面的定理给出了 ρ 和 σ 的伪凸组合 $\tau(t)$ 的正性的刻画, 给出了依赖于参数 t 的两个量子态的伪凸组合仍然是正的 t 的取值范围.

定理 5.1.1 设 $\rho, \sigma \in D(\mathcal{H})$ 且 $\rho \neq \sigma$, $t \in \mathbb{R}$, 则 $\tau(t) \geqslant 0$ 当且仅当 $t \in [\Delta_{\rho,\sigma}^-, \Delta_{\rho,\sigma}^+]$, 其中

$$\Delta_{\rho,\sigma}^- = \sup_{|\psi\rangle \in E^-(\rho,\sigma)} \left\{ -\frac{\langle\psi|\sigma|\psi\rangle}{\langle\psi|\rho|\psi\rangle - \langle\psi|\sigma|\psi\rangle} \right\}, \tag{5.1.1}$$

$$\Delta_{\rho,\sigma}^+ = \inf_{|\psi\rangle \in E^+(\rho,\sigma)} \left\{ 1 + \frac{\langle\psi|\rho|\psi\rangle}{\langle\psi|\sigma|\psi\rangle - \langle\psi|\rho|\psi\rangle} \right\}, \tag{5.1.2}$$

$$E^-(\rho,\sigma) = \{|\psi\rangle \in S(\mathcal{H}) : \langle\psi|\rho|\psi\rangle > \langle\psi|\sigma|\psi\rangle\},$$

$$E^+(\rho,\sigma) = \{|\psi\rangle \in S(\mathcal{H}) : \langle\psi|\rho|\psi\rangle < \langle\psi|\sigma|\psi\rangle\}.$$

证明 因为 $\rho, \sigma \in D(\mathcal{H})$ 且 $\rho \neq \sigma$, 所以 $E^-(\rho,\sigma) \neq \varnothing, E^+(\rho,\sigma) \neq \varnothing$. 因此, $\forall t \in \mathbb{R}$, 有

$$t\rho + (1-t)\sigma \geqslant 0$$
$$\Longleftrightarrow t\langle\psi|\rho|\psi\rangle + (1-t)\langle\psi|\sigma|\psi\rangle \geqslant 0, \quad \forall |\psi\rangle \in S(\mathcal{H})$$
$$\Longleftrightarrow t(\langle\psi|\rho|\psi\rangle - \langle\psi|\sigma|\psi\rangle) \geqslant -\langle\psi|\sigma|\psi\rangle, \quad \forall |\psi\rangle \in S(\mathcal{H})$$

$$\Longleftrightarrow t \geqslant \frac{-\langle\psi|\sigma|\psi\rangle}{\langle\psi|\rho|\psi\rangle - \langle\psi|\sigma|\psi\rangle}, \quad \forall |\psi\rangle \in E^-(\rho,\sigma),$$

$$t \leqslant \frac{-\langle\psi|\sigma|\psi\rangle}{\langle\psi|\rho|\psi\rangle - \langle\psi|\sigma|\psi\rangle}, \quad \forall |\psi\rangle \in E^+(\rho,\sigma)$$

$$\Longleftrightarrow \sup_{|\psi\rangle \in E^-(\rho,\sigma)} \left\{ \frac{-\langle\psi|\sigma|\psi\rangle}{\langle\psi|\rho|\psi\rangle - \langle\psi|\sigma|\psi\rangle} \right\} \leqslant t$$

$$\leqslant \inf_{|\psi\rangle \in E^+(\rho,\sigma)} \left\{ \frac{-\langle\psi|\sigma|\psi\rangle}{\langle\psi|\rho|\psi\rangle - \langle\psi|\sigma|\psi\rangle} \right\}$$

$$\Longleftrightarrow \sup_{|\psi\rangle \in E^-(\rho,\sigma)} \left\{ \frac{-\langle\psi|\sigma|\psi\rangle}{\langle\psi|\rho|\psi\rangle - \langle\psi|\sigma|\psi\rangle} \right\} \leqslant t$$

$$\leqslant \inf_{|\psi\rangle \in E^+(\rho,\sigma)} \left\{ 1 + \frac{\langle\psi|\rho|\psi\rangle}{\langle\psi|\sigma|\psi\rangle - \langle\psi|\rho|\psi\rangle} \right\}$$

$$\Longleftrightarrow t \in [\Delta_{\rho,\sigma}^-, \Delta_{\rho,\sigma}^+]. \qquad \square$$

注 5.1.1 称 $[\Delta_{\rho,\sigma}^-, \Delta_{\rho,\sigma}^+]$ 为 $\tau(t)$ 的正性区间. 由 (5.1.1) 式和 (5.1.2) 式可以看出: $[\Delta_{\rho,\sigma}^-, \Delta_{\rho,\sigma}^+] \supset [0,1]$. 参见图 5.1.

图 5.1 ρ 和 σ 的伪凸组合 $\tau(t)$ 中参数 t 的变化范围

下面分别来讨论当 $\Delta_{\rho,\sigma}^- < 0$ 和 $\Delta_{\rho,\sigma}^+ > 1$ 时的情形. 假设 $\Delta_{\rho,\sigma}^- = 0$. 则存在一列 $\{|\psi_k\rangle\} \subset E^-(\rho,\sigma)$ 使得

$$\frac{-\langle\psi_k|\sigma|\psi_k\rangle}{\langle\psi_k|\rho|\psi_k\rangle - \langle\psi_k|\sigma|\psi_k\rangle} \to 0 \quad (k \to \infty).$$

因为 $S(\mathcal{H})$ 是紧集, 所以可以设 $\{|\psi_k\rangle\}$ 收敛并记 $\lim\limits_{k \to \infty} |\psi_k\rangle = |\psi\rangle$. 如果

$$\langle\psi|\rho|\psi\rangle - \langle\psi|\sigma|\psi\rangle \neq 0,$$

因此, $|\psi\rangle \in S(\mathcal{H})$ 且 $\dfrac{-\langle\psi|\sigma|\psi\rangle}{\langle\psi|\rho|\psi\rangle - \langle\psi|\sigma|\psi\rangle} = 0$. 当 σ 是正定的, 即可逆时, $\langle\psi|(\rho-\sigma)|\psi\rangle = 0$. 这表明: 当 $\rho-\sigma$ 和 σ 都可逆时, $\Delta_{\rho,\sigma}^- < 0$. 同理, 当 $\rho-\sigma$ 和 ρ 都可逆时, $\Delta_{\rho,\sigma}^+ > 1$. 进一步, 当 ρ, σ 以及 $\rho-\sigma$ 都可逆时, 我们有 $\Delta_{\rho,\sigma}^- < 0$ 且 $\Delta_{\rho,\sigma}^+ > 1$.

当 ρ 和 σ 可交换, 即 $[\rho,\sigma] = 0$ 时, $\Delta_{\rho,\sigma}^-$ 和 $\Delta_{\rho,\sigma}^+$ 的形式可以简化. 为此, 首先需要下列引理.

引理 5.1.1 (1) 设 $p_i \geqslant 0, x_i \leqslant 0, y_i \neq 0$ 和 $\sum\limits_{i=1}^n y_i p_i > 0$, 则

5.1 两个量子态的伪凸组合的正性

$$A := \frac{\sum_{i=1}^{n} x_i p_i}{\sum_{i=1}^{n} y_i p_i} \leqslant \max_{y_i > 0} \frac{x_i}{y_i} = \frac{x_{i_0}}{y_{i_0}};$$

(2) 设 $p_i \geqslant 0, x_i \leqslant 0, y_i \neq 0$ 和 $\sum_{i=1}^{n} y_i p_i < 0$, 则

$$B := \frac{\sum_{i=1}^{n} x_i p_i}{\sum_{i=1}^{n} y_i p_i} \geqslant \min_{y_i < 0} \frac{x_i}{y_i} = \frac{x_{i_0}}{y_{i_0}}.$$

证明 (1) 计算可得

$$A \leqslant \frac{\sum_{y_i > 0} x_i p_i}{\sum_{y_i > 0} y_i p_i} = \frac{\sum_{y_i > 0} \frac{x_i}{y_i} \cdot y_i p_i}{\sum_{y_i > 0} y_i p_i} \leqslant \max_{y_i > 0} \frac{x_i}{y_i} \frac{\sum_{y_i > 0} y_i p_i}{\sum_{y_i > 0} y_i p_i} = \max_{y_i > 0} \frac{x_i}{y_i}.$$

(2) 将 x_i 和 $-y_i$ 应用于 (1) 可得

$$B = -\frac{\sum_{i=1}^{n} x_i p_i}{\sum_{i=1}^{n} (-y_i) p_i} \leqslant -\max_{-y_i > 0} \frac{x_i}{-y_i} = \min_{y_i < 0} \frac{x_i}{y_i}. \qquad \Box$$

众所周知, $[\rho, \sigma] = 0$ 当且仅当 ρ 和 σ 可以在同一组正规正交基下同时对角化. 利用引理 5.1.1, 下面简化了 $\tau(t)$ 的正性区间.

命题 5.1.1 设 ρ 和 σ 是 $\mathcal{H}$ 上的两个不同的量子态且有下列表达式

$$\rho = \sum_i \lambda_i |\alpha_i\rangle\langle\alpha_i|, \sigma = \sum_i \mu_i |\alpha_i\rangle\langle\alpha_i|,$$

其中 $\{|\alpha_i\rangle\}$ 是 $\mathcal{H}$ 的正规正交基, 则 $[\Delta_{\rho,\sigma}^-, \Delta_{\rho,\sigma}^+] = [\delta_{\rho,\sigma}^-, \delta_{\rho,\sigma}^+]$, 其中

$$\delta_{\rho,\sigma}^- := \max_{\lambda_i > \mu_i} \frac{-\mu_i}{\lambda_i - \mu_i}, \quad \delta_{\rho,\sigma}^+ := \min_{\lambda_i < \mu_i} \frac{-\mu_i}{\lambda_i - \mu_i}. \tag{5.1.3}$$

证明 对于每一个 $|\psi\rangle \in D(\mathcal{H})$ 且 $\langle\psi|\rho|\psi\rangle > \langle\psi|\sigma|\psi\rangle$, 由引理 5.1.1(1) 可得

$$\frac{-\langle\psi|\sigma|\psi\rangle}{\langle\psi|\rho|\psi\rangle - \langle\psi|\sigma|\psi\rangle} = \frac{\sum_i (-\mu_i)|\langle\psi|\alpha_i\rangle|^2}{\sum_i (\lambda_i - \mu_i)|\langle\psi|\alpha_i\rangle|^2} \leqslant \max_{\lambda_i > \mu_i} \frac{-\mu_i}{\lambda_i - \mu_i} = \delta_{\rho,\sigma}^-,$$

这表明 $\Delta_{\rho,\sigma}^- \leqslant \delta_{\rho,\sigma}^-$. 另一方面, 如果 $\lambda_i > \mu_i$, 那么

$$\frac{-\mu_i}{\lambda_i - \mu_i} = \frac{-\langle\alpha_i|\sigma|\alpha_i\rangle}{\langle\alpha_i|\rho|\alpha_i\rangle - \langle\alpha_i|\sigma|\alpha_i\rangle} \leqslant \Delta_{\rho,\sigma}^-,$$

因此, $\delta_{\rho,\sigma}^- \leqslant \Delta_{\rho,\sigma}^-$. 从而, $\delta_{\rho,\sigma}^- = \Delta_{\rho,\sigma}^-$.

对于每一个 $|\psi\rangle \in S(\mathcal{H})$ 且 $\langle\psi|\rho|\psi\rangle < \langle\psi|\sigma|\psi\rangle$, 由引理 5.1.1(2) 可得

$$\frac{-\langle\psi|\sigma|\psi\rangle}{\langle\psi|\rho|\psi\rangle - \langle\psi|\sigma|\psi\rangle} = \frac{\sum_i(-\mu_i)|\langle\psi|\alpha_i\rangle|^2}{\sum_i(\lambda_i - \mu_i)|\langle\psi|\alpha_i\rangle|^2} \geqslant \min_{\lambda_i < \mu_i}\frac{-\mu_i}{\lambda_i - \mu_i} = \delta_{\rho,\sigma}^+.$$

这表明 $\Delta_{\rho,\sigma}^+ \geqslant \delta_{\rho,\sigma}^+$. 另一方面, 如果 $\lambda_i < \mu_i$, 那么

$$\frac{-\mu_i}{\lambda_i - \mu_i} = \frac{-\langle\alpha_i|\sigma|\alpha_i\rangle}{\langle\alpha_i|\rho|\alpha_i\rangle - \langle\alpha_i|\sigma|\alpha_i\rangle} \geqslant \Delta_{\rho,\sigma}^+,$$

因此, $\delta_{\rho,\sigma}^+ \geqslant \Delta_{\rho,\sigma}^+$. 于是, $\delta_{\rho,\sigma}^+ = \Delta_{\rho,\sigma}^+$. $\square$

作为命题 5.1.1 的一个应用, 当 $\rho \in D(\mathcal{H})$, $\rho \neq \dfrac{I_n}{n}$ 且其谱满足 $0 \leqslant \lambda_1 \leqslant \lambda_2 \leqslant \cdots \leqslant \lambda_n \leqslant 1$ 时, 计算可得

$$[\Delta_{\rho,\sigma}^-, \Delta_{\rho,\sigma}^+] = \left[\frac{1}{1 - n\lambda_n}, \frac{1}{1 - n\lambda_1}\right].$$

下面来研究当 ρ 和 σ 可交换时, $\tau(t)$ 的正性区间的一些性质.

命题 5.1.2 设 ρ 和 σ 是 $\mathcal{H}$ 上不同的量子态且具有以下的谱分解

$$\rho = \sum_{i=1}^n \lambda_i |\alpha_i\rangle\langle\alpha_i|, \quad \sigma = \sum_{i=1}^n \mu_i |\alpha_i\rangle\langle\alpha_i|,$$

其中 $\{|\alpha_i\rangle\}_{i=1}^n$ 是 $\mathcal{H}$ 中的正规正交基, 则

(1) $\delta_{\rho,\sigma}^- = 0$ 当且仅当 $\exists i_0 \in \{1, 2, \cdots, n\}$ 使得 $\lambda_{i_0} > \mu_{i_0} = 0$;

(2) $\delta_{\rho,\sigma}^+ = 1$ 当且仅当 $\exists j_0 \in \{1, 2, \cdots, n\}$ 使得 $\mu_{j_0} > \lambda_{j_0} = 0$;

(3) 当 $\delta_{\rho,\sigma}^- = \dfrac{-\mu_{i_0}}{\lambda_{i_0} - \mu_{i_0}}$ 且 $\lambda_{i_0} > \mu_{i_0} \geqslant 0$ 时, $\delta_{\rho,\tau(\delta_{\rho,\sigma}^-)}^- = 0$;

(4) 当 $\delta_{\rho,\sigma}^+ = \dfrac{-\mu_{j_0}}{\lambda_{j_0} - \mu_{j_0}}$ 且 $0 \leqslant \lambda_{j_0} < \mu_{j_0}$ 时, $\delta_{\tau(\delta_{\rho,\sigma}^+),\sigma}^+ = 1$.

证明 (1) 和 (2) 可由 (5.1.3) 式可得.

(3) 当 $\delta_{\rho,\sigma}^- = \dfrac{-\mu_{i_0}}{\lambda_{i_0} - \mu_{i_0}}$ 且 $\lambda_{i_0} > \mu_{i_0} \geqslant 0$ 时, 有

$$\tau(\delta_{\rho,\sigma}^-) = \delta_{\rho,\sigma}^- \rho + (1 - \delta_{\rho,\sigma}^-)\sigma$$

$$= \frac{-\mu_{i_0}}{\lambda_{i_0} - \mu_{i_0}} \sum_i \lambda_i |\alpha_i\rangle\langle\alpha_i| + \left(1 - \frac{-\mu_{i_0}}{\lambda_{i_0} - \mu_{i_0}}\right) \sum_i \mu_i |\alpha_i\rangle\langle\alpha_i|$$

$$= \sum_i \left(\frac{-\mu_{i_0}\lambda_i + \lambda_{i_0}\mu_i}{\lambda_{i_0} - \mu_{i_0}}\right) |\alpha_i\rangle\langle\alpha_i|$$

$$= \sum_i \nu_i |\alpha_i\rangle\langle\alpha_i|,$$

其中, $\nu_i = \dfrac{-\mu_{i_0}\lambda_i + \lambda_{i_0}\mu_i}{\lambda_{i_0} - \mu_{i_0}}$. 显然, $\lambda_{i_0} > \nu_{i_0} = 0$, 且由 (1) 得 $\delta^-_{\rho,\tau(\delta^-_{\rho,\sigma})} = 0$.

(4) 当 $\delta^+_{\rho,\sigma} = \dfrac{-\mu_{j_0}}{\lambda_{j_0} - \mu_{j_0}}$ 且 $0 \leqslant \lambda_{j_0} < \mu_{j_0}$ 时, 有

$$\tau(\delta^+_{\rho,\sigma}) = \delta^+_{\rho,\sigma}\rho + (1 - \delta^+_{\rho,\sigma})\sigma$$

$$= \frac{-\mu_{j_0}}{\lambda_{j_0} - \mu_{j_0}} \sum_{i=1}^n \lambda_i |\psi_i\rangle\langle\psi_i| + \left(1 - \frac{-\mu_{j_0}}{\lambda_{j_0} - \mu_{j_0}}\right) \sum_{i=1}^n \mu_i |\psi_i\rangle\langle\psi_i|$$

$$= \sum_{i=1}^n \left(\frac{-\mu_{j_0}\lambda_i + \lambda_{j_0}\mu_i}{\lambda_{j_0} - \mu_{j_0}}\right) |\psi_i\rangle\langle\psi_i|$$

$$= \sum_{i=1}^n \omega_i |\psi_i\rangle\langle\psi_i|,$$

其中, $\omega_i = \dfrac{-\mu_{j_0}\lambda_i + \lambda_{j_0}\mu_i}{\lambda_{j_0} - \mu_{j_0}}$. 显然, $0 = \omega_{j_0} < \mu_{j_0}$, 且由 (2) 可得 $\delta^+_{\tau(\delta^+_{\rho,\sigma}),\sigma} = 1$. □

例 5.1.1 设 $a \in (0,1), 0 < \varepsilon < 1-a$ 且

$$\rho = \begin{pmatrix} a+\varepsilon & 0 \\ 0 & 1-a-\varepsilon \end{pmatrix} = (a+\varepsilon)|0\rangle\langle 0| + (1-a-\varepsilon)|1\rangle\langle 1|,$$

$$\sigma = \begin{pmatrix} a & 0 \\ 0 & 1-a \end{pmatrix} = a|0\rangle\langle 0| + (1-a)|1\rangle\langle 1|.$$

则由 (5.1.3) 式可得 $\delta^-_{\rho,\sigma} = \dfrac{-a}{\varepsilon}$ 和 $\delta^+_{\rho,\sigma} = \dfrac{1-a}{\varepsilon}$. 容易得到

$$\tau(\delta^-_{\rho,\sigma}) = \begin{pmatrix} 0 & 0 \\ 0 & 1 \end{pmatrix}, \quad \tau(\delta^+_{\rho,\sigma}) = \begin{pmatrix} 1 & 0 \\ 0 & 0 \end{pmatrix},$$

这是凸集 $D(\mathcal{H})$ 的端点. 显然,

$$\lim_{\varepsilon \to 0^+} \delta^-_{\rho,\sigma} = \lim_{\varepsilon \to 0^+} \frac{-a}{\varepsilon} = -\infty \text{ 且 } \lim_{\varepsilon \to 0^+} \delta^+_{\rho,\sigma} = \lim_{\varepsilon \to 0^+} \frac{1-a}{\varepsilon} = +\infty.$$

这就说明: 当 ρ 和 σ 的距离趋于 0 时, $\tau(t)$ 的正性区间 $[\delta^-_{\rho,\sigma}, \delta^+_{\rho,\sigma}]$ 趋于 $(-\infty, +\infty)$.

5.2 相对量子关联鲁棒性

5.2.1 定义与性质

对于 $\mathcal{H}_A \otimes \mathcal{H}_B$ 上的两个量子态 ρ 和 σ, 令

$$\gamma_{\rho,\sigma}(s) = \frac{1}{1+s}\rho + \frac{s}{1+s}\sigma, \quad \forall s \in [0, +\infty], \quad \gamma_{\rho,\sigma}(+\infty) = \sigma. \tag{5.2.1}$$

从而可以得到一个映射 $\gamma_{\rho,\sigma} : [0, +\infty] \to D(\mathcal{H}_A \otimes \mathcal{H}_B)$. 称 $\gamma_{\rho,\sigma}(s)$ 为 ρ 关于线性噪声 σ 的线性扰动.

接下来, 将讨论由满足 $\gamma_{\rho,\sigma}(s)$ 是经典关联态的所有参数 $s \in [0, +\infty]$ 构成的集合 $\gamma_{\rho,\sigma}^{-1}(CC(\mathcal{H}_A \otimes \mathcal{H}_B))$ 的性质. 假设 $\rho \in D(\mathcal{H}_A \otimes \mathcal{H}_B)$ 和 $\sigma \in CC(\mathcal{H}_A \otimes \mathcal{H}_B)$, 则 $\gamma_{\rho,\sigma}^{-1}(CC(\mathcal{H}_A \otimes \mathcal{H}_B))$ 的下界为 0, 而且至少包含一个元素 $+\infty$. 因此可以记

$$\ell = \inf \gamma_{\rho,\sigma}^{-1}(CC(\mathcal{H}_A \otimes \mathcal{H}_B)).$$

当 $\ell = +\infty$ 时, 对于任意的 $s \in [0, +\infty)$, 有 $\gamma_{\rho,\sigma}(s) \in QC(\mathcal{H}_A \otimes \mathcal{H}_B)$ 但 $\gamma_{\rho,\sigma}(\ell) = \sigma \in CC(\mathcal{H}_A \otimes \mathcal{H}_B)$. 因此, $\ell \in \gamma_{\rho,\sigma}^{-1}(CC(\mathcal{H}_A \otimes \mathcal{H}_B))$.

当 $\ell < \infty$ 时, 存在 $[0, +\infty)$ 中的数列 $\{s_n\}$ 使得对于所有的 $n = 1, 2, \cdots$ 有 $\gamma_{\rho,\sigma}(s_n) \in CC(\mathcal{H}_A \otimes \mathcal{H}_B)$ 且 $\lim_{n \to +\infty} s_n = \ell$. 因此, 由 $CC(\mathcal{H}_A \otimes \mathcal{H}_B)$ 是闭集可知:

$$\gamma_{\rho,\sigma}(\ell) = \lim_{n \to +\infty} \gamma_{\rho,\sigma}(s_n) \in CC(\mathcal{H}_A \otimes \mathcal{H}_B).$$

因此, $\ell \in \gamma_{\rho,\sigma}^{-1}(CC(\mathcal{H}_A \otimes \mathcal{H}_B))$. 这表明

$$\ell = \min \gamma_{\rho,\sigma}^{-1}(CC(\mathcal{H}_A \otimes \mathcal{H}_B)).$$

基于这个观察, 引入了下面的概念.

定义 5.2.1 设 $\rho \in D(\mathcal{H}_A \otimes \mathcal{H}_B)$ 和 $\sigma \in CC(\mathcal{H}_A \otimes \mathcal{H}_B)$, 称

$$\mathcal{R}(\rho\|\sigma) := \min\{s \in [0, +\infty] : \gamma_{\rho,\sigma}(s) \in CC(\mathcal{H}_A \otimes \mathcal{H}_B)\} \tag{5.2.2}$$

为 ρ 与 σ 的相对量子关联鲁棒性.

注 5.2.1 (1) 设 ρ 是经典关联态, 则对于任意的经典关联态 σ 有 $\mathcal{R}(\rho\|\sigma) = 0$. 反过来, 假设对于某个经典关联态 σ 有 $\mathcal{R}(\rho\|\sigma) = 0$, 则 ρ 是经典关联态;

(2) 设 $\sigma = \frac{1}{d_A d_B} I_{AB}$. 因为 $\gamma_{\rho,\sigma}(s)$ 是经典关联态当且仅当 ρ 是经典关联态, 所以容易看出:

5.2 相对量子关联鲁棒性

$$\mathcal{R}\left(\rho \| \frac{1}{d_A d_B} I_{AB}\right) < +\infty$$

当且仅当 $\rho \in CC(\mathcal{H}_A \otimes \mathcal{H}_B)$ 当且仅当 $\mathcal{R}\left(\rho \| \frac{1}{d_A d_B} I_{AB}\right) = 0$.

下面将讨论相对鲁棒性 $\mathcal{R}(\rho\|\sigma)$ 的性质, 揭示 $\gamma_{\rho,\sigma}^{-1}(CC(\mathcal{H}_A \otimes \mathcal{H}_B))$ 的结构并给出一种计算 $\mathcal{R}(\rho\|\sigma)$ 的方法.

定理 5.2.1 设 $\rho \in QC(\mathcal{H}_A \otimes \mathcal{H}_B), \sigma \in CC(\mathcal{H}_A \otimes \mathcal{H}_B)$, 则

(1) 最多存在一个 $t \in [\Delta_{\rho,\sigma}^-, \Delta_{\rho,\sigma}^+] \setminus \{0,1\}$ 使得

$$\tau(t) = t\rho + (1-t)\sigma \in CC(\mathcal{H}_A \otimes \mathcal{H}_B);$$

(2) 最多存在一个 $s \in (0, +\infty)$ 使得 $\gamma_{\rho,\sigma}(s) \in CC(\mathcal{H}_A \otimes \mathcal{H}_B)$;

(3) 当 $s \in (0, +\infty)$ 时, $\mathcal{R}(\rho\|\sigma) = s$ 当且仅当 $\gamma_{\rho,\sigma}(s) \in CC(\mathcal{H}_A \otimes \mathcal{H}_B)$.

证明 假设存在两个不同的 $t_1, t_2 \in [\Delta_{\rho,\sigma}^-, \Delta_{\rho,\sigma}^+] \setminus \{0,1\}$ 使得 $\tau(t_1), \tau(t_2) \in CC(\mathcal{H}_A \otimes \mathcal{H}_B)$, 则

$$\tau(t_2) = \frac{t_2}{t_1}\tau(t_1) + \left(1 - \frac{t_2}{t_1}\right)\sigma \in CC(\mathcal{H}_1 \otimes \mathcal{H}_2),$$

从而

$$\frac{t_2}{t_1} \in [\Delta_{\tau(t_1),\sigma}^-, \Delta_{\tau(t_1),\sigma}^+] \setminus \{0,1\}.$$

因此, 对于任意的 $s \in [\Delta_{\tau(t_1),\sigma}^-, \Delta_{\tau(t_1),\sigma}^+] \setminus \{0,1\}$, 由引理 5.1.2 可知: $s\tau(t_1) + (1-s)\sigma \in CC(\mathcal{H}_A \otimes \mathcal{H}_B)$. 由于

$$\rho = \frac{1}{t_1}\tau(t_1) + \left(1 - \frac{1}{t_1}\right)\sigma \in D(\mathcal{H}_A \otimes \mathcal{H}_B),$$

所以, $\rho \in CC(\mathcal{H}_A \otimes \mathcal{H}_B)$. 这与 $\rho \in QC(\mathcal{H}_A \otimes \mathcal{H}_B)$ 矛盾. 于是, 最多存在一个 $t \in [\Delta_{\rho,\sigma}^-, \Delta_{\rho,\sigma}^+] \setminus \{0,1\}$ 使得

$$\tau(t) = t\rho + (1-t)\sigma \in CC(\mathcal{H}_A \otimes \mathcal{H}_B).$$

由 (1) 易得 (2).

再设 $t = \frac{1}{1+s}$, 利用 (2) 可得 (3). □

下面讨论 ρ 关于 σ 的量子关联相对鲁棒性的几何解释. 由定理 5.2.1 可以看出:

设 $\rho \in QC(\mathcal{H}_A \otimes \mathcal{H}_B), \sigma \in CC(\mathcal{H}_A \otimes \mathcal{H}_B)$. 假设存在 $t_0 \in [\Delta_{\rho,\sigma}^-, \Delta_{\rho,\sigma}^+] \setminus \{0,1\}$ 使得 $\tau(t_0) \in CC(\mathcal{H}_A \otimes \mathcal{H}_B)$, 则 t_0 只能位于区间 $[\Delta_{\rho,\sigma}^-, 0), (0,1)$ 和 $(1, \Delta_{\rho,\sigma}^+]$ 之一中. 利用定理 5.2.1, 可以计算 $\mathcal{R}(\rho||\sigma)$ 和 $\mathcal{R}(\rho||\tau(t_0))$ 如下.

(1) 当 $t_0 \in [\Delta_{\rho,\sigma}^-, 0)$ 时, 即 $t_0 = t_1$ (图 5.2), $\mathcal{R}(\rho||\sigma) = +\infty$ 且 $\mathcal{R}(\rho||\tau(t_0)) = -\dfrac{1}{t_0}$;

(2) 当 $t_0 \in (0,1)$ 时, 即 $t_0 = t_2$ (图 5.2), $\mathcal{R}(\rho||\sigma) = \dfrac{1}{t_0} - 1$ 且 $\mathcal{R}(\rho||\tau(t_0)) = +\infty$;

(3) 当 $t_0 \in (1, \Delta_{\rho,\sigma}^+]$ 时, 即 $t_0 = t_3$ (图 5.2), $\mathcal{R}(\rho||\sigma) = \mathcal{R}(\rho||\tau(t_0)) = +\infty$.

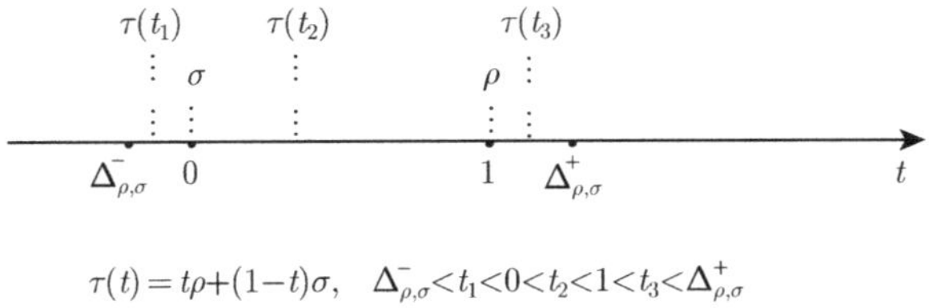

$\tau(t) = t\rho + (1-t)\sigma, \quad \Delta_{\rho,\sigma}^- < t_1 < 0 < t_2 < 1 < t_3 < \Delta_{\rho,\sigma}^+$

图 5.2 位于 $[\Delta_{\rho,\sigma}^-, \Delta_{\rho,\sigma}^+]$ 的参数 t 对应的量子态

下面, 设 $\mathcal{R}(\rho||\sigma) = s_0 \in (0, +\infty)$, 则 $\gamma_{\rho,\sigma}(s_0) = \tau(t_0)$ 是 ρ 和 σ 之间唯一的经典关联态, 其中 $s_0 = \dfrac{1}{t_0} - 1$. 设 $s \in [0, s_0]$, 记 $\rho_1 = \gamma_{\rho,\sigma}(s)$. 由定理 5.2.1(3) 可知: $\mathcal{R}(\rho_1||\sigma) = t$ 当且仅当 $\gamma_{\rho_1,\sigma}(t)$ 是经典关联态当且仅当 $\gamma_{\rho_1,\sigma}(t) = \gamma_{\rho,\sigma}(s_0)$ 当且仅当 $t = \dfrac{s_0 - s}{1 + s}$. 这表明

$$\mathcal{R}(\gamma_{\rho,\sigma}(s)||\sigma) = \begin{cases} \dfrac{s_0 - s}{1 + s}, & s \in [0, s_0], \\ +\infty, & s \in (s_0, +\infty) \end{cases}$$

可以看作是关于 $[0, \infty)$ 中的参数 s 的函数, 参见图 5.3.

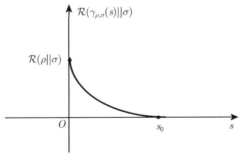

图 5.3 $\gamma_{\rho,\sigma}(s)$ 关于 σ 的相对鲁棒性 $\mathcal{R}(\gamma_{\rho,\sigma}(s)||\sigma)$. 可以看出关于变量 s 的函数 $\mathcal{R}(\gamma_{\rho,\sigma}(s)||\sigma)$ 在闭区间 $[0, s_0]$ 上是递减且凸的, 在 $s = 0$ 时取到最大值 $s_0 = \mathcal{R}(\rho||\sigma)$

5.2 相对量子关联鲁棒性

现在讨论什么时候 $\mathcal{R}(\rho||\sigma)$ 是有限的. 为此, 假设 $\rho \in D(\mathcal{H}_A \otimes \mathcal{H}_B)$ 并且 $\sigma \in CC(\mathcal{H}_A \otimes \mathcal{H}_B)$, 则分别存在 $\mathcal{H}_A$ 和 $\mathcal{H}_B$ 中的正规正交基 $\{|e_i\rangle\}$ 和 $\{|f_k\rangle\}$ 使得

$$\sigma = \sum_{ij} p_{ij} |e_i\rangle\langle e_i| \otimes |f_j\rangle\langle f_j|.$$

在 $\mathcal{H}_A \otimes \mathcal{H}_B$ 的正规正交基 $\{|e_i\rangle|f_k\rangle\}$ 下, 算子 ρ 有下列两种形式:

$$\rho = \sum_{k\ell} A_{k\ell}(\rho) \otimes |f_k\rangle\langle f_\ell| = \sum_{ij} |e_i\rangle\langle e_j| \otimes B_{ij}(\rho),$$

其中

$$A_{k\ell}(\rho) = \langle f_k|\rho|f_\ell\rangle, \quad B_{ij}(\rho) = \langle e_i|\rho|e_j\rangle.$$

对于每一个 $s \in [0, +\infty)$, 计算可得

$$\gamma_{\rho,\sigma}(s) = \frac{1}{1+s}\rho + \frac{s}{1+s}\sigma = \sum_{k,\ell} C_{k\ell} \otimes |f_k\rangle\langle f_\ell| = \sum_{i,j} |e_i\rangle\langle e_j| \otimes D_{ij},$$

其中

$$C_{kk} = \frac{1}{1+s} A_{kk}(\rho) + \frac{s}{1+s} \langle f_k|\sigma|f_k\rangle, \quad C_{k\ell} = \frac{1}{1+s} A_{k\ell}(\rho) (k \neq \ell),$$

$$D_{ii} = \frac{1}{1+s} B_{ii}(\rho) + \frac{s}{1+s} \langle e_i|\sigma|e_i\rangle, \quad D_{ij} = \frac{1}{1+s} B_{ij}(\rho) (i \neq j).$$

令

$$F_1(s) := \{A_{k\ell}(\rho) : k \neq \ell\} \bigcup \{A_{kk}(\rho) + s\langle f_k|\sigma|f_k\rangle : k = 1, 2, \cdots, d_B\}$$

和

$$F_2(s) := \{B_{ij}(\rho) : i \neq j\} \bigcup \{B_{ii}(\rho) + s\langle e_i|\sigma|e_i\rangle : i = 1, 2, \cdots, d_A\}.$$

由推论 2.2.1 可知.

定理 5.2.2 设 $\rho \in D(\mathcal{H}_A \otimes \mathcal{H}_B)$, $\sigma \in CC(\mathcal{H}_A \otimes \mathcal{H}_B)$, 且 $s \in [0, +\infty)$, 则 $\gamma_{\rho,\sigma}(s) \in CC(\mathcal{H}_A \otimes \mathcal{H}_B)$ 当且仅当 $F_1(s)$ 和 $F_2(s)$ 是交换族.

从而, 下面给出 $\mathcal{R}(\rho||\sigma)$ 有限的一个充分必要条件.

定理 5.2.3 设 $\rho \in D(\mathcal{H}_A \otimes \mathcal{H}_B)$, $\sigma \in CC(\mathcal{H}_A \otimes \mathcal{H}_B)$ 且

$$\sigma = \sum_{ij} p_{ij} |e_i\rangle\langle e_i| \otimes |f_j\rangle\langle f_j|,$$

其中 $\{|e_i\rangle\}$ 和 $\{|f_k\rangle\}$ 分别是 $\mathcal{H}_A$ 和 $\mathcal{H}_B$ 中的正规正交基, 则 $\mathcal{R}(\rho||\sigma) < +\infty$ 当且仅当下列条件成立:

(1) $\{A_{k\ell}(\rho) : k \neq \ell\}$ 和 $\{B_{ij}(\rho) : i \neq j\}$ 是交换族;

(2) 存在一个 $s \in [0, +\infty)$ 使得下列条件成立:

(a) $[A_{k\ell}(\rho), A_{tt}(\rho)] + s[A_{k\ell}(\rho), \langle f_t|\sigma|f_t\rangle] = 0, \quad \forall k \neq \ell, \forall t,$ 且

$$[A_{kk}(\rho), A_{\ell\ell}(\rho)] + s([A_{kk}(\rho), \langle f_\ell|\sigma|f_\ell\rangle] + [\langle f_k|\sigma|f_k\rangle, A_{\ell\ell}(\rho)]) = 0, \quad \forall k \neq \ell;$$

(b) $[B_{ij}(\rho), B_{mm}(\rho)] + s[B_{ij}(\rho), \langle e_m|\sigma|e_m\rangle] = 0, \quad \forall i \neq j, \forall m$ 且

$$[B_{ii}(\rho), B_{jj}(\rho)] + s([B_{ii}(\rho), \langle e_j|\sigma|e_j\rangle] + [\langle e_i|\sigma|e_i\rangle, B_{jj}(\rho)]) = 0, \quad \forall i \neq j.$$

5.2.2 例子

本节的最后给出计算 ρ 关于 σ 的量子关联相对鲁棒性的一个例子.

例 5.2.1 设

$$\rho = \frac{1}{2} \begin{pmatrix} a & c \\ \bar{c} & 1-a \end{pmatrix} \otimes \begin{pmatrix} 1 & 0 \\ 0 & 0 \end{pmatrix} + \frac{1}{2} \begin{pmatrix} \lambda & 0 \\ 0 & 1-\lambda \end{pmatrix} \otimes \begin{pmatrix} 0 & 0 \\ 0 & 1 \end{pmatrix}, \quad (5.2.3)$$

其中,

$$0 < a < 1, \quad a(1-a) \geqslant |c|^2 > 0, \quad 0 \leqslant \lambda \leqslant 1, \quad \lambda \neq 1/2.$$

设

$$\sigma = \begin{pmatrix} x & 0 \\ 0 & 1-x \end{pmatrix} \otimes \begin{pmatrix} y & 0 \\ 0 & 1-y \end{pmatrix}, \quad x, y \in [0, 1]. \quad (5.2.4)$$

计算 $\mathcal{R}(\rho\|\sigma)$.

首先, 验证 ρ 是量子关联态. 为此, 首先由注 2.2.1 知: 两个乘积态的凸组合 $\lambda\rho_1 \otimes \rho_2 + (1-\lambda)\sigma_1 \otimes \sigma_2$ 是经典关联态当且仅当至少有一种情形成立: (i) $[\rho_1, \sigma_1] = 0$ 且 $[\rho_2, \sigma_2] = 0$; (ii) $\rho_1 = \sigma_1$; (iii) $\rho_2 = \sigma_2$. 因为 $c \neq 0, \lambda \neq 1/2$, 所以

$$\frac{1}{2} \begin{pmatrix} a & c \\ \bar{c} & 1-a \end{pmatrix} \quad \text{和} \quad \frac{1}{2} \begin{pmatrix} \lambda & 0 \\ 0 & 1-\lambda \end{pmatrix}$$

不交换. 从而, ρ 是量子关联态, 进而, $\mathcal{R}(\rho\|\sigma) > 0$. 由定理 4.3.1(3) 可知: 存在一个 $s \in (0, +\infty)$ 使得 $\gamma_{\rho,\sigma}(s)$ 是经典关联态. 为此, 设 $s \in (0, +\infty)$, 取

$$|e_1\rangle = |f_1\rangle = |1\rangle = \begin{pmatrix} 1 \\ 0 \end{pmatrix}, \quad |e_2\rangle = |f_2\rangle = |2\rangle = \begin{pmatrix} 0 \\ 1 \end{pmatrix}.$$

5.2 相对量子关联鲁棒性

则 $\{|e_1\rangle, |e_2\rangle\}$ 和 $\{|f_1\rangle, |f_2\rangle\}$ 分别是 $\mathcal{H}_A = \mathbb{C}^2$ 和 $\mathcal{H}_B = \mathbb{C}^2$ 中的正规正交基. 在这些基下, 可以计算 $A_{12}(\rho) = A_{21}(\rho) = 0$, 且

$$A_{11}(\rho) = \frac{1}{2}\begin{pmatrix} a & c \\ \bar{c} & 1-a \end{pmatrix}, \quad A_{22}(\rho) = \frac{1}{2}\begin{pmatrix} \lambda & 0 \\ 0 & 1-\lambda \end{pmatrix},$$

$$B_{11}(\rho) = \frac{1}{2}\begin{pmatrix} a & 0 \\ 0 & \lambda \end{pmatrix}, \quad B_{12}(\rho) = \frac{1}{2}\begin{pmatrix} c & 0 \\ 0 & 0 \end{pmatrix},$$

$$B_{21}(\rho) = \frac{1}{2}\begin{pmatrix} \bar{c} & 0 \\ 0 & 0 \end{pmatrix}, \quad B_{22}(\rho) = \frac{1}{2}\begin{pmatrix} 1-a & 0 \\ 0 & 1-\lambda \end{pmatrix},$$

$$\langle 1|\sigma|1\rangle = y\begin{pmatrix} x & 0 \\ 0 & 1-x \end{pmatrix}, \quad \langle 2|\sigma|2\rangle = (1-y)\begin{pmatrix} x & 0 \\ 0 & 1-x \end{pmatrix}.$$

由定理 5.2.2 得: $\gamma_{\rho,\sigma}(s)$ 是经典关联态当且仅当等式

$$[A_{11}(\rho), A_{22}(\rho)] + s([A_{11}(\rho), \langle 2|\sigma|2\rangle] + [\langle 1|\sigma|1\rangle, A_{22}(\rho)]) = 0$$

成立, 等价于

$$(1 - 2\lambda) + s \cdot 2(1-y)(1-2x) = 0. \tag{5.2.5}$$

因此, 再由定理 5.2.1(3) 可知: $\mathcal{R}(\rho||\sigma) = s$ 当且仅当 (5.2.5) 式成立. 明确地说,

(1) 当 $x = \dfrac{1}{2}$ 或者 $y = 1$ 时, 方程 (5.2.5) 无解, 因此, $\mathcal{R}(\rho||\sigma) = +\infty$;

(2) 当 $0 \leqslant \lambda < \dfrac{1}{2}$ 时, 方程 (5.2.5) 有一个正解 s 当且仅当

$$(x, y) \in D_1 := \left\{(x, y) : \frac{1}{2} < x \leqslant 1, 0 \leqslant y < 1\right\},$$

这时,

$$\mathcal{R}(\rho||\sigma) = s = \frac{1 - 2\lambda}{2(1-y)(2x-1)}.$$

因此, 若 $(x, y) \notin D_1$, 则 $\mathcal{R}(\rho||\sigma) = +\infty$. 当 $\lambda = 1/4$ 时,

$$\mathcal{R}(\rho||\sigma) = s = \frac{1}{4(1-y)(2x-1)}.$$

显然, 当 $D_1 \ni (x, y) \to (0.5, 1)$ 时, $\mathcal{R}(\rho||\sigma) \to +\infty$. $\mathcal{R}(\rho||\sigma)$ 作为变量 $(x, y) \in D_1$ 的函数的图像请参见图 5.4(a).

(3) 当 $\frac{1}{2} < \lambda \leqslant 1$ 时, 方程 (5.2.5) 有一个正解 s 当且仅当

$$(x,y) \in D_2 := \left\{(x,y) : 0 \leqslant x < \frac{1}{2}, 0 \leqslant y < 1\right\},$$

这时,

$$\mathcal{R}(\rho||\sigma) = s = \frac{2\lambda - 1}{2(1-y)(1-2x)}.$$

因此, 若 $(x,y) \notin D_2$, 则 $\mathcal{R}(\rho||\sigma) = +\infty$. 当 $\lambda = 3/4$ 时,

$$\mathcal{R}(\rho||\sigma) = \frac{1}{4(1-y)(1-2x)}.$$

显然, 当 $D_2 \ni (x,y) \to (0.5,1)$ 时, $\mathcal{R}(\rho||\sigma) \to +\infty$. $\mathcal{R}(\rho||\sigma)$ 作为变量 $(x,y) \in D_2$ 的函数的图像请参见图 5.4(b).

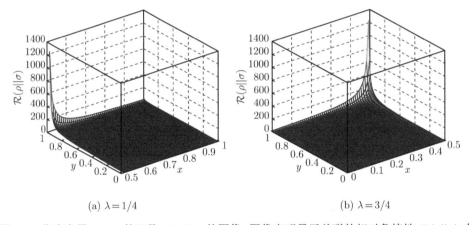

(a) $\lambda = 1/4$ (b) $\lambda = 3/4$

图 5.4 作为变量 (x,y) 的函数 $\mathcal{R}(\rho||\sigma)$ 的图像. 图像表明量子关联的相对鲁棒性 $\mathcal{R}(\rho||\sigma)$ 在 $(0.5,1)$ 的附近变得越来越大. 因此, 当 ρ 给定时, 我们可以选择合适的 σ 使得 ρ 关于 σ 的量子关联相对鲁棒性越来越大

5.3 量子关联鲁棒性及其动力学性质

5.3.1 定义与性质

对于任意的 $\rho \in D(\mathcal{H}_A \otimes \mathcal{H}_B)$, 记

$$p = \inf\{\mathcal{R}(\rho||\sigma) : \sigma \in CC(\mathcal{H}_A \otimes \mathcal{H}_B)\}.$$

5.3 量子关联鲁棒性及其动力学性质

当 $p = +\infty$ 时, 对于任意的 $\sigma \in CC(\mathcal{H}_A \otimes \mathcal{H}_B)$ 使得 $\mathcal{R}(\rho\|\sigma) = +\infty$. 因此, 一定存在经典关联态 σ 使得 $p = \mathcal{R}(\rho\|\sigma)$. 当 $p < +\infty$ 时, 存在 $CC(\mathcal{H}_A \otimes \mathcal{H}_B)$ 中的一列 $\{\sigma_n\}$ 使得 $p = \lim\limits_{n \to +\infty} \mathcal{R}(\rho\|\sigma_n)$. 因为 $CC(\mathcal{H}_A \otimes \mathcal{H}_B)$ 是紧集, 所以可以假定 $\{\sigma_n\}$ 收敛到 $CC(\mathcal{H}_A \otimes \mathcal{H}_B)$ 中的某个 σ 且对于任意的 n 有 $p_n := \mathcal{R}(\rho\|\sigma_n) < +\infty$. 从而, 当 $n \to +\infty$ 时,

$$\gamma_{\rho,\sigma_n}(p_n) = \frac{1}{1+p_n}\rho + \frac{s_n}{1+p_n}\sigma_n \to \frac{1}{1+p}\rho + \frac{p}{1+p}\sigma = \gamma_{\rho,\sigma}(p).$$

由于对于任意的 $n = 1, 2, \cdots$ 有 $\gamma_{\rho,\sigma}(p_n) \in CC(\mathcal{H}_A \otimes \mathcal{H}_B)$ 且 $CC(\mathcal{H}_A \otimes \mathcal{H}_B)$ 是闭集, 所以, $\gamma_{\rho,\sigma}(p) \in CC(\mathcal{H}_A \otimes \mathcal{H}_B)$, 进而, $p = \mathcal{R}(\rho\|\sigma)$. 这表明: $p = \min\{\mathcal{R}(\rho\|\sigma) : \sigma \in CC(\mathcal{H}_A \otimes \mathcal{H}_B)\}$. 于是, 下列的定义是合理的.

定义 5.3.1 设 $\rho \in D(\mathcal{H}_A \otimes \mathcal{H}_B)$, 则称

$$\mathcal{R}(\rho) := \min\{\mathcal{R}(\rho\|\sigma) : \sigma \in CC(\mathcal{H}_A \otimes \mathcal{H}_B)\} \tag{5.3.1}$$

为 ρ 的量子关联鲁棒性.

注 5.3.1 由定义 5.3.1 以及注 5.2.1 (1) 和定理 5.2.1 可知:

(1) $0 \leqslant \mathcal{R}(\rho) \leqslant +\infty$; $\mathcal{R}(\rho) = 0$ 当且仅当 ρ 是经典关联态; $\mathcal{R}(\rho) > 0$ 当且仅当 ρ 是量子关联态;

(2) $\mathcal{R}(\rho) = +\infty$ 当且仅当对于任意的 $\sigma \in CC(\mathcal{H}_A \otimes \mathcal{H}_B)$ 有 $\mathcal{R}(\rho\|\sigma) = +\infty$ 当且仅当对于任意的 $s \in [0, \infty)$ 和任意的 $\sigma \in CC(\mathcal{H}_A \otimes \mathcal{H}_B)$ 都有 $\gamma_{\rho,\sigma}(s)$;

(3) 定义 5.2.1 表明

$$\mathcal{R}(\rho) = \min\{s \in [0, +\infty) : \exists \sigma \in CC(\mathcal{H}_A \otimes \mathcal{H}_B) \text{ s.t. } \gamma_{\rho,\sigma}(s) \in CC(\mathcal{H}_A \otimes \mathcal{H}_B)\};$$

(4) 设 $0 < s_0 = \mathcal{R}(\rho) < +\infty$, 则存在一个经典关联态 σ 使得

$$\gamma_{\rho,\sigma}(s_0) \in CC(\mathcal{H}_A \otimes \mathcal{H}_B),$$

并且对于任意满足 $0 \leqslant s_1 < s_0 < s_2 < +\infty$ 的 s_1, s_2, 有

$$\gamma_{\rho,\sigma}(s_k) \in QC(\mathcal{H}_A \otimes \mathcal{H}_B), \quad k = 1, 2.$$

参见图 5.5, 记 $\gamma(s) = \gamma_{\rho,\sigma}(s)$.

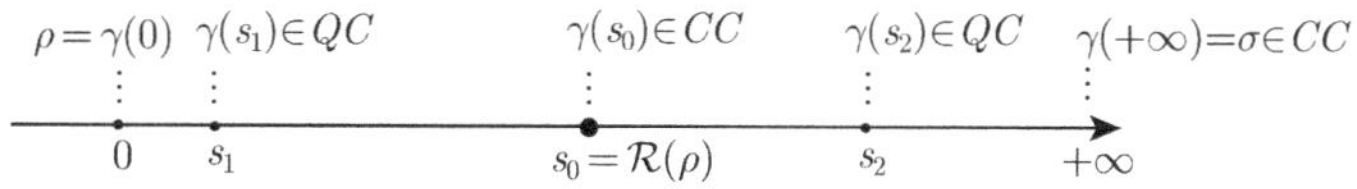

图 5.5 量子关联鲁棒性 $\mathcal{R}(\rho)$ 的几何解释. 可以看出: 如果存在一个经典关联态 σ 使得 $0 < \mathcal{R}(\rho) = \mathcal{R}(\rho\|\sigma) < +\infty$, 那么在从 ρ 到 σ 的射线上只能存在一个经典关联态 $\gamma_{\rho,\sigma}(\mathcal{R}(\rho))$

对于量子态 ρ, 称满足 $\mathcal{R}(\rho) = \mathcal{R}(\rho\|\sigma) < +\infty$ 的经典关联态 σ 为 ρ 的最优态. 下面的定理给出了同一个量子态 ρ 的两个最优态的伪凸组合仍然是 ρ 的最优态的充分必要条件.

定理 5.3.1 设 $\rho \in QC(\mathcal{H}_A \otimes \mathcal{H}_B)$, $t \in [\Delta^-_{\sigma_1,\sigma_2}, \Delta^+_{\sigma_1,\sigma_2}] \setminus \{0,1\}$. 如果 σ_1 和 σ_2 都是 ρ 的最优态, 那么 $t\sigma_1 + (1-t)\sigma_2$ 也是 ρ 的最优态当且仅当它是经典关联态, 参见图 5.6.

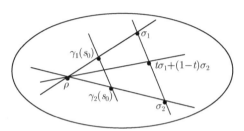

图 5.6 量子关联态 ρ 的两个最优态 σ_1 和 σ_2 的伪凸组合, 其中 $\gamma_1 = \gamma_{\rho,\sigma_1}$, $\gamma_2 = \gamma_{\rho,\sigma_2}$

证明 因为 σ_1 和 σ_2 都是 ρ 的最优态, 那么,

$$0 < s_0 = \mathcal{R}(\rho) = \mathcal{R}(\rho\|\sigma_1) = \mathcal{R}(\rho\|\sigma_2) < +\infty$$

且

$$\gamma_{\rho,\sigma_1}(s_0) = \frac{1}{1+s_0}\rho + \frac{s_0}{1+s_0}\sigma_1, \quad \gamma_{\rho,\sigma_2}(s_0) = \frac{1}{1+s_0}\rho + \frac{s_0}{1+s_0}\sigma_2$$

都是经典关联态. 由推论 2.2.1 知: $\{A_{k\ell}(\rho) + s_0 A_{k\ell}(\sigma_q)\}(q=1,2)$ 和 $\{B_{ij}(\rho) + s_0 B_{ij}(\sigma_q)\}(q=1,2)$ 是交换族. 因此, 对于 $q=1,2$, 有

$$[A_{k\ell}(\rho), A_{mn}(\rho)] + s_0[A_{k\ell}(\rho), A_{mn}(\sigma_q)] + s_0[A_{k\ell}(\sigma_q), A_{mn}(\rho)] = 0 \qquad (5.3.2)$$

和

$$[B_{ij}(\rho), B_{st}(\rho)] + s_0[B_{ij}(\rho), B_{st}(\sigma_q)] + s_0[B_{ij}(\sigma_q), B_{st}(\rho)] = 0. \qquad (5.3.3)$$

通过简单的计算可知:

$$\gamma_{\rho,\sigma}(s_0) = \frac{1}{1+s_0}\rho + \frac{s_0}{1+s_0}\sigma = t\gamma_{\rho,\sigma_1}(s_0) + (1-t)\gamma_{\rho,\sigma_2}(s_0).$$

由定理 5.2.1(3) 得 σ 是 ρ 的最优态当且仅当 $\gamma_{\rho,\sigma}(s_0)$ 是经典关联态当且仅当

$$t\gamma_{\rho,\sigma_1}(s_0) + (1-t)\gamma_{\rho,\sigma_2}(s_0)$$

是经典关联态当且仅当

$$[A_{k\ell}(\rho)+s_0 A_{k\ell}(\sigma_1), A_{mn}(\rho)+s_0 A_{mn}(\sigma_2)] + [A_{k\ell}(\rho)+s_0 A_{k\ell}(\sigma_2), A_{mn}(\rho)+s_0 A_{mn}(\sigma_1)] = 0$$

且

$$[B_{ij}(\rho)+s_0 B_{ij}(\sigma_1), B_{st}(\rho)+s_0 B_{st}(\sigma_2)]+[B_{ij}(\rho)+s_0 B_{ij}(\sigma_2), B_{st}(\rho)+s_0 B_{st}(\sigma_1)]=0$$

当且仅当 (利用 (5.3.2) 式和 (5.3.3) 式)

$$[A_{k\ell}(\sigma_1), A_{mn}(\sigma_2)]+[A_{k\ell}(\sigma_2), A_{mn}(\sigma_1)]=0,$$

$$[B_{ij}(\sigma_1), B_{st}(\sigma_2)]+[B_{ij}(\sigma_2), B_{st}(\sigma_1)]=0$$

当且仅当 σ 是经典关联态. □

利用定理 5.2.2, 得到下列的结果给出了量子态的量子关联鲁棒性 $\mathcal{R}(\rho)$ 有限的充分必要条件.

定理 5.3.2 设 $\rho \in D(\mathcal{H}_A \otimes \mathcal{H}_B)$, 则 $\mathcal{R}(\rho) < +\infty$ 当且仅当下列两个条件满足:

(1) 分别存在 $\mathcal{H}_A$ 和 $\mathcal{H}_B$ 中的正规正交基 $\{|e_i\rangle\}$ 和 $\{|f_k\rangle\}$ 使得 $\{A_{k\ell}(\rho): k \neq \ell\}$ 和 $\{B_{ij}(\rho): i \neq j\}$ 是交换族;

(2) 存在概率分布 $\{p_{ij}: i, j\}$ 和 $s \in [0, +\infty)$ 使得下面的两个条件成立:

(i) $[A_{k\ell}(\rho), A_{tt}(\rho)] + s[A_{k\ell}(\rho), \langle f_t|\sigma|f_t\rangle] = 0$, $\forall k \neq \ell, \forall t$ 且

$$[A_{kk}(\rho), A_{\ell\ell}(\rho)] + s([A_{kk}(\rho), \langle f_\ell|\sigma|f_\ell\rangle] + [\langle f_k|\sigma|f_k\rangle, A_{\ell\ell}(\rho)]) = 0, \quad \forall k \neq \ell;$$

(ii) $[B_{ij}(\rho), B_{mm}(\rho)] + s[B_{ij}(\rho), \langle e_m|\sigma|e_m\rangle] = 0$, $\forall i \neq j, \forall m$ 且

$$[B_{ii}(\rho), B_{jj}(\rho)] + s([B_{ii}(\rho), \langle e_j|\sigma|e_j\rangle] + [\langle e_i|\sigma|e_i\rangle, B_{jj}(\rho)]) = 0, \quad \forall i \neq j,$$

其中

$$\sigma = \sum_{ij} p_{ij}|e_i\rangle\langle e_i| \otimes |f_j\rangle\langle f_j|.$$

5.3.2 量子信道对关联鲁棒性的影响

下面讨论量子信道对关联鲁棒性的影响. 首先回顾一些概念. 设 Φ 是量子系统 $\mathcal{H}_A \otimes \mathcal{H}_B$ 上的量子信道. 称 Φ 是保持经典关联性的, 若它将经典关联态映射成经典关联态; 称 Φ 是反保持经典关联性的, 若 $\Phi(\rho)$ 是经典关联态意味着 ρ 是经典关联态; 称 Φ 是双方保持经典关联性的, 若它既是保持经典关联性的也是反保持经典关联性的; 称 Φ 是破坏量子关联性的, 若它将量子态可以映射为经典关联态.

定理 5.3.3 设 $\rho \in D(\mathcal{H}_A \otimes \mathcal{H}_B)$ 和 Φ 是量子系统 $\mathcal{H}_A \otimes \mathcal{H}_B$ 上的量子信道, 则

(1) 如果存在 $\mathcal{H}_A \otimes \mathcal{H}_B$ 上的局部酉算子 $U = U_A \otimes U_B$ 使得对于任意的 $X \in B(\mathcal{H}_A \otimes \mathcal{H}_B)$ 有 $\Phi(X) = UXU^\dagger$, 那么 $\mathcal{R}(\Phi(\rho)) = \mathcal{R}(\rho)$;

(2) 对于任意的 $\rho \in D(\mathcal{H}_A \otimes \mathcal{H}_B)$ 有 $\mathcal{R}(\Phi(\rho)) \leqslant \mathcal{R}(\rho)$ 当且仅当 Φ 是保持经典关联性的;

(3) 设 $\Phi(D(\mathcal{H}_A \otimes \mathcal{H}_B)) \supset CC(\mathcal{H}_A \otimes \mathcal{H}_B)$, 则对于任意的 $\rho \in D(\mathcal{H}_A \otimes \mathcal{H}_B)$ 有 $\mathcal{R}(\Phi(\rho)) \geqslant \mathcal{R}(\rho)$ 当且仅当 Φ 是反保持经典关联性的;

(4) 设 $\Phi(D(\mathcal{H}_A \otimes \mathcal{H}_B)) \supset CC(\mathcal{H}_A \otimes \mathcal{H}_B)$, 则 $\mathcal{R}(\Phi(\rho)) = \mathcal{R}(\rho)$ 当且仅当 Φ 是双方保持经典关联性的;

(5) $\mathcal{R}(\Phi(\rho)) = 0$ 当且仅当 Φ 是破坏量子关联性的.

证明 (1) 设 $s = \mathcal{R}(\rho) < +\infty$, 则 $\exists \sigma \in CC(\mathcal{H}_A \otimes \mathcal{H}_B)$ 使得 $\gamma_{\rho,\sigma}(s) \in CC(\mathcal{H}_A \otimes \mathcal{H}_B)$. 因此, 对于局部酉算子 U, 有 $U\gamma_{\rho,\sigma}(s)U^\dagger \in CC(\mathcal{H}_A \otimes \mathcal{H}_B)$, 进而, $\mathcal{R}(U\rho U^\dagger) \leqslant \mathcal{R}(\rho) = s$. 而且, 注意到 $s = \mathcal{R}(U^\dagger U \rho U^\dagger U) \leqslant \mathcal{R}(U\rho U^\dagger) \leqslant s$, 这表明对于局部酉算子 U 有 $\mathcal{R}(\rho) = \mathcal{R}(U\rho U^\dagger)$.

(2) 设对于所有的 $\rho \in D(\mathcal{H}_A \otimes \mathcal{H}_B)$, $\mathcal{R}(\Phi(\rho)) \leqslant \mathcal{R}(\rho)$ 成立. 假设 Φ 不是保持经典关联性的, 则存在经典关联态 ρ 使得 $\Phi(\rho)$ 不是经典关联态. 因此, $\mathcal{R}(\rho) = 0 < \mathcal{R}(\Phi(\rho))$. 这与 $\mathcal{R}(\Phi(\rho)) \leqslant \mathcal{R}(\rho)$ 矛盾.

反过来, 假设 Φ 是保持经典关联性的量子信道且 $\rho \in D(\mathcal{H}_A \otimes \mathcal{H}_B)$. 当 $\mathcal{R}(\rho) = +\infty$ 时, 有 $\mathcal{R}(\Phi(\rho)) \leqslant \mathcal{R}(\rho)$. 当 $\mathcal{R}(\rho) < +\infty$ 时, 存在经典关联态 σ 使得 $\mathcal{R}(\rho) = \mathcal{R}(\rho||\sigma) := s_0 < +\infty$. 因此, $\gamma_{\rho,\sigma}(s_0) = \dfrac{1}{1+s_0}\rho + \dfrac{s_0}{1+s_0}\sigma \in CC(\mathcal{H}_A \otimes \mathcal{H}_B)$, 进而,

$$\frac{1}{1+s_0}\Phi(\rho) + \frac{s_0}{1+s_0}\Phi(\sigma) = \Phi(\gamma_{\rho,\sigma}(s_0)) \in CC(\mathcal{H}_A \otimes \mathcal{H}_B).$$

由于 $\Phi(\sigma) \in CC(\mathcal{H}_A \otimes \mathcal{H}_B)$, 所以, $\mathcal{R}(\Phi(\rho)) \leqslant \mathcal{R}(\Phi(\rho)||\Phi(\sigma)) \leqslant s_0 = \mathcal{R}(\rho)$.

(3) 假设 Φ 是双方保持经典关联性的量子信道, 则由 (2) 可得 $\mathcal{R}(\Phi(\rho)) \leqslant \mathcal{R}(\rho)$ 对于所有的 $\rho \in D(\mathcal{H}_A \otimes \mathcal{H}_B)$. 设 $\rho \in D(\mathcal{H}_A \otimes \mathcal{H}_B)$ 且 $\mathcal{R}(\Phi(\rho)) = s_0$, 则当 $s_0 = +\infty$ 时, 有 $\mathcal{R}(\rho) \leqslant \mathcal{R}(\Phi(\rho))$. 当 $s_0 < +\infty$ 时, 存在一个经典关联态 σ 使得 $\dfrac{1}{1+s_0}\Phi(\rho) + \dfrac{s_0}{1+s_0}\sigma \in CC(\mathcal{H}_A \otimes \mathcal{H}_B)$. 条件 $\Phi(D(\mathcal{H}_A \otimes \mathcal{H}_B)) \supset CC(\mathcal{H}_A \otimes \mathcal{H}_B)$ 意味着存在量子态 $\tau \in D(\mathcal{H}_A \otimes \mathcal{H}_B)$ 使得 $\Phi(\tau) = \sigma$. 从而,

$$\Phi\left(\frac{1}{1+s_0}\rho + \frac{s_0}{1+s_0}\tau\right) = \frac{1}{1+s_0}\Phi(\rho) + \frac{s_0}{1+s_0}\sigma \in CC(\mathcal{H}_A \otimes \mathcal{H}_B).$$

由于 $\Phi(\tau) = \sigma$ 是经典关联态且 Φ 是双方保持经典关联性的量子信道, 所以, τ 和 $\dfrac{1}{1+s_0}\rho + \dfrac{s_0}{1+s_0}\tau$ 都是经典关联态. 因此, $\mathcal{R}(\rho) \leqslant \mathcal{R}(\rho||\tau) \leqslant s_0 = \mathcal{R}(\Phi(\rho))$. 这表明:

$\mathcal{R}(\rho) = \mathcal{R}(\Phi(\rho))$.

反过来, 假设对于所有的 $\rho \in D(\mathcal{H}_A \otimes \mathcal{H}_B)$ 有 $\mathcal{R}(\rho) = \mathcal{R}(\Phi(\rho))$, 则对于所有的 $\rho \in D(\mathcal{H}_A \otimes \mathcal{H}_B)$, 由注 5.3.1(1) 可知: ρ 是经典关联态当且仅当 $\mathcal{R}(\rho) = 0$ 当且仅当 $\mathcal{R}(\Phi(\rho)) = 0$ 当且仅当 $\Phi(\rho)$ 是经典关联态. 这表明 Φ 是双方保持经典关联性的量子信道.

(4) 利用 (2) 和 (3) 可得.

(5) 利用注 5.3.1(1) 可得. □

在第 4 章中, 我们得到: 当 Φ_1 是 $\mathbb{C}^m$ 上的退极化信道且 Φ_2 是 $\mathbb{C}^n$ 上的测量映射, $\Phi_1 \otimes \Phi_2$ 是保持经典关联性的局部量子信道, 因此不会增加任何量子态的量子关联鲁棒性, 即对于任意的 $\rho \in D(\mathbb{C}^m \otimes \mathbb{C}^n)$ 有 $\mathcal{R}((\Phi_1 \otimes \Phi_2)(\rho)) \leqslant \mathcal{R}(\rho)$; 当 Φ_1 和 Φ_2 都是非平凡的迷向信道且满足 $(\Phi_1 \otimes \Phi_2)(D(\mathbb{C}^m \otimes \mathbb{C}^n)) \supset CC(\mathbb{C}^m \otimes \mathbb{C}^n)$ 时, $\Phi_1 \otimes \Phi_2$ 是双方保持经典关联性的, 因此它不会影响任何量子态的量子关联鲁棒性, 即对于任意的 $\rho \in D(\mathbb{C}^m \otimes \mathbb{C}^n)$ 有 $\mathcal{R}((\Phi_1 \otimes \Phi_2)(\rho)) = \mathcal{R}(\rho)$; 当 Φ_1 和 Φ_2 是测量映射时, $\Phi_1 \otimes \Phi_2$ 是破坏量子关联性的, 因此它可以破坏任何量子态的量子关联鲁棒性, 即对于任意的 $\rho \in D(\mathbb{C}^m \otimes \mathbb{C}^n)$ 有 $\mathcal{R}((\Phi_1 \otimes \Phi_2)(\rho)) = 0$.

5.3.3 例子

现在, 给出计算 ρ 的量子关联鲁棒性的一个例子.

例 5.3.1 设 ρ 为例 5.2.1 中定义的量子态. 我们来计算它的量子关联鲁棒性. 记

$$\rho = \rho_1 \otimes |1\rangle\langle 1| + \rho_2 \otimes |2\rangle\langle 2|,$$

其中

$$\rho_1 = \frac{1}{2}\begin{pmatrix} a & c \\ \overline{c} & 1-a \end{pmatrix}, \quad \rho_2 = \frac{1}{2}\begin{pmatrix} \lambda & 0 \\ 0 & 1-\lambda \end{pmatrix}, \quad |1\rangle = \begin{pmatrix} 1 \\ 0 \end{pmatrix}, \quad |2\rangle = \begin{pmatrix} 0 \\ 1 \end{pmatrix}.$$

设 σ 是 $\mathbb{C}^2 \otimes \mathbb{C}^2$ 上的任意经典关联态, 则 σ 可以记为

$$\sigma = \sum_{i,j=1}^{2} p_{ij}|e_i\rangle\langle e_i| \otimes |f_j\rangle\langle f_j|,$$

其中 $\{|e_1\rangle, |e_2\rangle\}$ 和 $\{|f_1\rangle, |f_2\rangle\}$ 都是 $\mathbb{C}^2$ 中的正规正交基. 取酉矩阵

$$U = e^{i(\alpha - \frac{\beta}{2} - \frac{\delta}{2})} \begin{pmatrix} \cos\frac{r}{2} & -e^{i\delta}\sin\frac{r}{2} \\ e^{i\beta}\sin\frac{r}{2} & e^{i(\beta+\delta)}\cos\frac{r}{2} \end{pmatrix}$$

和

$$V = e^{i(\alpha' - \frac{\beta'}{2} - \frac{\delta'}{2})} \begin{pmatrix} \cos\dfrac{r'}{2} & -e^{i\delta'}\sin\dfrac{r'}{2} \\ e^{i\beta'}\sin\dfrac{r'}{2} & e^{i(\beta'+\delta')}\cos\dfrac{r'}{2} \end{pmatrix},$$

使得 $|e_i\rangle = U|i\rangle, |f_j\rangle = V|j\rangle (i,j = 1,2)$, 则

$$|e_1\rangle\langle e_1| = \begin{pmatrix} \cos^2\dfrac{r}{2} & e^{-i\beta}\cos\dfrac{r}{2}\sin\dfrac{r}{2} \\ e^{i\beta}\cos\dfrac{r}{2}\sin\dfrac{r}{2} & \sin^2\dfrac{r}{2} \end{pmatrix},$$

$$|e_1\rangle\langle e_2| = e^{-i\delta}\begin{pmatrix} -\cos\dfrac{r}{2}\sin\dfrac{r}{2} & e^{-i\beta}\cos^2\dfrac{r}{2} \\ -e^{i\beta}\sin^2\dfrac{r}{2} & \cos\dfrac{r}{2}\sin\dfrac{r}{2} \end{pmatrix},$$

$$|e_2\rangle\langle e_1| = e^{i\delta}\begin{pmatrix} -\cos\dfrac{r}{2}\sin\dfrac{r}{2} & -e^{-i\beta}\sin^2\dfrac{r}{2} \\ e^{i\beta}\cos^2\dfrac{r}{2} & \cos\dfrac{r}{2}\sin\dfrac{r}{2} \end{pmatrix},$$

$$|e_2\rangle\langle e_2| = \begin{pmatrix} \sin^2\dfrac{r}{2} & -e^{-i\beta}\cos\dfrac{r}{2}\sin\dfrac{r}{2} \\ -e^{i\beta}\cos\dfrac{r}{2}\sin\dfrac{r}{2} & \cos^2\dfrac{r}{2} \end{pmatrix},$$

$$|f_1\rangle\langle f_1| = \begin{pmatrix} \cos^2\dfrac{r'}{2} & e^{-i\beta'}\cos\dfrac{r'}{2}\sin\dfrac{r'}{2} \\ e^{i\beta'}\cos\dfrac{r'}{2}\sin\dfrac{r'}{2} & \sin^2\dfrac{r'}{2} \end{pmatrix},$$

$$|f_2\rangle\langle f_2| = \begin{pmatrix} \sin^2\dfrac{r'}{2} & -e^{-i\beta'}\cos\dfrac{r'}{2}\sin\dfrac{r'}{2} \\ -e^{i\beta'}\cos\dfrac{r'}{2}\sin\dfrac{r'}{2} & \cos^2\dfrac{r'}{2} \end{pmatrix}.$$

在典型正规正交基 $\{|1\rangle, |2\rangle\}$ 下, ρ 和 σ 分别具有下列形式:

$$\rho = \sum_{k,\ell=1}^{2} A_{k\ell}(\rho) \otimes |k\rangle\langle \ell| = \sum_{i,j=1}^{2} |i\rangle\langle j| \otimes B_{ij}(\rho),$$

$$\sigma = \sum_{k,\ell=1}^{2} A_{k\ell}(\sigma) \otimes |k\rangle\langle \ell| = \sum_{i,j=1}^{2} |i\rangle\langle j| \otimes B_{ij}(\sigma),$$

其中

$$A_{11}(\rho) = \rho_1, \quad A_{12}(\rho) = A_{21}(\rho) = 0, \quad A_{22}(\rho) = \rho_2,$$

5.3 量子关联鲁棒性及其动力学性质

$$B_{11}(\rho) = \langle 1|\rho|1\rangle = \frac{1}{2}\begin{pmatrix} a & 0 \\ 0 & \lambda \end{pmatrix}, \quad B_{12}(\rho) = \langle 1|\rho|2\rangle = \frac{1}{2}\begin{pmatrix} c & 0 \\ 0 & 0 \end{pmatrix},$$

$$B_{21}(\rho) = \langle 2|\rho|1\rangle = \frac{1}{2}\begin{pmatrix} \bar{c} & 0 \\ 0 & 0 \end{pmatrix}, \quad B_{22}(\rho) = \langle 2|\rho|2\rangle = \frac{1}{2}\begin{pmatrix} 1-a & 0 \\ 0 & 1-\lambda \end{pmatrix},$$

$$A_{11}(\sigma) = \left(p_{11}\cos^2\frac{r'}{2} + p_{12}\sin^2\frac{r'}{2}\right)|e_1\rangle\langle e_1| + \left(p_{21}\cos^2\frac{r'}{2} + p_{22}\sin^2\frac{r'}{2}\right)|e_2\rangle\langle e_2|,$$

$$A_{12}(\sigma) = \mathrm{e}^{-\mathrm{i}\beta'}\cos\frac{r'}{2}\sin\frac{r'}{2}\left((p_{11}-p_{12})|e_1\rangle\langle e_1| + (p_{21}-p_{22})|e_2\rangle\langle e_2|\right),$$

$$A_{21}(\sigma) = \mathrm{e}^{\mathrm{i}\beta'}\cos\frac{r'}{2}\sin\frac{r'}{2}\left((p_{11}-p_{12})|e_1\rangle\langle e_1| + (p_{21}-p_{22})|e_2\rangle\langle e_2|\right),$$

$$A_{22}(\sigma) = \left(p_{11}\sin^2\frac{r'}{2} + p_{12}\cos^2\frac{r'}{2}\right)|e_1\rangle\langle e_1| + \left(p_{21}\sin^2\frac{r'}{2} + p_{22}\cos^2\frac{r'}{2}\right)|e_2\rangle\langle e_2|,$$

$$B_{11}(\sigma) = \left(p_{11}\cos^2\frac{r}{2} + p_{21}\sin^2\frac{r}{2}\right)|f_1\rangle\langle f_1| + \left(p_{12}\cos^2\frac{r}{2} + p_{22}\sin^2\frac{r}{2}\right)|f_2\rangle\langle f_2|,$$

$$B_{12}(\sigma) = \frac{\mathrm{e}^{-\mathrm{i}\beta}\sin r}{2}(p_{11}-p_{21})|f_1\rangle\langle f_1| + \frac{\mathrm{e}^{-\mathrm{i}\beta}\sin r}{2}(p_{12}-p_{22})|f_2\rangle\langle f_2|,$$

$$B_{21}(\sigma) = \frac{\mathrm{e}^{\mathrm{i}\beta}\sin r}{2}(p_{11}-p_{21})|f_1\rangle\langle f_1| + \frac{\mathrm{e}^{\mathrm{i}\beta}\sin r}{2}(p_{12}-p_{22})|f_2\rangle\langle f_2|,$$

$$B_{22}(\sigma) = \left(p_{11}\sin^2\frac{r}{2} + p_{21}\cos^2\frac{r}{2}\right)|f_1\rangle\langle f_1| + \left(p_{12}\sin^2\frac{r}{2} + p_{22}\cos^2\frac{r}{2}\right)|f_2\rangle\langle f_2|.$$

因此, 对于任意的 $0 < s < +\infty$, 量子态 $\gamma_{\rho,\sigma}(s)$ 有下列表示

$$\gamma_{\rho,\sigma}(s) = \sum_{k,\ell=1}^{2} A_{k\ell}(\gamma_{\rho,\sigma}(s)) \otimes |k\rangle\langle\ell| = \sum_{i,j=1}^{2} |i\rangle\langle j| \otimes B_{ij}(\gamma_{\rho,\sigma}(s)),$$

其中

$$A_{k\ell}(\gamma_{\rho,\sigma}(s)) = \frac{1}{1+s}A_{k\ell}(\rho) + \frac{s}{1+s}A_{k\ell}(\sigma),$$

$$B_{ij}(\gamma_{\rho,\sigma}(s)) = \frac{1}{1+s}B_{ij}(\rho) + \frac{s}{1+s}B_{ij}(\sigma).$$

由推论 2.2.1 可知: $\gamma_{\rho,\sigma}(s) \in CC(\mathbb{C}^2 \otimes \mathbb{C}^2)$ 当且仅当 $\{A_{k\ell}(\gamma_{\rho,\sigma}(s))\}$ 和 $\{B_{ij}(\gamma_{\rho,\sigma}(s))\}$ 是交换族当且仅当

$$\begin{cases} (\text{A1}) & [A_{11}(\gamma_{\rho,\sigma}(s)), A_{12}(\gamma_{\rho,\sigma}(s))] = 0, \quad [A_{11}(\gamma_{\rho,\sigma}(s)), A_{21}(\gamma_{\rho,\sigma}(s))] = 0, \\ (\text{A2}) & [A_{11}(\gamma_{\rho,\sigma}(s)), A_{22}(\gamma_{\rho,\sigma}(s))] = 0, \\ (\text{A3}) & [A_{12}(\gamma_{\rho,\sigma}(s)), A_{21}(\gamma_{\rho,\sigma}(s))] = 0, \\ (\text{A4}) & [A_{12}(\gamma_{\rho,\sigma}(s)), A_{22}(\gamma_{\rho,\sigma}(s))] = 0, \quad [A_{21}(\gamma_{\rho,\sigma}(s)), A_{22}(\gamma_{\rho,\sigma}(s))] = 0 \end{cases}$$

且

$$\begin{cases} \text{(B1)} & [B_{11}(\gamma_{\rho,\sigma}(s)), B_{12}(\gamma_{\rho,\sigma}(s))] = 0, \quad [B_{11}(\gamma_{\rho,\sigma}(s)), B_{21}(\gamma_{\rho,\sigma}(s))] = 0, \\ \text{(B2)} & [B_{11}(\gamma_{\rho,\sigma}(s)), B_{22}(\gamma_{\rho,\sigma}(s))] = 0, \\ \text{(B3)} & [B_{12}(\gamma_{\rho,\sigma}(s)), B_{21}(\gamma_{\rho,\sigma}(s))] = 0, \\ \text{(B4)} & [B_{12}(\gamma_{\rho,\sigma}(s)), B_{22}(\gamma_{\rho,\sigma}(s))] = 0, \quad [B_{21}(\gamma_{\rho,\sigma}(s)), A_{22}(\gamma_{\rho,\sigma}(s))] = 0. \end{cases}$$

首先注意到 $\{B_{ij}(\gamma_{\rho,\sigma}(s))\}$ 的交换性与 s 的选取无关, 且条件 (B1)—(B4) 等价于 $\sin r' = 0$ 或者

$$\begin{cases} e^{-i\beta}(a-\lambda)(p_{11}-p_{12}-p_{21}+p_{22})\cos\frac{r}{2}\sin\frac{r}{2} \\ \quad -c\left[(p_{11}-p_{12})\cos^2\frac{r}{2} + (p_{21}-p_{22})\sin^2\frac{r}{2}\right] = 0, \\ e^{-i\beta}(a-\lambda)(p_{11}-p_{12}-p_{21}+p_{22})\cos\frac{r}{2}\sin\frac{r}{2} \\ \quad +c\left[(p_{11}-p_{12})\sin^2\frac{r}{2} + (p_{21}-p_{22})\cos^2\frac{r}{2}\right] = 0, \end{cases}$$

当且仅当下列条件之一成立:

(C1) $r' = 0$;

(C2) $p_{11} = p_{12}, p_{21} = p_{22}$;

(C3) $e^{-i\beta}(a-\lambda)\sin r - c\cos r = 0$ 且 $p_{11} - p_{12} + p_{21} - p_{22} = 0$.

进一步, 条件 (A1)—(A4) 等价于

$$\begin{cases} \text{(D1)} & \sin r' \cdot ((p_{11}-p_{12}) - (p_{21}-p_{22}))[\rho_1, |e_1\rangle\langle e_1|] = 0, \\ \text{(D2)} & [\rho_1, \rho_2] + s(p_{11}-p_{21})[\rho_1 - \rho_2, |e_1\rangle\langle e_1|] = 0, \\ \text{(D3)} & \sin r' \cdot ((p_{11}-p_{12}) - (p_{21}-p_{22}))[\rho_2, |e_1\rangle\langle e_1|] = 0. \end{cases}$$

注意到

$$[\rho_1, \rho_2] + s(p_{11}-p_{21})[\rho_1 - \rho_2, |e_1\rangle\langle e_1|]$$
$$= \frac{1-2\lambda}{4}\begin{pmatrix} 0 & c \\ -\bar{c} & 0 \end{pmatrix}$$
$$+ \frac{1}{2}s(p_{11}-p_{21})\begin{pmatrix} \frac{1}{2}(ce^{i\beta} - \bar{c}e^{-i\beta})\sin r & e^{-i\beta}(a-\lambda)\sin r - c\cos r \\ e^{i\beta}(\lambda - a)\sin r + \bar{c}\cos r & \frac{1}{2}(\bar{c}e^{-i\beta} - ce^{i\beta})\sin r \end{pmatrix}.$$

条件 (D1)—(D3) 等价于

$$(S1) \quad \begin{cases} r' = 0, \\ (ce^{i\beta} - \bar{c}e^{-i\beta})\sin r = 0, \\ \dfrac{1}{2}s(p_{11} - p_{21})(e^{-i\beta}(a-\lambda)\sin r - c\cos r) = \dfrac{2\lambda-1}{4}c, \end{cases}$$

或者

$$(S2) \quad \begin{cases} r' \neq 0, \\ p_{11} - p_{21} = p_{12} - p_{22} \neq 0, \\ (ce^{i\beta} - \bar{c}e^{-i\beta})\sin r = 0, \\ \dfrac{1}{2}s(p_{11} - p_{21})(e^{-i\beta}(a-\lambda)\sin r - c\cos r) = \dfrac{2\lambda-1}{4}c. \end{cases}$$

因此, $\gamma_{\rho,\sigma}(s) \in CC(\mathbb{C}^2 \otimes \mathbb{C}^2)$ 当且仅当条件 (S1) 和 (S2) 之一成立且条件 (C1)—(C3) 之一成立当且仅当条件 (S1) 和 (S2)$\bigcap$(C2) 之一成立, 其中

$$(S2)\bigcap(C2) \quad \begin{cases} r' \neq 0, \\ p_{11} = p_{12} \neq p_{21} = p_{22}, \\ (ce^{i\beta} - \bar{c}e^{-i\beta})\sin r = 0, \\ \dfrac{1}{2}s(p_{11} - p_{21})(e^{-i\beta}(a-\lambda)\sin r - c\cos r) = \dfrac{2\lambda-1}{4}c. \end{cases}$$

若 (S1) 和 (S2)$\bigcap$(C2) 之一成立, 则由条件

$$\frac{1}{2}s(p_{11} - p_{21})(e^{-i\beta}(a-\lambda)\sin r - c\cos r) = \frac{2\lambda-1}{4}c,$$

可得

$$s(p_{11} - p_{21})(\bar{c}e^{-i\beta}(a-\lambda)\sin r - |c|^2 \cos r) = \frac{2\lambda-1}{2}|c|^2. \tag{5.3.4}$$

情形 1 当 $ce^{i\beta} - \bar{c}e^{-i\beta} = 0$ 时, 有 $\bar{c}e^{-i\beta} = |c|$, 进而,

$$s(p_{11} - p_{21})(|c|(a-\lambda)\sin r - |c|^2 \cos r) = \frac{2\lambda-1}{2}|c|^2.$$

注意到

$$(a-\lambda)\sin r - |c|\cos r = \sqrt{(a-\lambda)^2 + |c|^2}\sin(r - \xi),$$

其中

$$\cos\xi = \frac{|c|}{\sqrt{(a-\lambda)^2 + |c|^2}}, \quad 0 \leqslant \xi \leqslant \frac{\pi}{2}.$$

因此,

$$s = \frac{(2\lambda-1)|c|}{2(p_{11} - p_{21})(\sqrt{(a-\lambda)^2 + |c|^2}\sin(r-\xi))}, \tag{5.3.5}$$

它在条件 (S1) 和 (S2)$\bigcap$(C2) 下可以分别取到最小值

$$s_1 = \frac{|2\lambda - 1||c|}{2\sqrt{(a-\lambda)^2 + |c|^2}} \quad \text{和} \quad s_2 = \frac{|2\lambda - 1||c|}{\sqrt{(a-\lambda)^2 + |c|^2}}.$$

情形 2 当 $ce^{i\beta} - \bar{c}e^{-i\beta} \neq 0$ 时, 我们有 $\sin r = 0$. (5.3.4) 式可以简化为

$$s(p_{11} - p_{21})(\pm 1) = \frac{2\lambda - 1}{2},$$

因此,

$$s = \frac{2\lambda - 1}{\pm 2(p_{11} - p_{21})}, \tag{5.3.6}$$

它在条件 (S1) 和 (S2)$\bigcap$(C2) 下分别取到最小值

$$s_3 = \frac{|2\lambda - 1|}{2} \quad \text{和} \quad s_4 = |2\lambda - 1|.$$

因为 $s_1 \leqslant s_k (k = 2, 3, 4)$, 可以看出在条件 (D1)—(D3) 下 s 的最小值 $s_{\min}$ 为 s_1, 即

$$s_{\min} = \frac{|2\lambda - 1||c|}{2\sqrt{(a-\lambda)^2 + |c|^2}},$$

这在

$$\sigma = \begin{pmatrix} \cos^2 \dfrac{r}{2} & e^{-i\beta} \cos \dfrac{r}{2} \sin \dfrac{r}{2} \\ e^{i\beta} \cos \dfrac{r}{2} \sin \dfrac{r}{2} & \sin^2 \dfrac{r}{2} \end{pmatrix} \otimes |1\rangle\langle 1| \tag{5.3.7}$$

时取到, 其中 $r = \arcsin \dfrac{|c|}{\sqrt{(a-\lambda)^2 + |c|^2}} + \dfrac{\pi}{2}$ 和 $\beta = -\arg c$. 综上所述, ρ 的量子关联鲁棒性为

$$\mathcal{R}(\rho) = \frac{|2\lambda - 1||c|}{2\sqrt{(a-\lambda)^2 + |c|^2}},$$

由 (5.3.7) 式给出的 σ 为 ρ 的最优态.

下面对这一函数进行讨论. 当 $\lambda = 0$ 时, 有

$$\mathcal{R}(\rho) = \frac{b}{2\sqrt{a^2 + b^2}} = \frac{1}{2\sqrt{t^2 + 1}},$$

其中 $b = |c|$ 和 $t = a/b$. 显然, 比值 $t = a/b$ 在区域

$$D = \{(a, b) : 0 < b^2 \leqslant a(1-a)\}$$

上的值域正好是开区间 $(0, +\infty)$. 这时, $\mathcal{R}(\rho)$ 在区间 $(0, +\infty)$ 上的图像见图 5.7.

5.3 量子关联鲁棒性及其动力学性质

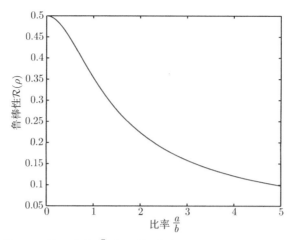

图 5.7 函数 $\mathcal{R}(\rho)$ 关于变量 $\dfrac{a}{b}$ 的函数, 其中, $b = |c|$. 这表明: $\mathcal{R}(\rho)$ 随着变量 $\dfrac{a}{b}$ 的增加而减少

当 $\lambda = 0$ 时, $\mathcal{R}(\rho) = \dfrac{b}{2\sqrt{a^2 + b^2}}$, 其中 $b = |c|$. 这时, 当 $D \ni (a,b) \to (0,0)$ 沿着射线 $b = ka(k > 0)$ 时, 对于半圆盘

$$D = \left\{(a,b) : 0 < b \leqslant \sqrt{a(1-a)}\right\}$$

中的所有 (a,b), 有 $\mathcal{R}(\rho) < 0.5$,

$$\mathcal{R}(\rho) \to \dfrac{k}{2\sqrt{1+k^2}},$$

它依赖于参数 k 的选取. 因此, $\lim\limits_{(a,b) \to (0,0)} \mathcal{R}(\rho)$ 不存在. 而且, 当 $D \ni (a,b) \to (0,0)$ 沿着圆周 $b = \sqrt{a(1-a)}$ 时,

$$\mathcal{R}(\rho) = 0.5\sqrt{1-a} \to 0.5.$$

D 上的 $\mathcal{R}(\rho)$ 的图像为图 5.8.

最后, 我们讨论量子关联鲁棒性的凹凸性. 在例 5.2.1 中取 $a = c = \dfrac{1}{2}, \lambda = 1$ 得到 $\rho = \dfrac{1}{2}\rho_1 + \dfrac{1}{2}\rho_2$, 其中

$$\rho_1 = \begin{pmatrix} \dfrac{1}{2} & \dfrac{1}{2} \\ \dfrac{1}{2} & \dfrac{1}{2} \end{pmatrix} \otimes \begin{pmatrix} 1 & 0 \\ 0 & 0 \end{pmatrix}, \quad \rho_2 = \begin{pmatrix} 1 & 0 \\ 0 & 0 \end{pmatrix} \otimes \begin{pmatrix} 0 & 0 \\ 0 & 1 \end{pmatrix}.$$

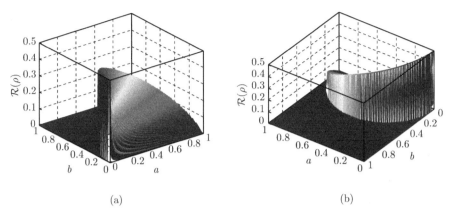

图 5.8　$\mathcal{R}(\rho)$ 作为关于 D 中的变量 (a,b) 的图像, 其中 (b) 是 (a) 绕着 z- 轴旋转得到的图像. 这表明: 随着 (a,b) 沿着圆周接近于原点 $(0,0)$ 时, $\mathcal{R}(\rho)$ 趋于上界 0.5, 例如: 当 $(a,b)=(0.0022, 0.04685)$ 时, $\mathcal{R}(\rho)\approx 0.49948\approx 0.5$

由例5.2.1 可知: ρ 是量子关联态, 因此 $\mathcal{R}(\rho)=\mathcal{R}\left(\frac{1}{2}\rho_1+\frac{1}{2}\rho_2\right)>0$, 但是因为 ρ_1 和 ρ_2 都是经典关联态, 所以, $\mathcal{R}(\rho_1)=\mathcal{R}(\rho_2)=0$. 这表明: 当 $t=\frac{1}{2}$ 时, $\mathcal{R}(t\rho_1+(1-t)\rho_2)\leqslant t\mathcal{R}(\rho_1)+(1-t)\mathcal{R}(\rho_2)$ 不成立, 可见, $\mathcal{R}(\rho)$ 关于 ρ 不是凸的.

而且, 设 ρ 如上述定义, 在例 5.2.1 中取 $x=0, y=0$, 有

$$\sigma=\begin{pmatrix}0 & 0\\ 0 & 1\end{pmatrix}\otimes\begin{pmatrix}0 & 0\\ 0 & 1\end{pmatrix}$$

且 $\mathcal{R}(\rho\|\sigma)=\frac{1}{2}$, 则 $\gamma_{\rho,\sigma}\left(\frac{1}{2}\right)$ 是经典关联态, $\gamma_{\rho,\sigma}(1)$ 是量子关联态. 注意到 $\gamma_{\rho,\sigma}\left(\frac{1}{2}\right)=\frac{1}{3}\gamma_{\rho,\sigma}(0)+\frac{2}{3}\gamma_{\rho,\sigma}(1)$ 和 $\gamma_{\rho,\sigma}(0)$ 是量子关联态. 由注 5.2.1(1) 可知: $\mathcal{R}\left(\gamma_{\rho,\sigma}\left(\frac{1}{2}\right)\right)=0$, $\mathcal{R}(\gamma_{\rho,\sigma}(0))>0$, 且 $\mathcal{R}(\gamma_{\rho,\sigma}(1))>0$. 这表明: 当 $\rho_1=\gamma_{\rho,\sigma}(0)$, $\rho_2=\gamma_{\rho,\sigma}(1)$ 且 $t=\frac{1}{3}$ 时, $\mathcal{R}(t\rho_1+(1-t)\rho_2)\geqslant t\mathcal{R}(\rho_1)+(1-t)\mathcal{R}(\rho_2)$ 不成立, 可见, $\mathcal{R}(\rho)$ 关于 ρ 不是凹的.

参 考 文 献

[1] Bennett C H, Brassard G, Crepeau C, et al. Teleporting an unknown quantum state via dual classical and Einstein-Podolsky-Rosen channels. Phys. Rev. Lett., 1993, 70: 1895-1899.

[2] Bennett C H, Divincenzo D P. Quantum information and computation. Nature, 2000, 404(6775): 247-255.

[3] Bennett C H, Brassard G. Quantum cryptography: public key distribution and coin tossing//Proc. IEEE Int. Conf. on Computers, Systems, and Signal Processing, Bangalore, 1984: 175-179.

[4] Shor P W. Algorithms for quantum computation: discrete logarithms and factoring. Proceedings of the 35th Annual Symposium on Foundations of Computer Science. New York: IEEE Computer Science Press, 1994: 124-134.

[5] Schrödinger E, Born M. Discussion of probability relations between separated systems. Mathematical Proceedings of the Cambridge Philosophical Society, 1935, 31(4): 555-563.

[6] Schrödinger E, Dirac P A M. Probability relations between separated systems. Mathematical Proceedings of the Cambridge Philosophical Society, 1936, 32(3): 446-452.

[7] Einstein A, Podolsky B, Rosen N. Can quantum-mechanical description of physical reality be considered complete? Phys. Rev., 1935, 47(10): 777-780.

[8] Bell J S. On the Einstein-Podolsky-Rosen paradox. Physics, 1964, 1: 195-200.

[9] Nielsen M A, Chuang I L. Quantum Computation and Quantum Information. Cambridge: Cambridge University Press, 2000.

[10] Werner R F. Quantum states with Einstein-Podolsky-Rosen correlations admitting a hidden-variable model. Phys. Rev. A, 1989, 40(8): 4277-4281.

[11] Knill E, Laflamme R. Power of one bit of quantum information. Phys. Rev. Lett., 1998, 81: 5672.

[12] Meyer D A. Sophisticated quantum search without entanglement. Phys. Rev. Lett., 2000, 85: 2014-2017.

[13] Ollivier H, Zurek W H. Quantum discord: A measure of the quantumness of correlations. Phys. Rev. Lett., 2001, 88: 017901.

[14] Datta A, Shaji A, Caves C M. Quantum discord and the power of one qubit. Phys. Rev. Lett., 2008, 100(5): 050502.

[15] Lanyon B P, Barbieri M, Almeida M P, et al. Experimental quantum computing without entanglement. Phys. Rev. Lett., 2008, 101(20): 200501.

[16] Wu S J, Chen X M, Zhang Y D. A necessary and sufficient criterion for multipartite separable states. Phys. Lett. A, 2000, 275: 244-249.

[17] Otfried G, Géza T. Entanglement detection. Phys. Rep., 2009, 474: 1-75.

[18] Horodecki R, Horodecki P, Horodecki M, et al. Quantum entanglement. Rev. Mod. Phys., 2009, 81: 865-942.

[19] Hilling J J, Sudbery A. The geometric measure of multipartite entanglement and the singular values of a hypermatrix. J. Math. Phys., 2010, 51: 072102.

[20] Wang B H, Long D Y. Constructing all entanglement witnesses from density matrices. Phys. Rev. A, 2011, 84: 014303.

[21] Shannon C E. A mathematical theory of communication. Bell System Technical Journal, 1948, 27: 379-423, 623-656.

[22] 许金时, 李传锋, 张永生, 等. 量子关联. 物理, 2010, 39(11): 729-736.

[23] Maziero J, Céleri L C, Serra R M, et al. Classical and quantum correlations under decoherence. Phys. Rev. A, 2009, 80: 044102.

[24] Luo S L. Using measurement-induced disturbance to characterize correlations as classical or quantum. Phys. Rev. A, 2008, 77: 022301.

[25] Li N, Luo S L. Classical states versus separable states. Phys. Rev. A, 2008, 78: 024303.

[26] Barnum H, Caves C M, Fuchs C A, et al. Noncommuting mixed states cannot be broadcast. Phys. Rev. Lett., 1996, 76: 2818-2821.

[27] Luo S L, Li N, Cao X L. Relation between "no broadcasting" for noncommuting states and "no local broadcasting" for quantum correlations. Phys. Rev. A, 2009, 79: 054305.

[28] Luo S L. On quantum no-broadcasting. Lett. Math. Phys., 2010, 92: 143-153.

[29] Luo S L, Sun W. Decomposition of bipartite states with applications to quantum no-broadcasting theorems. Phys. Rev. A, 2010, 82: 012338.

[30] Piani M, Horodecki P, Horodecki R. No-local-broadcasting theorem for multipartite quantum correlations. Phys. Rev. Lett., 2008, 100: 090502.

[31] Wu Y C, Guo G C. Norm-based measurement of quantum correlation. Phys. Rev. A, 2011, 83: 062301.

[32] Guo Z H, Cao H X, Chen Z L. Distinguishing classical correlations from quantum correlations. J. Phys. A: Math. Theor., 2012, 45: 145301.

[33] Bartlett S D, Rudolph T, Spekkens R W. Reference frames, superselection rules, and quantum information. Rev. Mod. Phys., 2006, 79(2): 555-609.

[34] Marvian I, Spekken R W. The theory of manipulations of pure state asymmetry basic

tools and equivalence classesof states under symmetric operations. New J. Phys., 2013, 15(2): 33001.

[35] Marvian I, Spekkens R W. Modes of asymmetry: the application of harmonic analysis to symmetric quantum dynamics and quantum reference frames. Phys. Rev. A, 2013, 90(6): 062110.

[36] Lloyd S. Quantum coherence in biological systems. J. Phys.: Conference Series, 2011, 302(1): 12037.

[37] Li C M, Lambert N, Chen Y N, et al. Examining non-locality and quantum coherent dynamics induced by a common reservoir. Sci. Reports, 2013, 3(3): 5884-5899.

[38] Lambert N, Chen Y N, Cheng Y C, et al. Quantum biology. Nat. Phys., 2013, 9: 10-18.

[39] Narasimhachar V, Gour G. Low-temperature thermodynamics with quantum coherence. Nat. Commun., 2015, 6: 7689.

[40] Åberg J. Catalytic coherence. Phys. Rev. Lett., 2014, 113: 150402.

[41] Baumgratz T, Cramer M, Plenio M B. Quantifying coherence. Phys. Rev. Lett., 2014, 113(14): 140401.

[42] Girolami D. Observable measure of quantum coherence in finite dimensional systems. Phys. Rev. Lett., 2014, 113(17): 170401.

[43] Mondal D, Pramanik T, Pati A K. Non-local advantage of quantum coherence. 2016, arXiv:1508.03770.

[44] Hu X Y, Milne A, Zhang B Y, et al. Quantum coherence of steered states. Sci. Reports, 2016, 6: 19365.

[45] Bowles J, Vértesi T, Quintino M T, et al. One-way Einstein-Podolsky-Rosen steering. Phys. Rev. Lett., 2014, 112(20): 200402.

[46] 娄晓娜, 郭志华, 曹怀信. 量子态的极大可操控相干性. 陕西师范大学学报 (自然科学版), 2018, 46(2): 16-20.

[47] Zurek W H. Decoherence, einselection, and the quantum origins of the classical. Rev. Mod. Phys., 2003, 75: 715-765.

[48] Luo S L, Li N. Decoherence and measurement-induced correlations. Phys. Rev. A, 2011, 84: 052309.

[49] Bennett C H, Grudka A, Horodecki M, et al. Postulates for measures of genuine multipartite correlations. Phys. Rev. A, 2011, 83: 012312.

[50] Kaszlikowski D, Sen (De)A, Sen U, et al. Quantum correlation without classical correlations. Phys. Rev. Lett., 2008, 101: 070502.

[51] Brodutch A, Modi K. Criteria for measures of quantum correlations. Quantum

Inform. Comput., 2012, 12: 0721-0742.

[52] Zhou T, Cui J X, Long G L. Measure of nonclassical correlation in coherence-vector representation. Phys. Rev. A, 2011, 84: 062105.

[53] Piani M, Christandl M, Mora C E, et al. Broadcast copies reveal the quantumness of correlations. Phys. Rev. Lett., 2009, 102: 250503.

[54] Usha Devi A R, Rajagopal A K, Sudha. Quantumness of correlations and entanglement. Int. J. Quant. Inf., 2011, 9: 1757-1771.

[55] Rossignoli R, Canosa N, Ciliberti L. Generalized entropic measures of quantum correlations. Phys. Rev. A, 2010, 82: 052342.

[56] Xu J W. Geometric global quantum discord. J. Phys. A, 2012, 45: 405304.

[57] Reid M D, He Q Y, Drummond P D. Entanglement and nonlocality in multi-particle systems. Front. Phys., 2012, 7: 72-85.

[58] Giorgi G, Bellomo B, Galve F, et al. Genuine quantum and classical correlations in multipartite systems. Phys. Rev. Lett., 2011, 107: 190501.

[59] SaiToh A, Rahimi R, Nakahara M. Nonclassical correlation in a multipartite quantum system: two measures and evaluation. Phys. Rev. A, 2008, 77: 052101.

[60] Horodecki R, Horodecki P, Horodecki M, et al. Quantum entanglement. Rev. Mod. Phys., 2009, 81: 865.

[61] Horodecki R. Informationally coherent quantum systems. Phys. Lett. A, 1994, 187: 145.

[62] Miyake A. Classification of multipartite entangled states by multidimensional determinants. Phys. Rev. A, 2003, 67: 012108.

[63] Gao T, Hong Y. Detection of genuinely entangled and nonseparable n-partite quantum states. Phys. Rev. A, 2010, 82: 062113.

[64] Liu D, Zhao X, Long G L. Multiple entropy measures for multi-particle pure quantum state. Commun. Theor. Phys., 2010, 54: 825-828.

[65] Liu D, Zhao X, Long G L. Extremal entangled four-qubit pure states with respect to multiple entropy measures. Commun. Theor. Phys., 2008, 49: 329-332.

[66] Cao Y, Li H, Long G L. Entanglement of linear cluster states in terms of averaged entropies. Chin. Sci. Bull., 2013, 58: 48-52.

[67] Rulli C C, Sarandy M S. Global quantum discord in multipartite systems. Phys. Rev. A, 2011, 84: 042109.

[68] Xu J S. Analytical expressions of global quantum discord for two classes of multi-qubit states. Phys. Lett. A, 2013, 377: 238-242.

[69] Ma Z H, Chen Z H, Felipe F F. Multipartite quantum correlations in open quantum

systems. New J. Phys., 2013, 15: 043023.

[70] Bai Y, Zhang N, Ye M, et al. Exploring multipartite quantum correlations with the square of quantum discord. Phys. Rev. A, 2013, 88: 012123.

[71] Ma Z H, Chen Z H, Chen J L, et al. Measure of genuine multipartite entanglement with computable lower bounds. Phys. Rev. A, 2011, 83: 062325.

[72] Guo Z H, Cao H X. A classification of correlations of tripartite mixed states. Int. J. Theor. Phys., 2013, 52(6): 1768-1779.

[73] Guo Z H, Cao H X, Qu S X. Partial correlations in multipartite quantum systems. Information Sciences, 2014, 289: 262-272.

[74] Konrad T, de Melo F, Tiersch M, et al. Evolution equation for quantum entanglement. Nat. Phys., 2008, 4: 99.

[75] Xu J S, Li C F, Xu X Y, et al. Experimental characterization of entanglement dynamics in noisy channels. Phys. Rev. Lett., 2009, 103: 240502.

[76] Maziero J, Céleri L C, Serra R M, et al. Classical and quantum correlations under decoherence. Phys. Rev. A, 2009, 80: 044102.

[77] Mazzola L, Piilo J, Maniscalco S. Sudden transition between classical and quantum decoherence. Phys. Rev. Lett., 2010, 104: 200401.

[78] Maziero J, Werlang T, Fanchini F F, et al. System-reservoir dynamics of quantum and classical correlations. Phys. Rev. A, 2010, 81: 022116.

[79] Peres A. Quantum Theory: Concepts and Methods. Berlin: Springer, 1995.

[80] Choi M D. Completely positive linear maps on complex matrices. Linear Algebra Appl., 1975, 10: 285-290.

[81] Kraus K. States, Effects and Operations: Fundamental Notions of Quantum Theory. Berlin: Springer, 1983.

[82] Horodecki M, Shor P W, Ruskai M B. Entanglement breaking channels. Rev. Math. Phys., 2003, 15: 629.

[83] Ruskai M B. Qubit entanglement breaking channels. Rev. Math. Phys., 2003, 15: 643.

[84] Semrl P. Commutativity preserving maps. Linear Algebra Appl., 2008, 429: 1051-1070.

[85] Nagy G. Commutativity preserving maps on quantum states. Rep. Math. Phys., 2009, 63: 447-464.

[86] Johnston N. Characterizing operations preserving separability measures via linear preserver problems. 2010, arXiv: 1010.1432.

[87] Hulpke F, Poulsen U V, Sanpera A, et al. Unitarity as preservation of entropy and

entanglement in quantum systems. Found. Phys., 2006, 36: 477-499.

[88] Horodecki M, Shor P W, Ruskai M B. Entanglement breaking channels. Rev. Math. Phys., 2003, 15: 629.

[89] Moravcíková L, Ziman M. Entanglement-annihilating and entanglement-breaking channels. J. Phys. A: Math. Theor., 2010, 43: 275306.

[90] Streltsov A, Kampermann H, Bruß D. Behavior of quantum correlations under local noise. Phys. Rev. Lett., 2011, 107: 170502.

[91] Gessner M, Laine E, Breuer H, et al. Correlations in quantum states and the local creation of quantum discord. Phys. Rev. A, 2012, 85: 052122.

[92] Hu X Y, Fan H, Zhou D L, et al. Necessary and sufficient conditions for local creation of quantum correlation. Phys. Rev. A, 2012, 85: 032102.

[93] Guo Y, Hou J C. Necessary and sufficient conditions for local creation of quantum discord. J. Phys. A: Math. Theor., 2013, 46: 155301.

[94] Guo Z H, Cao H X. Local quantum channels preserving classical correlations. J. Phys. A: Math. Theor., 2013, 46: 065303.

[95] Korbicz J K, Horodecki P, Horodecki R. Quantum-correlation breaking channels, broadcasting scenarios, and finite Markov chains. Phys. Rev. A, 2012, 86: 042319.

[96] Guo Z H, Cao H X, Qu S X. Structures of three types of local quantum channels based on quantum correlations. Found. Phys., 2015, 45(4): 355-369.

[97] Long G L. The general quantum interference principle and the duality computer. Commun. Theor. Phys., 2006, 45: 825-843.

[98] Long G L, Liu Y, Wang C. Allowable generalized quantum gates. Commun. Theor. Phys., 2009, 51: 65-67.

[99] Gudder S. Mathematical theory of duality quantum computers. Quantum Inf. Process, 2007, 6(1): 37-48.

[100] Gudder S. Duality quantum computers and quantum operations. Int. J. Theor. Phys., 2008, 47(1): 268-279.

[101] Long G L. Duality quantum computing and duality quantum information processing. Int. J. Theor. Phys., 2011, 50(4): 1305-1318.

[102] Cao H X, Li L, Chen Z L, et al. Restricted allowable generalized quantum gates. Chinese Sci. Bull., 2010, 55: 2122-2124.

[103] Cao H X, Chen Z L, Guo Z H, et al. Complex duality quantum computers acting on vector-sates and operator-states. Sci. China, 2012, 55: 2452-2462.

[104] Cao H X, Long G L, Guo Z H, et al. Mathematical theory of generalized duality quantum computers acting on vector-states. Int. J. Theor. Phys., 2013, 52: 1751-

1767.

[105] Guo Z H, Cao H X. Existence and construction of a quantum channel with given inputs and outputs. Chinese Sci. Bull., 2012, 57(33): 4346-4350.

[106] Shor P W. Algorithms for quantum computation: discrete logarithms and factoring. 35th Annual Symposium on Foundations of Computer Science, November 20-22, 1994.

[107] Shor P W. Scheme for reducing decoherence in quantum computer memory. Phys. Rev. A, 1995, 52(4): 2493-2496.

[108] Steane A M. Error correcting codes in quantum theory. Phys. Rev. Lett., 1996, 77(5): 793.

[109] Steane A M. Multiple particle interference and quantum error correction. Proc. R. Soc. Lond. A, 1996, 452(1954): 2551.

[110] Steane A M. Simple quantum error-correcting codes. Phys. Rev. A, 1996, 54(6): 4741.

[111] Gottesman D. A class of quantum error-correcting codes saturating the quantum hamming bound. Phys. Rev. A, 1996, 54(3): 1862.

[112] Bennet C H, Divincenzo D P, Smolin J A, et al. Mixed state entanglement and quantum error correction. Phys. Rev. A, 1996, 54(5): 3824-3851.

[113] Gottesman D. Stabilizer codes and quantum error correction. PhD Thesis Caltech, 1997, arXiv:quant-ph/9705052.

[114] Crooks G E. Quantum operation time reversal. Phys. Rev. A, 2008, 77(3): 034101.

[115] You B, Xu K, Wu X H. Unitary application of the quantum error correction codes. Commun. Theor. Phys., 2012, 58(9): 377-380.

[116] Roee O. Heisenberg limited metrology using Quantum Error-Correction Codes. Cornell University Library, 2013, arXiv:quant-ph/3432.

[117] Arnold S D. Quantum error correction for diagonal channels. Atlantic Electr. J. Math., 2012, 5(1): 68-76.

[118] 白瑞艳, 郭志华, 曹怀信. 对角量子信道的纠错码空间的存在性与构造. 数学学报, 2017, 60 (4): 595-604.

[119] Vidal G, Tarrach R. Robustness of entanglement. Phys. Rev. A, 1999, 59: 141-145.

[120] Du J F, Shi M J, Zhou X Y, et al. Geometrical interpretation for robustness of entanglement. Phys. Lett. A, 2000, 267: 244-250.

[121] Steiner M. Generalized robustness of entanglement. Phys. Rev. A, 2003, 67: 054305.

[122] Werlang T, Souza S, Fanchini F F, et al. Robustness of quantum discord to sudden death. Phys. Rev. A, 2009, 80: 024103.

[123] Hu M L. Robustness of Greenberger-Horne-Zeilinger and W states for teleportation

in external environments. Phys. Lett. A, 2011, 375: 922-926.

[124] Hu M L, Fan H. Robustness of quantum correlations against decoherence. Ann. Phys., 2012, 327: 851-860.

[125] Singh U, Mishra U, Dhar H S. Enhancing robustness of multiparty quantum correlations using weak measurement. Ann. Phys., 2014, 350: 50-68.

[126] Guo Z H, Cao H X, Qu S X. Robustness of quantum correlations against linear noise. J. Phys. A: Math. Theor., 2016, 49: 195301.

[127] Choi M. Completely positive linear maps on complex matrices. Linear Algebra and its Applications, 1975, 10(3): 285-290.

[128] Li Y. Characterizations of fixed points of quantum operations. J. Math. Phys., 2011, 52(5): 052103.

[129] Laflamme K E. Theory of quantum error-correcting codes. Phys. Rev. A, 1997, 55(2): 900.

[130] Terhal B M, Horodecki P. Schmidt number for density matrices. Phys. Rev. A, 2000, 61(4): 040301.